本书为教育部人文社会科学研究项目（17YJAZH136）
国家自然科学基金项目（51878613）
浙江省高校基本科研费项目（GB201901003）
浙江省自然科学基金项目（LY16E080011）
资助的研究成果

村镇低碳社区
要素解析与营建导控

Factor Analysis and Construction Guidance of
Low-Carbon Community in Villages and Towns

朱晓青　范理扬　李爽　裘骏军　邱佳月　著

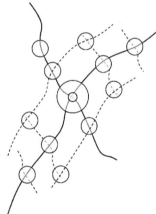

中国建筑工业出版社

U0172414

图书在版编目（CIP）数据

村镇低碳社区要素解析与营建导控 = Factor
Analysis and Construction Guidance of Low-Carbon
Community in Villages and Towns / 朱晓青等著. —
北京：中国建筑工业出版社，2022.3
ISBN 978-7-112-26936-5

Ⅰ.①村… Ⅱ.①朱… Ⅲ.①节能—农村社区—社区
建设—研究—中国 Ⅳ.①TK01 ②D669.3

中国版本图书馆CIP数据核字（2021）第251401号

低碳社区是实现低碳经济、建设低碳村镇的重要空间载体和基本单元。本书从低碳社区视角审视当下村镇发展与生态管控之间的矛盾，对其进行规律性的辨析并加上可操作的营建导则，以实现地区人居可持续的目标。全书内容包括村镇低碳社区图谱建构、动因诠释与营建导则等，它涉及多学科的综合穿插与交融，并在量化和图示低碳社区特征上有独到创新。

本书可供广大城乡规划师、城乡建设管理者、高等院校城乡规划专业师生等学习参考。

责任编辑：吴宇江　陈夕涛　焦　扬
版式设计：锋尚设计
责任校对：王　烨

村镇低碳社区要素解析与营建导控

Factor Analysis and Construction Guidance of Low-Carbon Community in Villages and Towns

朱晓青　范理扬　李　爽　裘骏军　邱佳月　著

*

中国建筑工业出版社出版、发行（北京海淀三里河路9号）
各地新华书店、建筑书店经销
北京锋尚制版有限公司制版
北京君升印刷有限公司印刷

*

开本：787毫米×1092毫米　1/16　印张：18　字数：338千字
2022年4月第一版　　2022年4月第一次印刷
定价：98.00元
ISBN 978-7-112-26936-5
（38718）

新时代经济社会背景下环境和人居成为两大核心主题。随着世界和地区格局快速变化和诸多不确定性影响，各种发展矛盾将资源、能源问题集中到人居环境的空间载体上。一方面，宏观尺度的低碳指标和系统控制需要通过微观尺度的人居个体单位来实现；另一方面，微观尺度下人居个体单位的低碳建构与运行模式与宏观系统形成不可分割的命运共同体。本书聚焦人居环境组成的基本单位，即以社区为对象，研究和探索低碳化村镇建设的模式、机制和路径。

进入"十四五"时期，我国大部分发达地区到达城镇化进程的拐点。以浙江等地为例，城镇化率已经超过70%，大量村镇经历了初级现代化发展，形成了"半城半乡"的发达村镇人居带。生产、生活、生态职能在区域人居空间中相互叠合，经济社会增长的压力导致区域内高能耗、高排放的阶段性发展，这亟须在人居因子和底层需求上建立适宜的低碳模式和路径。低碳社区是实现低碳经济、建设低碳村镇的重要空间载体和基本单元，社区尺度的碳减排具有"自下而上"的易操作性和灵活性优势。本书从低碳社区的视角出发，审视当下村镇发展建设与生态管控之间的矛盾关系，对环境共生下的村镇低碳社区进行规律性的辨析与划分，进而按照可操作的营建导则实现地区人居可持续的目标，并协调村镇社区的"三生"（生产、生活、生态）关系。本书论题综合多个学科背景和方法，突出以下理论建构和实证指导意义：

（1）发达村镇历经改革开放30年的现代化建设，特别是2010年以来的近十年，以美丽村镇建设、产镇（村）融合、小城镇环境综合整治、"五水共治""四边三化"等一系列人居环境提升为代表的理论研究与工程实践，为新时期国家碳达峰、碳中和目标提供了良好的实体与意识的基础。本书紧扣国家自然科学基金指南下的绿色人居环境前沿，深化"三生"融合的低碳社区营建模式，以区域半城半乡的混合态现象为背景，推动村镇人居建设的碳汇格局优化升级，引导低碳导向下"产业+空间"组织的可持续性转型。

（2）区别于宏观和中观的低碳环境研究，本书以村镇聚落的宅地"元胞"为切入点，通过小微人居因子进行碳要素的识别与低碳化适应性探索，以簇群化的"元胞"空间进行解析和评价，进而指导村镇社区经济形态、社会形态、空间形态的低碳化建构，并基于社区的建筑、场所、边界、核心、路径等系统，提供功能组织、建设技术、土地利用、环境提升等方面的技术导则与应用策略体系，为人居建设的操作应用层面提供更多地区性参考。

（3）近5年来，作者团队依托浙江工业大学建筑系与工程设计集团、浙江东南建筑设计有限公司等平台，完成了80多个发达村镇样本的规划与工程设计实证，其成果核心包含了村镇低碳社区图谱建构、动因诠释与营建导则三个部分，对低碳社区由传统静态现状分析转向动态趋势预测做了积极的探索。其研究方法结合多学科工具，在村镇社区碳要素的空间量化和图示模拟上做有特色的探索，从而为相关人居环境评价、建设决策、工程导控等提供帮助。

朱晓青

2021年6月

›目　录

第2章
村镇社区分型与碳要素识别 057

第3章
村镇社区碳形态与图谱建构 091

第4章
村镇低碳社区评价因子与体系建构 ⋯⋯⋯⋯⋯⋯⋯⋯⋯⋯⋯⋯⋯113

第 1 章

绪 论

1.1 研究缘起

（1）随着哥本哈根世界气候大会的召开，低碳已经成为各个国家，各界研究学者关注的焦点，并发展成为一个世界性的话题。中共十七届三中全会提出，要按照建设生态文明的要求，推广节能减排技术，加强村镇工业、生活污染和农业面源污染防治。《中共中央关于推进农村改革发展若干重大问题的决定》也对改善村镇卫生条件和人居环境方面提出了特别的要求[①]。2021年3月中共中央发布了"十四五"规划，进一步提出应对气候变化国家自主贡献目标，"2030年前碳排放达峰，争取2060年前实现碳中和"的新要求。因此，提高村镇社区的居住环境质量并同时减少碳排放量，是科学发展观的必然要求，是促进城乡经济结构调整，建设环境友好型社会的有效措施，这不仅关系到村镇社区可持续发展，也关系到城乡建设和全面建设小康社会目标的实现。

（2）党的十九大报告提出实施乡村振兴战略，开展农村人居环境整治行动。中央农村工作会议强调，推进健康村镇建设，持续改善农村人居环境。《国家乡村振兴战略规划（2018—2022年）》作为我国实施乡村振兴战略的第一个五年规划，以农村人居环境整治为第一目标。

中国村镇在很长的一段历史时间内，在封闭的状态下自然缓慢地发展，并长期保持着自给自足的农耕经济状态。因此，其存在的场域和物质载体共同构成的系统封闭而稳固。然而，面对城市化的不断冲击，村镇原有的系统难以在短时期内适应其变化，必然会陷入矛盾与混乱的状态中[②]。

村镇社会与经济快速变动、土地非集约利用和高碳行为在村镇出现并蔓延，人居环境营造面临不可逆转的发展趋势，迫切需要综合多学科思路方法系统展开村镇社区人居环境低碳化营造的路径。

（3）浙江地区自古以来就是中国经济、社会、文化的重要区域，正是蓬勃发展的村镇经济和发达的村镇社会支撑着它强劲的活力，所以该地区村镇发展建设模式必将对中

① 王静. 低碳导向下的浙北地区乡村住宅空间形态研究与实践［D］. 杭州：浙江大学，2015.
② 王竹，范理杨，陈宗炎. 新乡村"生态人居"模式研究——以中国江南地区村镇为例［J］. 建筑学报，2011（4）：22-26.

国城乡人居环境建设的可持续发展具有重要影响及示范效应。目前，该地区呈现出产业模式工商化、人居社会网络化、营建技术现代化等特征，与此同时，村镇社区建设盲目套用城市的发展模式，发展的需求多、速度快、能源消耗以及废弃物排放也迅速增长，使得浙江地区村镇社区高碳特征趋势日趋明显，亟须相关理论和研究的引导，实现环境型的村镇发展[1]。据相关调查和研究表明，目前我国村镇住宅用商品能源（主要是燃煤、电力、燃气）总量已达到城镇建筑用商品能源的1/3，而且正在以每年10%以上的速度增长。同时，过去长期使用的生物质能正在逐年减少，如果村镇住宅的室内环境和用能模式达到城市住宅的标准，则村镇住宅的用能将会超过城市建筑的用能总量。村镇住宅用能的增加，能源结构的高碳化不仅加剧了我国的能源紧缺问题，也加重了村镇居民的能源消费负担。

1.2　研究背景

　　随着城市产业更新迭代及村镇小微产业集聚的步伐加快，以"高耗能、高污染、高投入"为特点的高碳产业逐步由城市向村镇渗透、转移与集聚，发达村镇逐步成为人居高碳的突出点。进入21世纪以来，村镇社区用能模式的"碳锁定效应"逐渐凸显，因此，如何有效地识别村镇社区的碳要素信息，建构具有地域适宜性的碳排放评价体系，是实现人居环境适应性发展的关键。

1.2.1　概述

1. 全球气候环境的高碳问题

　　美国国家航空航天局（NASA）发布的全球气温数据显示："2018年的全球平均气温比1951—1980年的平均值高出0.83℃，成为近些年中最温暖的一年。"在地球平均温度升高的众多诱因中，九成以上是人类活动导致温室气体的增加，进而影响地球系统的碳循环变化。《2020年全球碳预算》显示，由于新冠肺炎疫情对经济和社会造成的干扰，2020年全球与能源相关的碳排放同比下降了7%，随着各国逐渐从疫情影响中恢复，碳排放将逐渐回归到2019年的水平。相比其他各类环境问题，温室效应分布广、蔓延速度快，是一个突破地区、国家界限的全球性环境问题。早在2003年，英国能源白皮书《我

---

① 王竹. 乡村规划、建筑与大地景观［J］. 西部人居环境学刊，2015（2）：4.

们未来的能源：创建低碳经济》首次出现"低碳经济"一词，旨在控制以资源环境为代价下的经济无序发展；2006年英国经济学家尼古拉斯·斯特恩在《斯特恩报告》中指出气候变化是对全球经济、社会各领域的严重威胁，其严重程度不亚于全球金融危机；2009年哥本哈根世界气候大会被喻为"拯救人类的最后一次机会"，聚焦于全球各地区、国家减排责任的深化与落实。

2. 城镇化进程中的减排挑战

在新型城镇化背景下，因经济的快速增长与土地的无序扩张，生态承载力逼近极限，我国开始面临经济发展和自然环境的双重挑战。据统计，我国人均碳排放量自1980年的1.47t激增至2016年的2.52t，年均增长率达到了4.22%。[①]根据《巴黎协定》，我国承诺将在2030年前碳排放达到峰值，后逐渐降低，力争2060年前实现碳中和，而2019年，中国碳排放达到101.8亿吨，占全球碳排放的27.92%，是世界上年度碳排放最多的国家，因此我国高碳排现象亟须相应措施进行改善。对此，国务院在2012年8月6日颁布了《节能减排"十二五"规划》政策，提出以缓解资源环境约束为目标，建设资源节约型、环境友好型社会。2015年5月，继续发布《关于加快推进生态文明建设的意见》，明确了生态文明建设的基本原则，坚持把绿色发展、循环发展、低碳发展作为节能减排的基本途径。[②]为实现"双碳"目标，2021年10月24日，中共中央、国务院印发的《关于完整准确全面贯彻新发展理念做好碳达峰碳中和工作的意见》发布。我国现阶段发展逐渐从"资源利用—经济增速—污染排放"的单向思维模式转变到"资源整合—共同体提升—循环再生利用"的多元模式。故以生态本底价值为基础理论依据，对城镇化与生态环境两者之间的良性共振进行耦合协调，这一行为已成为城镇化进程中的重中之重。

3. 村镇人居环境的低碳诉求

村镇人居环境是一个复杂而又具体的有机系统，其内部各物质要素通常交叉、混杂、重叠呈现。各类村镇人口已占据我国总人口的40.42%，而村镇地区的生产总值

---

① 根据《巴黎协定》，我国承诺将在2030年前碳排放达到峰值，后逐渐降低，力争2060年前实现碳中和，而2019年，中国碳排放达到101.8亿吨，占全球碳排放的27.92%，是世界上年度碳排放最多的国家，因此我国高碳排现象亟须相应措施进行改善。

② 为实现"双碳"目标，2021年10月24日，中共中央、国务院印发的《关于完整准确全面贯彻新发展理念做好碳达峰碳中和工作的意见》发布。

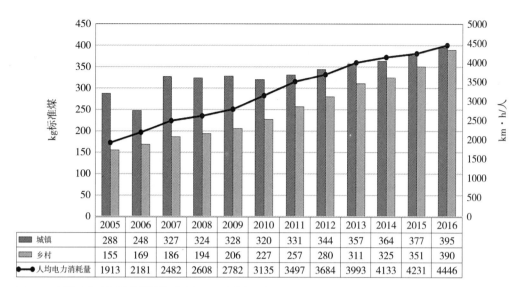

	2005	2006	2007	2008	2009	2010	2011	2012	2013	2014	2015	2016
■ 城镇	288	248	327	324	328	320	331	344	357	364	377	395
▨ 乡村	155	169	186	194	206	227	257	280	311	325	351	390
● 人均电力消耗量	1913	2181	2482	2608	2782	3135	3497	3684	3993	4133	4231	4446

图1-1　村镇人均生活用能量趋势图（来源：作者整理）

（GDP）仅占全国约20%，人口基数庞大，各类资源丰富，市场潜力较大，是全面现代化、城镇化的攻坚阵地。但城市高碳功能向村镇渗透、转移逐渐成为一种趋势，各类村镇的生产生活用能在2008—2017年间增长了约80%，人均用能逐年上涨，现已基本与城镇持平（图1-1）。且村镇内部传统"原生态民居"大部分被现代化的新农居所代替，生态环境恶化、土地利用低效、能源浪费等现象层出不穷。在党的十八大村镇振兴政策的大力推动下，村镇与城市的全方位对接发展得到了各行业的支持，产业兴旺、生态宜居成为地区未来发展基准，因此在现代化过程中开始与低碳化发展进行良性互动，顺势而为、因势利导，不再成为高碳排放的"失控地"。故村镇人居环境低碳化营造是将可持续发展理念深入实践，也是我国当前生态文明体系建设的重要组成部分。

1.2.2　视角选择

1. 低碳——一个全球性的环境问题

建筑介于自然与人类之间，是脆弱和理性的庇护所[①]——这句话诠释了建筑产生的初衷和其本质的含义。然而随着人类聚居的发展和扩张，对于能源的需求也在不断增长，逐渐超过了自然的承载力，并引发了一系列的环境问题。尤其是在工业革命之后，石油成为

---

① 曹伟. 建筑中的生态智慧与生态美［J］. 华中建筑，2006（8）：4-7.

人类发展最主要的能源，因此飞速的发展和经济增长直接导致了以CO_2为主的温室气体排放量的迅速增加，并引发了全球范围内的温室效应。相比其他环境问题，温室效应分布广、蔓延速度快，是一个突破地区界限、国家界限的全球性环境问题。政府间气候变化专门委员会（IPCC）在其报告中指出，当今全球气候暖化的原因90%由人类活动造成[1]。

1997年12月，联合国《气候变化框架公约》参加国三次会议在日本京都通过了《京都协定书》，并于2005年2月16日开始强制生效，一共有183个国家通过了该条约[2]。《京都协定书》是人类历史上首次以法规的形式限制温室气体的排放，也是历史上第一次跨越国界的全球性环境行动。

2. 发展和减排——中国城市化面临的双重挑战

近年来伴随着飞速的经济增长，我国不断面临供电不足、石油的对外依赖度增大等问题。与此同时，酸雨等由于CO_2排放激增而导致的环境问题也日趋严重，中国开始面临经济发展和能源环境的双重挑战。中国的能源消费量早在2011年已经达到34.8亿t标

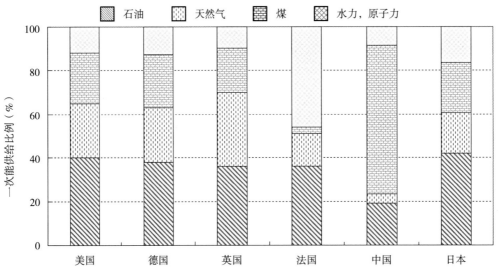

图1-2 世界主要国家一次能源构成的比例（来源：根据资料作者自绘）

（资料来源：*日本エネルギー经济研究所*. EDMC handbook of energy & economic statistics[EB/OL]. 2012. https://edmc.ieej.or.jp. *作者整理绘制*）

① BOYDEN S. Ecological approaches to urban planning［R］// Ecology in Practice. Part Ⅱ：The Social Response，1984：9-18.

② Status of Ratification of the Kyoto Protocol[EB/OL]. http://unfccc.int/kyoto_protocol/status_of_ratification/items/2613.php.

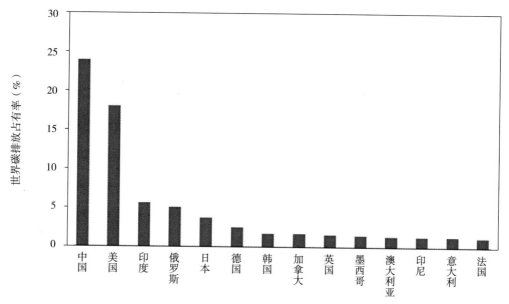

图1-3　世界主要国家碳排放百分比（来源：作者自绘）

准煤，仅次于美国位居全球第二[①]。更为严峻的是，中国的供能结构相比较其他国家来说较为落后，70%的能源依赖于煤（图1-2），远远高于其他发达国家（例如日本煤仅占23%，法国仅占3%）。这种以煤为主的能源供给结构使得中国的CO_2排放量的增加速度将会超过其他发达国家（图1-3）。

尽管经济的发展，社会的进步等将给环境的承载力构成极大的威胁，但城市化仍然是历史的潮流。1949年以来我国的城市化率一直在不断增加，并于1996年进入加速阶段，截至2020年，城镇化率已经达到63.89%。城市的数量减少，规模增大，建成区面积激增，人口向城市集中，已经成为无法逆转的趋势（图1-4）。因而如何平衡经济发展和环境问题将成为中国社会可持续发展的主要课题。

3. 低碳的营建方式——可持续城市化建设的有效途径

建筑及其相关行业的能耗和随之产生的温室气体量随着城市化进程的加快一直呈现飞速增长的趋势，占总排放量的近1/3。根据发达国家的发展过程预测，伴随着工业的集成化、机械化效率的提高，用于工业生产的能耗将逐渐减少。另外，随着生活水平的

① 国家统计局. 中国统计年鉴 2012 ［M/OL］. 北京：中国统计出版社，2012. http://www.stats.gov.cn/tjsj/ndsj/2012/indexch.htm.

提高，人们对环境舒适度的要求也在不断提高。与工业产业部分能源增加逐渐减缓的趋势相反，包括建筑在内的民用部分的能耗将呈现加速增长趋势。近年来，中国的建筑面积每年增加16亿~20亿m²，其中97%以上为高能耗建筑，建筑部门的能耗相比1990年增加10%~25%。以目前的发展速度预计，到2021年，中国的建筑总面积将达到800亿m²，其能耗将占全国总能耗的35%以上（建筑全生命周期的能耗），释放出近40%的温室气体，成为未来低碳建设的重点。

建筑能耗主要包括建筑使用阶段过程中的空调、动力、照明等能源消耗。统计显示，截至2004年，中国总建筑面积达到400亿m²（其中城市约140亿m²）。这些建筑中大约有3.2亿m²的节能建筑（包括实行节能标准、规划分区、单体和建筑群的节能设计、建筑环境、建筑朝向、风向和外部空间的综合考虑），不到总建筑面积的1%。据统计这部分建筑约节能5.1吨标准煤，约占全国总能耗的25%，同时减少25%的温室气体排放量。由此可见，以降低碳排放为目标的低碳城市发展模式和低碳建筑营建策略在节能减排上具有巨大的潜力。

更值得关注的是，中国仍有60%的建筑（约260亿m²）在村镇。相对城市而言，这些建筑的设备简陋，能源利用效率低下，施工简单，几乎没有采用任何节能和减排设计，在这种技术条件下进行的村镇建设将会带来无法预计的碳排放增加和更广域范围内的温室效应。

村镇低碳社区营建策略的探索刻不容缓。

1.2.3 现实依据

1. 经济结构与社会结构快速变动，村镇用地结构高碳化趋向明显

2021年，"十四五"规划全文中提出要推进新型城镇化战略，以城市群、都市圈为依托促进大中小城市和小城镇协调联动、特色化发展，并加快落实农业转移人口市民化。浙江地区相对中国的其他地区经济发达，中小城市以及农村地区的城市化进程也更加迅速。近十年，浙江省各个中小型城市的人口比例逐年稳步增长（图1-4），部分城市已经超过了浙江省的平均水平。

城市高碳功能向农村渗透，非农产业的比例增大，能耗增大，低效率的土地利用模式在村镇地区的城市化过程中，不断被复制，并因此引起村镇社区人居环境的结构性变化。

长期以来，我国对地域发展的考核评估更多是倚靠工业带动下的物质层面表象特征，忽视了地域内在生态机理与演化过程。由图1-5可知，现阶段我国碳排放源主要是以煤炭为主要能源的第二、三产业（占比48.92%），"三高"型产业的比例增长，带动地域发展用地结构

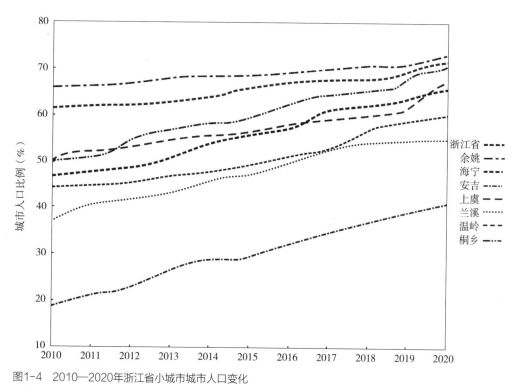

图1-4　2010—2020年浙江省小城市城市人口变化

（来源：作者根据2010—2020年浙江统计年鉴http://tjj.zj.gov.cn/col/col1525563/index.html绘制）

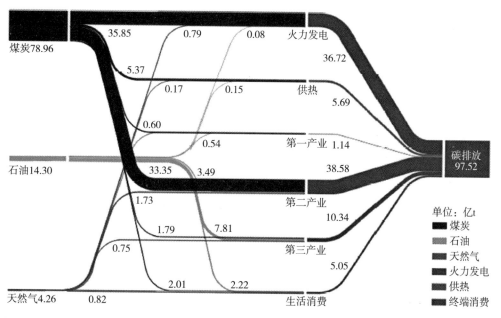

图1-5　2016中国碳流图

（来源：张豪，樊静丽，汪航. 2016年中国能源流和碳流分析［J］. 中国煤炭，2018，44（12）：15–19，50.）

高碳化转变。随着城市产业职能功能向村镇转移，非农产业比例及其能耗量持续增大，碳排放量随之增长，村镇碳排放量由1979年8.89亿增至2012年31.30亿t，占全国碳排放总量的40.99%。村镇人居环境迎来结构性变化，低效率的土地利用模式在村镇现代化进程中连续存在，空间上来看，碳源[①]与碳汇[②]所占面积比重逐渐失调，高碳化的用地结构逐渐凸显。

2. 村镇生活方式看齐城市，高碳消费行为蔓延

村镇生活方式看齐城市，高碳消费行为蔓延。村镇社区运行、营建与升级的规模过度膨胀，例如在浙江省"千村示范、万村整治"背后，有的地方出现"城市化""运动式"的新农村建设误区，缺乏地区性的"碳容量"判断，从而打破了村镇社区营建的自我"碳平衡"系统。村镇工业社区、村镇市场社区、村镇旅游社区等类型作为标志性发展模式，在浙江地区量大面广。但针对非农化村镇社区，却长期缺乏针对性的交通、设施与服务体系。建设标准"套用化"，造成配套模式的低效与耗散，加剧"高碳化"发展倾向。

随着村镇经济的蓬勃发展，对居住环境要求的日益严格，村镇住宅的采暖、空调、通风、照明等建筑能耗也呈现出大幅上升的趋势。因村镇居民的生活方式看齐城市，管控建设亦向城市靠拢，故高碳消费行为的持续蔓延，打破了村镇自身的"碳平衡"。一方面，村镇居民的生活提升与改善后，形成了具有高碳倾向的价值观，如养成资源浪费的生活习惯，开车出行的高碳行为等；另一方面，村镇由于长期缺乏对基础设施与服务体系进行针对性的营建，仅套用统一化的建设标准，逐渐出现资源使用效率过低等问题，进而加剧了村镇的"高碳化"发展倾向。

3. 村镇人居环境质量不高，建筑热环境舒适度低下

目前，很多村镇住宅建设和整治大多把重心放在解决基本生活需求，例如解决安全、卫生、空间等，很少关注居住的舒适度。因此，大部分村镇住宅的热环境、光环境、声环境等质量非常低下。浙江地区地处夏热冬冷地区，全年气候变化复杂，夏季持续高温，冬季阴冷，春夏之交潮湿期长，住宅供暖、降温、除湿与通风需求在一年内交替出现。在建筑技术上既要注意夏季隔热，又要兼顾冬季保温，这样就形成了夏热冬冷地区有别于全国其他地区的特征和工程技术需求，导致技术手段上的复杂化程度大大

---

① 碳源：指向大气中释放碳的过程、活动或机制。
② 碳汇：指利用植物光合作用吸收大气中的 CO_2，并将其固定在植被和土壤中，从而减少温室气体在大气中浓度的过程、活动或机制。

增加。该地区村镇住宅一般以独立式单体建筑为主，体形系数大，围护结构单薄，保温隔热性能差，村镇住宅室内普遍存在夏闷热冬阴冷的状况，热舒适度低下问题尤为突出。

4. 村镇住宅绝大多数为高耗能建筑

随着村镇经济的发展，对居住环境的要求逐日提高，村镇住宅的采暖、空调、通风、照明等建筑能耗也将大幅上升。农村新建住宅中，很少考虑建筑节能减排的要素。不仅能源消耗量大，而且商品能源所占的比例也不低。根据城镇和村镇单位面积空调能耗强度的估算值，夏热冬冷地区村镇住宅单位建筑面积空调平均能耗为0.5kW·h/m²，城镇住宅单位建筑面积空调平均能耗为3.2kW·h/m²。如浙江省村镇住宅的舒适度提高到与城市相当的水平时，村镇地区的商品能源消耗总量将比目前增加2倍，全省村镇住宅年空调能耗将达到43.2亿kW·h，排放CO_2 410万t，这将为未来的经济和可持续发展带来巨大的压力。从图1-6世界家庭年平均能耗的比较中可以看出，中国村镇家庭的年平均能耗要远远高出城市家庭。其能耗已经接近发达国家的水平，舒适程度却相去甚远。从全国的数据来看，村镇的主要能耗有冬季采暖、热水和烹饪。这个数据虽然会因为村镇的家庭人口相对较多而不能绝对地说明村镇能耗和世界发达国家相当，但是却能从一定程度上反映出村镇的能源利用效率和城市之间的差距。与其他发展中国家如泰国、印度、越南等相比较，城乡差距尤为明显。

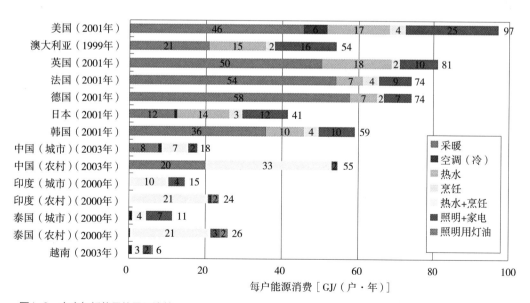

图1-6 家庭年耗能量的国际比较

（来源：日本株式会社住环境计画研究所. 家庭用エネルギー消费の动向[R]. 东京：2010. 作者整理绘制）

5. 盲目复制城市的发展模式，村镇生态宜居特性逐渐消亡

现今村镇建设充斥着急迫的功利性，盲目地将城市空间营造模式植入到村镇空间中，呈现出"千村一面"的无根状态。传统村镇多以家族血缘为基础，并拥有相同的价值观念，但大量青壮年农民进城务工，导致了农村留守人口老龄化速度加快，家庭人口规模小型化，村庄人口结构失衡，经济与文化加速衰退。与此同时，新村的规划中以均一的模式代替了原本的村镇空间，在统一化村镇建设中这种价值观念不断流失，致使公共空间减少。缺乏交流公共空间的村镇也逐渐丧失了原有的生活气息。目前村镇建设大多聚焦于解决村镇居民最基本的日常生活需求，如环境卫生、交通出行等，缺乏考虑居住舒适与人精神需求等方面的问题，村镇的人居属性遭到忽视。

1.3 研究意义

"城乡融合"背景下，城乡界限逐渐模糊，大量的发达村镇效仿城市，呈现出粗放式混合发展的现象，其类型众多，功能复杂，空间形态多样且社会组织方式交叉。本书基于发达村镇社区对低碳化营建的迫切性，立足于浙江省，以发达村镇社区为研究对象，探究发达村镇低碳社区的营建路径，为后续发达村镇的可持续发展奠定理论基础。

1.3.1 理论意义

中国的村镇规划一直以来缺乏理论的指导，长期以来其规划设计和建筑设计都套用城市的模式。因此，中国的村镇建设迫切需要一套适应于村镇发展，从村镇实际出发的理论指引。另外，在国际低碳社会转型的趋势下，即使是城市规划理论和建筑设计的理论也已经走过了物质规划时期，进入关注气候变化的低碳型城市设计理论研究阶段。村镇——这个中国独有的城市化进程，正以空前的速度展开，其数量和覆盖的地域将远远超过城市。因而在全球学术界重新思考城市规划、方法和建筑设计理论的同时，中国的规划师和学者们应该更迫切地去思考如何将这种全球低碳型的城市规划和建筑设计理论转译到村镇这个语境中，发展出适合中国村镇城市化"低负荷"和"高品质"的空间演进模式。低碳视野下的浙江地区村镇社区体系研究正是顺应了这种趋势，从规划到建筑，建构适应于浙江地区的低碳型村镇社区营建策略和理论体系。其意义主要体现在以下几个方面：

（1）建立以被动式设计为基础，主动式设计为补充的理念，寻求自然与发展的平衡点，推动村镇社区设计和建筑设计理论的低碳化发展。本书是以控制村镇城市化进程中人为温室气体排放为目标，以村镇社区环境村镇生产生活、村镇建筑环境、村镇碳排放之间的耦合关系为线索，最大限度地挖掘社区空间建构（包括村镇社区和建筑空间）在调节微气候环境方面的作用，以被动式的社区空间设计为基础，降低主动式的能源消耗，从而控制甚至是降低村镇建设中的人为碳排放。与城市建筑相比，村镇建筑具有更丰富的环境生态要素以及地域和文化特性，因此村镇的建设更应该深入挖掘存在于生态、文化和地域要素中的潜力，智慧可持续地利用生态环境的碳汇，创造或者选择能够契合这些要素的适宜性建筑技术。

（2）以"社区元胞"为基本单元，提出"碳谱系"构建。基于碳守恒理论构建发达村镇社区的碳排放谱系框架，从产业类型划分、碳排放图谱构建、产住混合范式进行层级推导并构建碳谱系，对发达村镇社区的后续低碳研判与导控有着不可忽视的作用。其中，采用量化的方法对发达村镇社区进行产业类型、碳空间格局元胞的相关性分析，即通过浙江地区发达村镇社区中典型样本的碳排放量、产住混合要素指标数据，由定性描述到量化对比，分析产业类型与产住混合度、碳排放量的关系，进一步探究碳排放与产住关系的相关性。

（3）通过对浙江地区村镇人居环境的营造特点和内在机制研究，填补发展较快的发达地区村镇人居环境研究的薄弱环节，建立村镇人居环境研究数据平台，为推进村镇人居环境研究提供基础。特别是通过对村镇人居环境与土地利用、生态环境、气候条件、文化内涵等关系的研究，提出具有地域特征的村镇人居环境营造理论方法与建设指标，指导浙江地区村镇人居环境营建过程，为进一步制定村镇建设政策措施，完善村镇建设相关法规，规范村镇人居环境营造制度提供理论依据。

1.3.2 现实意义

（1）通过适宜性的绿色低碳建筑技术的推广与应用，降低整体能耗的同时改善该地区村镇居住环境质量与室内热舒适度。浙江地区地处夏热冬冷地区，是一个地域广阔、人口密集、经济发达的地区，在全国处于社会经济发展的前沿，推广绿色低碳建筑技术具备良好的物质条件和经济基础，对全国具有很好的示范作用。充分利用丰富的绿色生态资源作为碳汇，进一步促进浙江地区的CO_2封存与储留。对于缺资源、少能源的浙江地区来说，可以为其社会经济的可持续发展提供保障。

（2）"村镇"是村镇人居环境营建体系的重要内容，也是实现村镇低碳策略的基本载体。本书立足浙江地区村镇社区演进的大背景，一方面，以"低碳营建"为视角，对浙江地区"经济导向"下的村镇"高碳化"建设误区进行纠偏，以量化、可操作的指标体系实现村镇社区发展的低碳控制机制；另一方面，以低碳村镇社区为目标，针对不同类型的村镇聚落，进行功能与空间的低碳绩效整合。

（3）生产、生活、生态"三生"融合空间的碳格局形态对判断和引导村镇规划建设以及指标控制具有重要的意义，尤其针对不同地区、业态下资源能耗及经济效益的差异，采用动态化、图谱化的判断方式，避免了标准化、一刀切等粗放式的低碳村镇社区评价与管控导则。

1.4 研究对象及范畴

1.4.1 村镇低碳社区的概念诠释

1. 低碳

低碳，其本意就是降低大气中碳的含量，也就是指降低以CO_2为主的温室气体[①]排放。低碳这一术语在20世纪90年代后期的文献中就曾经出现，但是第一次出现在政府文献中是2003年的英国能源白皮书《我们未来的能源：创建低碳经济》。白皮书指出，低碳经济是通过更少的自然资源能耗和更少的环境污染，获得更多的经济产出[②]。在不同的国家低碳被赋予了很丰富的内涵，包括低碳社会、低碳经济、低碳城市、低碳社区等多种不同层面和不同规模下的定义。这些概念不是绝对独立的，而是相互渗透的，其中低碳经济和低碳生活是最核心的内容，是低碳的最终目标。低碳经济更侧重于物质基础，主要指提高能源的利用效率和促进形成清洁的能源结构，在可持续发展的理念下，通过技术革新、制度创新、产业转型、新能源开发等多种手段，尽可能减少高碳的能源消耗，减少温室气体的排放。低碳城市、低碳社区就是这些技术、制度和产业转型在不

---

① CO_2、CH_4、N_2O、HFC_S、PFC_S、SF_6 等6种气体被定义为温室气体。见：蔡博峰，刘春兰，陈操操，等. 城市温室气体清单研究 [M]. 北京：化学工业出版社，2009：21.

② 田莹莹. 基于低碳经济的制造业绿色创新系统演化研究 [D]. 哈尔滨：哈尔滨理工大学，2012.

同尺度上的载体和整体表现,是低碳经济实现的必然过程。低碳生活更侧重于人的思想
行为模式和生活态度。

丹麦在1991年第一次提出了低碳村的概念。这是"低碳"第一次与"村镇"相结合。
低碳村的概念指出:低碳村是在村镇环境中可持续的居住地,它重视及恢复在自然与人
类社会中的循环系统。这个概念中也指出低碳村镇的三大特征——低碳生产、低碳种植
以及清洁能源结构[1]。吴永常等2010年对低碳村镇概念的界定是"以村镇为核心,以人
居、环境为切入点,以农民种植和养殖高效产业化为重点,实现资源高效、农民增收、
环境友好、食品安全和低碳排放的可持续发展目标"[2]。

2. 村镇

"村镇"一词,《现代汉语词典》解释为村庄和小市镇,与乡镇一词有相同释义;在
外文中多译为"town"(村子)、"village"(小村庄),与我国的"村镇"含义接近。

我国现行的村镇划分标准,将人居聚落划分为城镇与乡村两种,其中城镇可分为
城市与城镇,乡村则包括乡村集镇与村落[3]。结合国务院颁布的《村庄和集镇规划建设
管理条例》,将村镇划定为行政村、建制镇的合称,包括村庄、集镇和县城以外的建制
镇,是居民大量聚集且经济集中发展的地区。故本书所描述的"村镇",主要分布于建
制镇、集镇、村[4]。但因县级村镇的人口密度、经济水平、配套设施等已完全隶属城市
属性,故本书不予考虑。

3. 发达村镇

我国传统村镇的经济发展模式主要是依靠第一产业,现阶段正逐步向以二、三产业
为主的经济发展模式转型,在此过程中衍生出不同发展阶段或多种空间形态的村镇。自
1980年以来,出现了大量以小微产业为经济支撑的发达村镇,如福建省武夷山市上梅乡
上梅村,浙江省海宁中国皮革城、义乌市青岩刘村等产村(镇)融合型村镇,是以市场
经济发达、人口集聚、具有主导产业为特征的可经营性村镇。这些发达村镇不仅具有可

---

[1] 杨彬如,韦惠兰. 关于低碳乡村内涵与外延的研究[J]. 甘肃金融,2013(9):12-15.
[2] 吴永常,胡志全. 低碳村镇:低碳经济的一个新概念[J]. 中国人口·资源与环境,2010,20(12):
52-55.
[3] 金兆森,陆伟刚. 村镇规划[M]. 第3版. 南京:东南大学出版社,2010.
[4] 骆美. 村镇社区宜居性评价研究[D]. 合肥:安徽农业大学,2015.

经营性、产业经济持续发展等特征，并成为以小微企业为主导的村镇，虽本质仍隶属村镇，但在社会结构、空间形态上已发生了巨大改变。故发达村镇是一种以二、三产业为带动，达到城市肌理与自然环境高度叠合且资源高效利用目标的半城半乡聚落胶凝体。

4. 社区

早在19世纪"社区"一词就已出现在社会学领域，德国费迪南·滕尼斯（Ferdinand Tönnies）1887年首次提出共同体（Gemeinschaft）作为社区的概念。而后美国芝加哥大学的罗伯特·帕克（Robert E. Park）以及美国学者罗吉斯（Everett M. Rogers）、伯德格（Rabel J. Burdge）等学者对"社区"进一步研究分析，提出"社区"是具有一定面积规模，承载具有共同利益的居民在区域范围内活动、交流的载体，并在社会与文化之间充当纽带作用。

"社区"在中国最早出现于1933年，由燕京大学学生根据罗伯特·帕克所撰写的书中community翻译而成，定义社区是由具有血缘关系的居民构成。而后，费孝通先生将社区定义为"若干社会群体或社会组织聚集在同一地域内，形成一个在生活上互相关联的大集体"。2000年11月，民政部下发了《关于在全国推进城市社区建设的意见》，对社区的概念做出了明确规定："社区是指聚居在一定地域范围内人们所组成的社会生活共同体。"而人居环境提出者吴良镛院士亦在《人居环境科学导论》一书中将社区视为人居环境科学范围的五个层次之一，是链接城市与建筑两个层级的重要构成要素。

5. 村镇社区

通过上述分析，可将村镇社区界定为"在一定地域范围内承载村镇居民生产、生活等活动，并形成具有一定文化认知的社会共同体"。村镇是由村镇社区集聚形成的，可以为村镇与城镇提供丰富的物质资源与服务。

村镇社区本质是以"家庭"为单位的宅院单元，因"土地"使用或权属及一定的文化认同感，集聚形成了空间形态、数量、距离均不相同的宅院单元空间群，进而构建村镇社区主要的空间结构秩序组织，是村镇社会的基本单元及缩影。

1.4.2 村镇低碳社区的基本内涵

村镇社区作为社会生活的共同体，具有居民自组织、自建构的基本特征；且村镇社区将"人"作为生产、生活主体，依靠自然环境提供的物质基础进行发展，与自然界有生命的有机体成长过程相似，故村镇社区的本质是物质生命有机体。而低碳村镇社区作为人们生活、生产的承载体，为维持社区内的"新陈代谢"，在可持续理念下为人们提供与外界环境进行物质交换的场所。即村镇低碳社区是具有一定地域规模，在"三生"融合的驱动下，将共同体的人群通过行为活动进行空间边界划分，实现资源循环利用的社会生活共同体，因而低碳村镇社区的基本内涵可概括成以下四点（图1-7）：

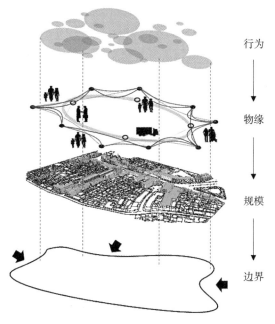

图1-7　低碳村镇社区范畴（来源：作者自绘）

（1）边界：即共同体所在的空间边界，通过边界的围合形成村镇社区的人居有机体。因村镇社区与城市社区不同，没有明确的"区块边界"，故通过三个层次进行边界划分。在物质层面上，基于地理空间与物质资源设定物质空间的可支撑边界，即多为自然村或建制村的空间建设范围；在精神层面上，根据居住群体形成居住、工作、繁衍等生活意识设置的社会生活共同体精神边界；在行为层面上，因碳排放的可移动性，可分为在地碳排放与外来碳排放两类。

（2）规模：指与低碳可持续发展相适应的合理村镇人口数量和适宜的社区用地面积。村镇社区作为村镇区域的居民点，根据村镇社区定量的相关研究，适宜的村镇社区应与城市居住组团规模相似，并根据社区本身进行谨慎拓展；经济条件较好、规模较大的社区应为"社区设小区"，适宜社区人口2000~3000人；为便于交易，最佳村镇社区地域范围为3.8km²，人口2102~3102人[①]。故为最大限度地达到当地生产、生活需求，实现社区内资源利用最大化及控制村镇社区无限制扩张的目标，应根据当地情况对具体的地域规模进行设定。

① 储伶丽，郭江，王征兵. 行政村最佳规模研究［J］. 湖南农业大学学报：社会版，2008（4）：56-60.

行为

物缘

规模

边界

（3）物缘：物缘是指一种市场交换关系等民众间自然形成的社会关系。费孝通先生在定义社区时将血缘、地缘、业缘等看作组成社区的组成要素，故以物缘为基础对社群进行集聚形成村镇社区。物缘的构成可以用于衡量村镇社区的性质、规模、绩效及发展阶段，通过物缘可构成村镇社区内的意识认同与归属。从空间组织结构看，村镇社区由村镇社区、邻里组团、宅基地住房三个层次的空间串联融合构成。

（4）行为：受生态学研究的影响和启发，不同类型的村镇社区显示了村民等行为主体和地域环境之间存在不同的集合，体现出村镇社区行为主体活动类型的多样性；其中低碳村镇社区的功能包括生活活动、生产活动与生态活动三个子系统。因村民类型繁多导致行为主体的多样性，反映了村镇社区所在边界内多种不同环境和人类社会的特征，其中行为主体在空间活动的有效性是研究村镇社区过程反馈的重要组成。

低碳村镇社区是以增汇减排为目标，通过能源结构优化、绿色生活方式及产业结构更新等动态方式，实现生活质量提高、可持续发展的村镇社区建设。

1.4.3 村镇低碳社区的空间体系

空间在哲学、物理学、数学中的定义都不尽相同。在哲学中，空间是具体事物的组成部分，是运动的表现形式，是人们从具体事物中分解和抽象出来的认识对象，是绝对抽象事物和相对抽象事物、元本体和元实体组成的对立统一体，是存在于世界大集体之中的，不可被人感到但可被人知道的普通个体成员。建筑的本身不是实体而是空间本身——在建筑和城市中，空间是人们为了满足自身的需要，运用各种建筑的要素或者是形式的空间的总称。墙、地面、屋顶等围合成建筑的内部空间。建筑和周围的建筑之间，或者建筑和周围的自然环境之间围合而成的是建筑的外部空间，也是城市空间。"空间"在建筑和城市中的意义，是人们从空间中间接感受到的，或者是人们通过设计在空间中主观设定的，具有功能、形态和氛围，前两者是实体空间而后者则是心理空间[①]。

构成空间的要素包括对象和界面（表1-1）。从对象和界面之间的关系，以及界面不同的透过性，可以将空间抽象为9种类型（表1-1）。这些由对象和界面组成的最基本的最小空间构成模式，在更大的空间里成为对象，被界面所包围。要素的位置、性质变

---

① 日本建筑学会. 建筑和城市规划空间学事典［M］. 日本：井上书院，2005.

空间的构成要素 表1-1

	界面	半透的界面	对象
	——————	- - - - - - - - - - -	- - - - -●- - - - -
界面在对象上方 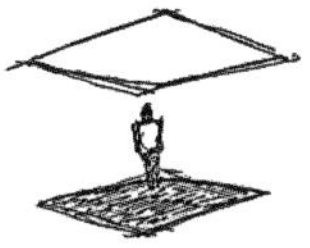	天棚、屋檐等 	格栅，茂密的树叶等 	伞、电线杆可以限定最简单的空间 
界面在对象侧面 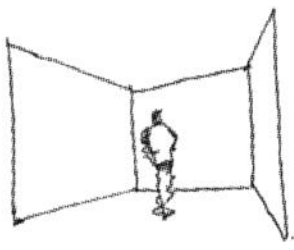	墙和茂密的树丛等 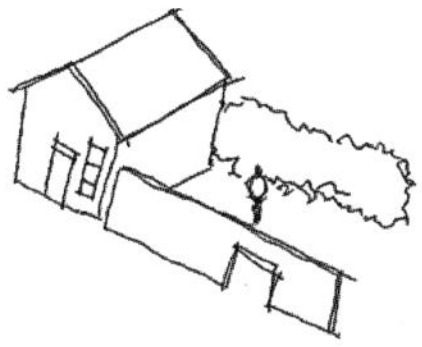	茂密的树丛等 	在侧面的邮箱、旗杆等也可以限定最简单的一个空间 
界面在对象下方 	台阶、舞台、指挥台、露台等 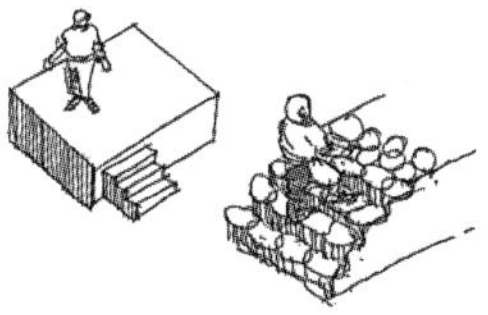	格栅等 	脚下的一块踏石，可以限定一个最简单的空间 

（来源：作者根据资料整理自绘）

化和要素的存在与否会直接影响到空间。建筑的室外空间和室内空间只是对象和界面的不同。本书将村镇作为一个整体，对象包括了建筑的室内空间和室外空间，将建筑的室内空间和室外空间看作一个连续的序列（图1-8），即为村镇的"空间"体系。

在这个空间序列里，不同层级的对象在各自的空间都是不同的碳源体，不同空间的界面有着不同的汇碳能力，在它包围下的空间又称为更高层级空间的对象和碳源。这些不同层级的对象的性质以及各个界面之间的关系将影响总体碳排放的量和系统的碳平衡，构成了村镇聚落中的碳平衡。本书将通过被动式设计和主动式设计这些空间，对象和界面的性质进行调节以最终达到降低碳排放的目标。

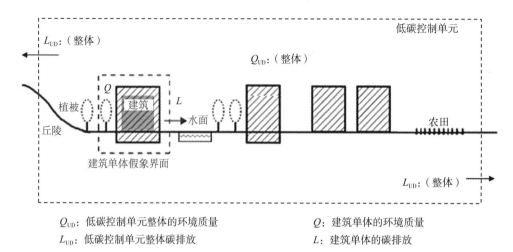

Q_{UD}：低碳控制单元整体的环境质量　　　　　　　Q：建筑单体的环境质量

L_{UD}：低碳控制单元整体碳排放　　　　　　　　　L：建筑单体的碳排放

图1-8　村镇空间体系（来源：作者自绘）

建构低碳村镇的根本，对于城市规划师和城市建筑师来说，主要是指村镇的建成形态，对村镇建筑的使用（村镇生活）、交通运输（主要是城乡之间）以及能源供给的过程中，进行碳排放的影响效果和机理解释。而村镇的空间体系将成为构成村镇建成形态最主要的要素。

本书将低碳的视点聚焦到村镇社区，它是一种中国特有的具有低碳特性的城市化的过程。在中国的村镇，由于发展相对落后于城市，因而人们仍然保留着相对低碳的生活模式。汽车的人均拥有量并不高，在村镇内人们大多数选择步行或者骑自行车，外出也大多数选择公共交通体系。村镇和城市相比，建筑功能较为简单，以居住建筑为主，配有适量的公共建筑和极少量的工业或者是与居住密不可分的手工业。尽管村镇的生活方式是低碳化的，但是用能模式却是高碳的，其功能体系相对落后，家用电器、设备等效率低下。针对村镇生活方式低碳、用能模式高碳的现状，本书中的低碳主要指村镇居住建筑中以村镇为控制单元的低碳，并且将低碳的着眼点聚焦在社区空间体系的营建策略导控上。这里不仅仅代表以往建筑学意义上的形态设计，也是指基于村镇特有的经济基础与技术条件，结合村镇的社会文化特点，挖掘空间形态与建筑之间的关系，运用村镇空间和建筑空间的设计手法，调节村镇的微气候环境，并最终减少居住建筑的能耗。同时，从村镇的生活方式、建筑空间和用能模式的特点出发，提出适宜技术，推动新能源的利用，包括可再生能源、未利用能源和热电联产系统的导入模式，改变能源的结构，最终实现村镇低碳社区的营建。

本书认为，村镇低碳社区是在经济、社会、文化进步、人民生活水平和生活环境不断提高的前提下，通过调整村镇的经济发展模式，村镇的消费理念和生活方式的低碳转变，降低CO_2的排放量，实现村镇社会与城乡一体的可持续发展目标。

1.5　解读低碳

村镇规划和建筑，一直以来都没有相对完整和系统的理论指导。对于村镇社区空间设计的探索应当以对现有规划设计理论的梳理和分析为基础，以城乡关系的分析为媒介，并最终将这些理论和方法的手法"落地"到村镇，形成村镇的设计理论和分析手法。村镇的低碳之路亦将如此。

1.5.1　低碳的相关概念

自从20世纪80年代"可持续"概念提出以来，生态城市、绿色城市、循环城市、节能城市等许多与城市环境、资源循环以及能源利用等相关的概念不断地出现在各个领域。在此之前，各个领域的专家和学者往往在各自的领域中，孤立地研究城市的环境问题，能源供给、资源利用、经济发展模式，具有很大的局限性。随着"可持续城市"概念的提出和普及，这些孤立的研究在城市的范围中按照一定理论建构的系统得到了有机整合。

低碳概念的发展也颇为相似。各个研究领域的专家首先在自己的领域中分别提出了"低碳建筑""低碳交通（低碳汽车）""低碳能源"等独立的概念，并逐渐从建筑单体衍生到城市的尺度。近年来，随着"低碳城市"研究热潮的兴起，研究者们开始试图将这些独立的概念在"城市"这个空间载体中整合，从降低CO_2排放的角度出发，整合了城市能源供求、资源节约和循环利用、交通等各个领域的研究，以实现城市的可持续发展。

1. 全球的低碳动向以及相关概念

低碳城市中的"城市"首先是一个空间载体，即以城市作为空间载体，以降低温室气体排放作为目标来发展低碳经济。城市，是人类活动（社会、经济和文化）以及承载这些人类活动的建筑和场地的聚集。

城市亦是对低碳先行区域范围的界定。随着人类社会的发展，城市和村镇的剥离，城市的能源消费呈现岛状趋势（能源消费的强度和密度远远超过周边地区），环境和发展的矛盾尤为突出，因而低碳的实践首先在城市展开。这些在城市中的低碳初探被笼统地概括为低碳城市研究。

在全球的低碳热潮中，各个国家根据自身的国情与需求，衍生出与"低碳城市"相近或者相关的概念，其中包括，低碳发展（Low Carbon Development）、低碳经济（Low Carbon Economy）、低碳社会（Low Carbon Society）、低碳社区（Low Carbon Community）、低碳城市（Low Carbon City）和低碳生活（Low Carbon Life）。

在宏观层面上，从政策角度出发（主要以国家或者地方政府为主体），主要有低碳经济和低碳社会两个概念。低碳经济是第一阶段，主要指政府通过政策的手段，调整能源结构、经济结构，发展低碳产业。第二个阶段是低碳社会，这个阶段是在低碳经济建构的基础上，进一步完善各个产业、部门的政策，以引导各个产业形成低碳发展，实现社会整体的减排。

在中观层面，从实践和政策落实的角度出发，根据其尺度的不同，主要有"低碳社区"和"低碳城市"。社区是城市的基本单元，"低碳社区"是指涉及低碳的各个政策首先在社区的尺度下展开，将其作为城市系统的缩影，在各个方面导入低碳技术和理念，在社区的尺度上实现低碳模式。通过在各个社区的实践，整合并逐渐形成整体城市的低碳化。"低碳发展"是手段也是过程，"低碳生活"是低碳经济、低碳社会以及低碳城市（社区）实践的终极目标和评价标准。

2. 国内低碳研究动向及相关概念

我国的学者在国外低碳城市实践和研究的基础上，根据低碳城市建构的主要内容和低碳城市发展的条件，也从各个角度对低碳城市做出了概念的界定（表1-2）。夏堃堡等学者引入了生态体系的理论，以城市作为空间介质，认为低碳城市就是在城市的范围内，通过建设一个良性的可持续的能源生态体，以实现低碳经济。金石等学者的理论以碳排放和经济发展的平衡状态为着眼点，指出低碳城市就是在保持经济高速发展的同时，保持能源消耗和CO_2的排放处于较低的状态。

付允、戴亦欣、刘志林等学者认为低碳城市的概念涵盖了技术、社会、经济运作方式，能源生产和使用模式，政策与制度等各个方面，其终极目标不仅包括实现低碳产业模式和低碳经济，还包括实现低碳社会和生活。在强调技术的同时，也强调了低碳的社会效应、公众参与。

国内学者对于低碳城市的理解和定义　　　　　表1-2

提出者	关于低碳城市的理解
夏堃堡	低碳城市就是在城市实行低碳经济，建设一个良性的可持续的能源生态体系
金石	城市在经济高速发展的前提下，保持能源消耗和二氧化碳排放处于较低水平
付允	低碳城市是通过在城市发展低碳经济，创新低碳技术，改变生活方式，最大限度减少城市的温室气体排放，彻底摆脱以往大量生产、大量消费和大量废弃的社会经济运行模式，最终实现城市的清洁发展、高效发展、低碳发展和可持续发展
戴亦欣	低碳城市是城市经济以低碳产业和低碳化生产为主导模式，市民以低碳生活为理念和行为特征、政府以低碳社会为建设蓝图的城市。低碳城市发展旨在通过经济发展模式、消费理念和生活方式的转变，在保证生活质量不断提高的前提下，实现有助于减少碳排放的城市建设模式和社会发展方式
刘志林	强调以低碳理念为指导，在一定的规划、政策和制度建设的推动下，推广低碳理念，以低碳技术和低碳产品为基础，以低碳能源生产和应用为主要对象，由公众广泛参与，通过发展当地经济和提高人们生活质量而为全球碳排放减少做出贡献
胡鞍钢	在中国从高碳经济向低碳经济转变的过程中，低碳城市是重要的一个方面，包括：低碳能源，提高燃气普及率，提高城市绿化率，提高废弃物处理率等方面的工作

（来源：淮涛，杜军. 基于低碳城市的城市子系统具体分析［J］. 时代金融，2012（36）：113-115. 孙粤文. 建设低碳城市路径研究——基于常州建设低碳城市的分析［J］. 常州大学学报（社会科学版），2011（2）：59-62. 作者整理）

　　刘亮等人在研究低碳城市评价指标体系的研究中，从空间设计的角度，针对现阶段的低碳城市给出了较为详细和完整的定义：低碳城市是以城市空间为载体，以能源、交通、建筑、生产、消费为要素，以技术创新与进步为手段，通过合理的空间规划和科学的环境管理，在保持经济社会有效运转的前提下，实现碳排放与碳处理的动态平衡的发展模式[①]。

---

① 刘亮，刘伟，陈超凡，等. 区域能流视角的低碳城市评价指标体系研究［J］. 生态经济：学术版，2013（1）：6-9，15.

3．低碳与其他相关概念的辨析

1）节能建筑与低碳城市

节能是指通过提高利用能源的效率，降低能源的消耗，从而降低化石能源使用而带来的污染物排放，因而从某种角度上讲其也有降低温室气体排放的效果。但是，低碳比节能有着更深层次的要求，它不仅要求使用过程中的低碳，更要求建筑在整个生命周期中低碳。在手法上，节能着重于技术层面，利用建筑设备和材料等手段达到降低能耗的目的。而低碳除了在技术层面外，也注重人们低碳意识的培养和整个建筑系统的管理等。从范围上来看，节能更强调单体，而低碳则强调贯穿建筑单体、区域以及环境之间的整体的环境观。低碳不仅强调建筑的节能减碳，也强调了环境的碳汇。

2）循环社会（Circular Economy）

相关研究中对循环社会做了如下定义：循环社会是按照生态自然系统物质循环和能量流动规律重构经济系统，使经济系统和谐地纳入自然生态系统的物质循环的过程中，建立起一种新形态的社会，它是在可持续发展的思想指导下，按照清洁生产的方式，对能源及其废弃物实行综合利用的生产活动过程。它要求把经济活动组成一个"资源—产品—再生资源"的反馈式流程；其特征是低开采、高利用、低排放。循环经济侧重于经济发展的科学性，节约能耗，提高资源的利用效率[①]。它包含了低碳经济和低碳城市的发展内容，也包括了综合开发资源和环保事业，因而相比较低碳经济和低碳城市，其内容更丰富。

3）生态城市

1984年，在联合国提出的人与生态圈的报告中首次提出了生态城市的概念，主要反映了生态良好和高效发展两个概念。这个概念反映了在城市发展过程中经济发展与环境发展的共生理念。

生态的思想兼顾了人类和自然的利益，主张以两者和谐共生为基础。不仅包含了减少资源的消耗，污染减少，而且涵盖的范围很广。生态城市的最终目标是实现人工与自然构成的生态复合体的良性运转以及人与自然、人与社会可持续和谐发展的城市[②]。

生态城市涵盖的范围要大于低碳城市的概念范围，是低碳城市达成以后城市发展的

---

① 白帆. 当前中国大力发展循环经济问题研究［J］. 经济研究导刊，2013（28）：285-286.

② 陈建国. 低碳城市建设：国际经验借鉴和中国的政策选择［J］. 现代物业：上旬刊，2011（2）：86-94.

目标。其要求从整体生态循环的角度出发，在考虑低碳的同时，考虑废水、废气、废物对城市整体环境甚至对城市景观的影响。

4）可持续城市

可持续发展的概念最初也起源于生态学的概念，强调现在与未来之间的关系，其核心是人类的发展，重心在代与代之间的关系。它是一个整体的概念，包含了资源、能源、环境、温室气体排放，也包含了人类经济、社会和文明的发展。可持续发展是人类发展的方向，低碳城市也是可持续发展的主要方式之一。

5）智慧城市

智慧城市是继低碳城市之后兴起的一个新概念。这个概念起源于美国。1992年，美国电力市场实行自由化，发送电分离之后，陈旧的送电系统及其相关基础设施经受了严峻的考验。在这样的背景下，开始了智能电网的研究和推广。智能电网通过掌握及预测电力需求，控制电力的输送和分配，让既有的电网有效实现电力自由化。欧洲不存在电力基础设施的陈旧问题，但是其能源相对紧缺，需要大量引入可再生能源及新能源。可是诸如太阳能和风能等可再生资源的大量导入，必将对原有的电力系统造成影响，出现逆流的现象。大力提倡利用可再生能源，将减少建筑对传统能源的消耗，而智慧城市的核心是解决大量引入的可再生能源等新能源与原有系统的衔接问题。

智能电网——这个与电力基础设施相关的概念以及与其紧密相关的智慧城市的概念，在全球的各个国家，根据不通的国情，不同的基础设施建设条件，有了不同的定义和发展。其尺度也从单体建筑、社区到城市和国家。虽然现在尚无统一的定义，但是普遍认为，智慧城市是引用信息通信技术（Information and Communications Technology，ICT），有效地整合基础设施、生活设施、能源供给设施等与城市相关联的要素，以实现可持续的发展。

因而相比较低碳城市、可持续城市等概念，智慧研究领域更广。在城市建设和开发的基础上，更强调"智慧"地使用和综合控制城市系统的各个要素，在实现可持续的发展中，不仅考虑技术要素，也考虑其经济可行性，以实现"智慧"的可持续发展。

综上所述，低碳城市的概念具有如下特点：

（1）低碳城市是一个具有一定空间界定的开放系统。城市的空间是低碳城市的空间载体，各个要素（能源、交通、建筑、生产、消费）在城市这个空间载体上有机统一，以实现低碳。然而，环境问题的开放性特点决定了这个具有一定空间界定的载体同时具有开放性的特点。因而在实现城市低碳的同时，也应该充分考虑研究对象对外界的影响。在实现地方性的同时，也应该考虑如何适应国际环境，如何与国际标准接轨。

（2）低碳具有多层性和多样性的特点。每个城市的低碳都要通过对各个要素（能源、交通、建筑、生产、消费）的整合来实现，如果每个要素在城市中构成一个层，低碳城市就是一个具有多层结构的结合体。每一个独立的要素都具有自身的相对独立性，有各自的碳源体和碳汇体，同时又相互关联，有机整合成一个城市系统。由于每个城市特点不同，碳源不同，碳汇的能力不同，各个层结构之间的相互组合方式也不同，具有多样性的特点。

（3）低碳具有技术性的特点。低碳城市需要各个领域的技术支持，以实现各个层结构的低碳化。

（4）低碳是一个动态的生态平衡体。城市的低碳之路，是可持续发展的一个重要组成部分，也因自然环境、社会环境、技术条件的变化，而呈现动态发展的特点。

（5）低碳不是一个技术性的概念，要以社会经济的发展为前提，实现人类社会与环境的和谐共生。

1.5.2　低碳的理论基础及相关研究

在城市环境问题日趋恶化的背景下，城市的环境价值观理论逐渐引起了各界的重视，为低碳城市的建构奠定了理论基础。其中，城市代谢理论和城市碳循环理论是最重要的理论。城市代谢理论以生物体新陈代谢的观点建立了城市内部以及城市与外界的能量和物质循环体系。城市碳循环理论以城市代谢理论建立的循环体系为基础，梳理城市系统内部以及城市系统与外界之间，伴随着物质与能量代谢的碳循环和碳代谢。

1．代谢理论及其相关研究

1）新陈代谢理论的产生和发展

城市的代谢理论将城市系统比作生物体。简单地说就是能量、水、物质输入到城市系统中，经过城市系统的作用，最终变成废弃物排出体外。这个系统可以简单分成三个子系统：输入能源的供给子系统（Supply-Side）、使用能源的需求子系统（Demand-Side）以及处理废弃物的排泄子系统（Dispose-Side）。

如果将城市比作人体，能源供给系统就如给人体输送能源的"动脉系统"，处理废弃物的排泄系统就如人体的"静脉系统"。动脉系统将能量输入到城市，如果"动脉系统"和"静脉系统"没有达到有效的平衡，就会导致一系列的"疾病"，即当下最热门的全球环境问题。以城市新陈代谢的理论来看，现代高度发展的工业城市是一个人为制造的庞大的生物体。其物质、能量、信息未能达到协调的发展，而产生了一系列的城市问题。当"动脉系统"与"静脉系统"达到有机协调，供给、需求、排泄三个子系统形成整体平衡发展的状态，就是可持续发展城市。新陈代谢的理论就是在这样的背景下，以实现可持续发展为目标展开的。

新陈代谢理论由阿贝尔·沃尔曼（Abel Wolman）于1965年首先提出。沃尔曼认为城市就是从环境中获得输入的物质和能量，然后输出产品和废物的过程，并测定了城市生活所需要的物质，开辟了城市代谢研究的新领域[1][2]。其理论根植于工业时代，以质量守恒定律为基础，主要关注城市的物质输入、内部流动以及最终的排出物。随着能量守恒定律的提出、发展和形成，许多国内外研究者对城市新陈代谢的理论进行了拓展和补充，加入了能量流的概念并在许多国内外城市，包括多伦多、维也纳、香港、台北、悉尼和伦敦建立了宏观的城市模型，并在各个地区的可持续城市建设中得到应用。

与生物的新陈代新过程相似，城市新陈代谢的过程也包括了物质和能量两个方面。基于这两个不同的方面，目前可用于城市系统分析的相关代谢的概念主要包括社会代谢（Social Metabolism）、城市代谢（Urban Metabolism）、产业代谢（Industrial Metabolism）、能量代谢（Energy Metabolism）以及生态能量代谢（Ecological Energetic Metabolism）等[3]。其中社会代谢、城市代谢和产业代谢以城市中的物质流动作为分析的手段，能量代谢和生态能量代谢则侧重于能量的流动和代谢。不同的概念，研究的对象和尺度不同，社会代谢的研究对象尺度相对较大，其范围可以是城市、国家以及更大的区域，侧重于人类的社会经济活动，主要的量化方法包括物质流分析和社会代谢多尺度综合研究。城市代谢的尺度仅次于社会代谢，以城市为系统单元，涵盖了系统内部的各种代谢过程。研究对象包括城市内部的能源、食物、建筑以及水、空气和土地等自然资

[1]　MICHAELIS P, JACKSON T. Material and energy flow through the UK iron and steel sector, Part 2: 1994-2019 [J]. Resources, Conservation and Recycling, 2000, 29 (3): 209-230.

[2]　DAIGO I, MATSUNO Y, ADACHI Y. Substance flow analysis of chromium and nickel in the material flow of stainless steel in Japan [J]. Resources, Conservation and Recycling, 2010, 54 (11): 851-863.

[3]　张力小，胡秋红. 城市物质能量代谢相关研究述评——兼论资源代谢的内涵与研究方法 [J]. 自然资源学报，2011（10）：1801-1810.

源[1]，具有明确的边界条件，主要侧重于城市系统与外界的能量交换、输入和输出。主要研究方法包括物质流和能值分析。产业代谢和物质代谢的研究相对微观，前者的研究对象是城市系统中的某一个特定的产业，后者的研究对象是一种特定的物质元素在特定时空系统中的流动。这两种代谢的研究都没有明确的空间界限。

随着热力学定律的发展，国内外的研究者在物质流和能量流研究的基础上，提出了城市的生态学热力学理论，更好地解释了能量在城市系统内部的使用、流动、消耗和损失的过程，以及城市系统与外界的能量交换。为能量流的"质"的量化研究提供了理论依据，形成了相对完善的符合可持续城市发展理论的城市新陈代谢理论基础[2]。

城市的新陈代谢是一个熵减少的过程。热力学第二定律认为任何能量的转化过程（做功）都会伴随着熵的增加。城市系统的代谢过程，即为城市内部的能量转换，因而代谢系统中会产生负熵，并释放到环境中去。"生态"城市、"循环"城市和"可持续"城市设计的概念是将城市中的自然环境看作是熵的传输管道，传递负熵到热井[3]，使得整个系统的总熵趋于平衡。

城市是一个不能自我维持的生态系统，作为一个巨型的异养生物体，其运行依赖于物质和能量的代谢过程，其发展必须依赖系统之外的能量输入。

2）城市新陈代谢的城市系统模型及其构成要素

伴随着新陈代谢理论的发展和成熟，与之相应的城市系统模型也不断完善。从新陈代谢的基本概念出发，城市系统可以看作是一个"黑箱子"。从外界获取能量和物质，经过城市系统的作用将废弃物排出城市系统之外（图1-9a）。在生态热力学概念的影响下，加入了能、熵与功的概念来描述生态系统，包括了自然生态系统和社会生态系统两大部分，以能量作为两个子系统之间的媒介，经过城市系统的做功、代谢和耗散将废弃物排出系统外部（图1-9b）。能量的转换和流动表征着这两个子系统之间的关系和整个城市系统的资源分布，以及社会经济生产活动的发展现状。李旋旗等学者用系统动力学

---

① 张力小，胡秋红. 城市物质能量代谢相关研究述评——兼论资源代谢的内涵与研究方法 [J]. 自然资源学报，2011（10）：1801-1810.

② 吴玉琴，严茂超，许力峰. 城市生态系统代谢的能值研究进展 [J]. 生态环境学报，2009（3）：1139-1145.

③ 刘耕源，杨志峰，陈彬. 基于能值分析方法的城市代谢过程研究：理论与方法 [J]. 生态学报，2013，33（15）：4539-4551.

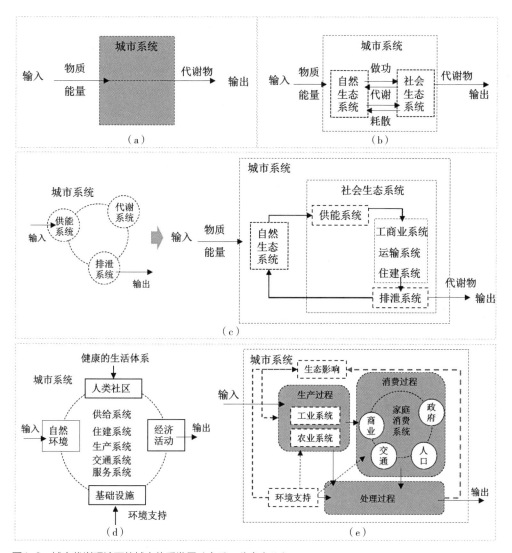

图1-9 城市代谢理论下的城市体系发展（来源：作者自绘）

分析了城市住区的形态和城市代谢效率之间的关系[①]。研究以厦门的住区作为对象，从功能组建的角度将城市分成了城市供能系统、城市工商业系统、城市运输系统、城市住建系统、城市排泄系统等主要功能子系统，建立了城市系统的代谢模型（图1-9c）。国外的研究者阿尔伯蒂（M. Alberti）指出，城市结构的变化及社会经济活动，对自然资源的利用和废弃物处理以及人类社会的健康是城市系统的四大要素。城市住区的社

---

① 李旋旗，花利忠. 基于系统动力学的城市住区形态变迁对城市代谢效率的影响［J］. 生态学报，2012（10）：2965-2974.

会环境包括了人类的社区（People and Community）及其经济活动（Economy），支持这些活动的包括供给系统（Nutrition）、交通（Transportation）、工业生产（Industry）等城市基础设施体系（Infrastructure）（图1-9d）。国内学者刘耕源等人[①]用能值方法研究城市的代谢过程，并在此基础上建立了包括生产过程、消费过程和处理过程的城市模型（图1-9e）。

根据城市新陈代谢理论所提出的城市系统，主要的研究包括宏观的系统模型以及微观的物质和能量流动。图1-10归纳了城市新陈代谢在各个尺度上的研究和内容。

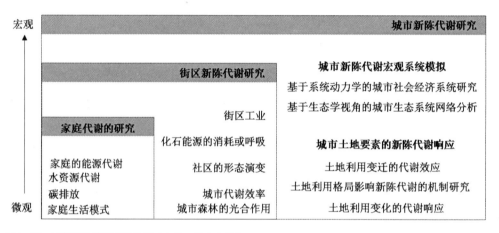

图1-10　城市新陈代谢研究体系（来源：作者自绘）

2. 碳循环理论

城市新陈代谢理论为城市系统的物质和能量流动建立了框架体系。城市系统的碳循环理论，就是在这套城市体系以及其循环理论的基础上，研究伴随能量的输入，城市系统作用以及碳元素的输入、输出、储存和耗散的过程。这一系列研究有助于追踪碳元素在城市系统中的流动和使用情况，以分析城市各个子系统的效率，协调并控制城市系统的整体碳排放量。

城市是人类聚居密度较高的区域，也是受地表人类活动影响最深、能源消耗集中、碳源集中的区域。虽然有着相近的新陈代谢过程，但是与自然系统相比，城市是一个多

① 刘耕源，杨志峰，陈彬. 基于能值分析方法的城市代谢过程研究——理论与方法［J］. 生态学报，2013（15）：4539-4551.

要素多层次的社会、文化、经济的复合系统，是整个生态系统的下垫面[1]。因而对整个城市系统的碳源（在系统内部产生的碳）、碳排放（释放至系统外部的碳）和碳汇（在系统内部吸收，转化沉淀在系统内部的碳）的研究有助于理解整个生态系统的碳过程，也为村镇低碳系统提供了相关的理论基础。

从碳循环理论的系统出发，城市系统的边界从空间上将系统的内部和外部分为城市蔓延区（Urban Sprawl）和城市足迹区（Urban Footprint）。城市的蔓延区主要是指城市建成区，即建筑密度和人口密度相对集中的区域，是碳系统中碳源集中的区域。城市足迹区是城市系统代谢产物排放的区域，也是碳排放集中的区域。在现代城市的能源供给中，电力等主要的能源来自城市蔓延区之外离城市中心较远的足迹区。因而城市足迹区也是为蔓延区提供能量并且接受代谢物的区域，受城市污染和气候变化的影响也越深。

以城市新陈代谢理论建构的物质和能量循环体系为基础，城市的碳循环体系主要参数包括碳通量和碳储量。碳储量是城市系统内部各要素对碳元素的积蓄能力。碳通量是指在一定时间城市系统的碳的输入量和输出量。

1997年，Nakazawa首先提出了全球碳循环模型[2]，模型主要由大气圈和生物圈（陆地生物、土壤和海洋）两个主要部分构成。1998年中国学者方精云等[3]细化了作为陆地生态的构成要素。这些研究中仅考虑了碳元素在生态圈中的循环，并没有将人类活动单独分离出来。然而，这样的模型很难适应人类活动密集的现代城市体系。

在前述的新陈代谢的理论中，城市系统可以分为自然生态系统和社会生态系统两个部分，是"自然—社会"二元体系。赵荣钦等[4]在此基础上提出了"自然—社会"的二元城市系统的碳循环模型的理论框架，并指出城市碳循环系统的特性，是一个包括自然和人工过程、水平和垂直过程、地表和地下的过程、经济和社会过程在内的复杂系统。研究中深入分析了碳储量和碳通量的构成，提出了碳通量的概念和城市碳元素输入/输出的类型（图1-11）。

[1] 赵荣钦，黄贤金，徐慧，等. 城市系统碳循环与碳管理研究进展［J］. 自然资源学报，2009（10）：1847-1859.

[2] Nakazawa T, Morimoto S, Aoki S, et al. Temporal and spatial variations of the carbon isotopic ratio of atmospheric carbon dioxide in the western Pacific region［J］.Journal of Geophysical Research Atmospheres，1997，102(D1): 1271–1286.

[3] 方精云，唐艳鸿，林俊达，等. 全球生态学气候变化与生态响应［M］. 北京：高等教育出版社，2000.

[4] 赵荣钦，黄贤金. 城市系统碳循环：特征、机理与理论框架［J］. 生态学报，2013（2）：358-366.

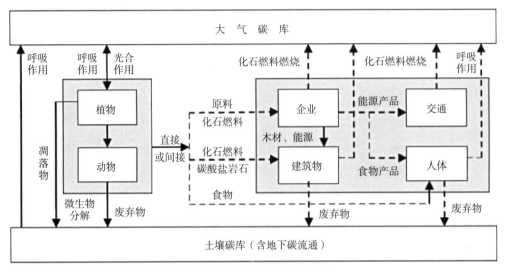

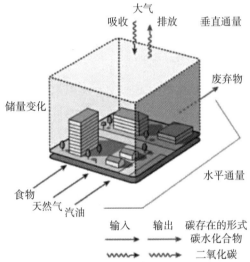

图1-11 城市系统的碳循环模型图（来源：作者自绘）

1.5.3 低碳技术的相关研究

1. 规划设计在不同空间尺度上对低碳空间结构的影响

城市的空间结构是指城市构成要素的空间分布和相互作用的内在机制，是城市发展的内在动力支撑[1]，是城市经济结构、社会结构、自然地理要素在空间上的投影。与其

----

① 周潮，刘科伟，陈宗兴. 低碳城市空间结构发展模式研究［J］. 科技进步与对策，2010（22）：56-59.

他的影响因素相比，城市的空间结构对于城市发展的作用是长期的，具有锁定的作用。城市的物质空间随着空间结构的确定而建立，一旦建立就很难被改变，并一直影响着人们的交通出行方式等社会生活和经济活动。

从城市碳循环模型的角度看，在城市内部的碳循环体系中，城市的空间结构决定了城市的物质流和碳足迹。人们因为城市空间的固定而形成了固定的生活习惯、社会习惯，从而形成了固定的能源消耗和碳排放模式。从城市碳循环体系与外界的碳流通角度看，城市结构还影响了移动碳源（交通），从而影响了城市碳体系与外界的碳交换。

城市的空间结构可以通过规划手段建构，调整和控制。在不同的尺度上城市规划按照其尺度可以对城市结构进行以下调节[①]：

1）区域规划

区域规划尺度上的空间结构的研究主要是围绕城市与村镇以及城市与城市之间的关系展开。这个尺度上的空间结构的低碳规划是控制城市与村镇以及城市与城市之间的出行方式。

中国现有城镇体系规划的空间结构形式多为区域向心式结构。这种规划模式的概念和出发点是将主要的机动车出行控制在城镇、村镇或者是城市的内部，而城市与城市之间的交通联系主要借助公共交通。然而，中国的城镇道路体系通常采用的是网格状的交通规划，公共交通也主要以道路为主，这使得人们更多地趋向于选择机动车出行的方式，在整个区域内形成一种无序的交通状态。低碳区域规划的问题点就在于如何将这种无序的出行引导发展成为有序的移动，回归规划理念的初衷。

区域规划在强调空间结构与交通体系结构模式相适应的同时，必须与区域内就业规划、居住区规划等相配合才能最终实现低碳。在区域规划形成的骨架下，配合合理的机能，就成为下一个层面总体规划的核心内容。

2）总体规划

城市的总体规划尺度下的城市空间结构低碳策略，其核心就是如何形成一个紧凑型城市（Compact City）。加上与之相配合的基础，总体规划的低碳策略主要包括紧凑型城市的空间结构，以公共交通为主导的空间模式，以生态为主导的空间模式和紧凑多中心的空间模式。

---

① 潘海啸，汤諹，吴锦瑜，等. 中国"低碳城市"的空间规划策略［J］. 城市规划学刊，2008（6）：57-64.

紧凑型城市的思想源于美国，并被广泛应用于欧洲，是低碳城市结构的基本概念之一。其核心思想是在人口数量基本不变或者逐渐减少的时期通过限制人口向城市外部的过度蔓延，将人口集中到城市内部，以增加土地利用强度，提高人口密度作为节约能耗的突破口。

与欧洲不同，中国的人口还处于增长时期，城市人口的密度也远远大于欧洲及其他国家，将人口集中在城市将引起城市人口密度过大等问题，多中心的城市结构仍然是中国城市空间发展的一种趋势。因而紧凑型城市概念在中国应用应结合现有的多中心结构，汲取日本的经验，形成紧凑型多中心空间模式。除了紧凑型城市"高密度、高容积率、高层"这样密度集中的概念之外，更应该强调功能混合。

2. 社区理论对低碳空间的引导

社区是构成城市的最基本的细胞，具有生物体细胞一样的分形和异质的特征。总体规划和区域规划中的土地利用、交通体系、空间结构定义了社区"细胞"的特性（规划特点）、功能（土地利用特性）、细胞与细胞之间的相互关系（功能位置）、组合关系以及联系方式（交通方式）。这个单元体作为城市居民日常生活的背景，是所有低碳策略的落脚点，对改变城市的低碳模式起到了决定性的作用。

因此，在社区规划的层面，应当充分落实上层规划（总体规划、区域规划）中所建构的城市空间体系格局、土地利用方式以及交通体系。

低碳视角下的社区规划的相关研究：社区是城市能源利用的终端，是建筑的集合体，联系着建筑单体的能源消费，直接与居民的能源消费相联系。社区的定义、分类和研究有很多，其中以环境观为出发点的主要是近邻住区理论和以公共交通节点为中心发展的公共交通导向型规划模式（Transit Oriented Development，TOD）。

1）近邻住区理论（Neighborhood Unit Theory）

近代规划环境观的形成和理论的提出始于1898年罗伯特·欧文（Robert Owen）提出的花园城市理论。在城市环境恶化的背景下，花园城市理论主要提出了村镇与城市结合，"花园"（绿地）与居住、工业、商业、行政以及公共服务设施等相混合的城市规划理念，并提出可持续的城市规模大约在3万人。

近邻住区理论汲取了花园城市的理论思想，并将其深化，形成了对社区规划具有深刻影响的社区规划理论。主干道围合下面积大约64hm²（半径400m），人口5000～6000的社区被定义成基本住区单元，即近邻住区。在住区的功能配置上，以社区的公共服务设施为中心，在社区范围内配置有公园绿地、教育设施，道路的沿线配置商业设施。这些住区以主干道作为社区的边界，避免了过多的车辆在社区中穿行，奠定了步行系统的基础。同时多种建筑功能的混合配置，实现了人们在步行范围中生活的可行性，改变了依赖机动车辆出行的城市规划格局[①]。

近邻住区的基本设计要素如下：

（1）以主要的交通干道作为边界；

（2）适宜的社区规模和人口；

（3）沿主要交通设置商业设施；

（4）在住区的中心具有开敞的公共空间；

（5）在公共空间的中心设置公共服务设施（小学）；

（6）相对独立的内部交通系统（步行系统）。

在现代城市规划中，日本引进并完善了近邻住区的理论。在日本，近邻住区作为城市规划的最基本单元，以小学校园为中心，大约100hm²的范围作为一个近邻住区，人口在1万人左右。在此基础上设定了街区公园、近邻公园、地区公园的城市公园绿地系统（1956年日本颁布《城市公园法》），以保证城市的公共空间、绿地面积和生态系统。其设计的基本原则、规模、人口等如图1-12所示。

2）以公共交通节点为中心发展的公共交通导向型规划模式（TOD）

在北美，城市圈随着高速公路的发展而不断扩张，汽车也因而成为人们主要的出行方式。这种城市结构导致交通部分的碳排放迅速增加。与之相对立的是20世纪90年代提出的新城市主义。其核心思想是以公共交通节点（车站）为中心，以半径600m（10min左右的步行距离）的步行圈为基本社区单元，混合配置住宅、商业、办公、公共服务设施和公共绿地空间，以此促进公共交通体系的利用，减少汽车的碳排放。

日本实践并证实了这套理论的有效性。大多数的大城市都采用TOD的发展模式。这些以车站为中心的社区，通过高效完善的公共交通系统的连接，构成了城市的总图。从东京的交通线路和TOD社区图上可以看出，TOD社区几乎覆盖了整个城市的市中心区域，也就是说在东京的中心圈内，人们的日常生活完全可以依赖公共交通出行的方式（图1-13）。实践证明这种城市发展的模式，有效地控制了交通部门的碳排放。

---

① 倉田和四生. 近隣住区論 新しいコミュニティ計画のために［M］. 日本：鹿島出版会，1900.

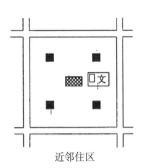

近邻住区

面积：100hm²（1km×1km）

人口：10000

住区公园：1个（2hm²）

影响距离：500m

街区公园：4个（0.25hm²）

影响距离：250m

4个近邻住区

面积：400hm²

人口：40000

住区公园：4个

街区公园：16个

地区公园：1个（4hm²）

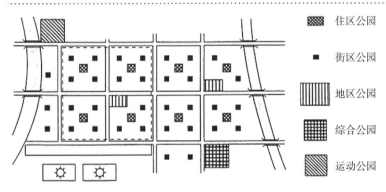

住区公园

街区公园

地区公园

综合公园

运动公园

图1-12　日本近邻住区系统和公园绿地系统（来源：作者自绘）

。　轨道交通站点

—　轨道线路

◉　交通站点500米范围圈

图1-13　东京的主要交通路线和TOD社区（来源：作者自绘）

3. 低碳视野下的社区规划理论的核心思想

1）适宜的尺度与明确的边界

低碳社区是城市内部各个要素，包括交通、建筑、能源供给等综合作用，相互协调而呈现的社区的一种存在方式。因而定义一个尺度适宜、边界清晰的社区是分析和讨论这些要素的前提。这个社区的尺度不能过小，否则将无法从系统的角度把握各个要素之间的联系；尺度亦不能过大，要符合人们日常生活圈的概念，并且与可持续的低碳观相一致。

2）紧凑与复合

近邻住区的社区规划理论和TOD的社区规划理论，虽然因为时代和社会的背景不同，对社区的定义不尽相同，但是其核心思想都是在步行范围的社区空间中，配置复合的功能以减少汽车的出行。

从环境观的角度，紧凑与复合的城市结构具有以下的特点：

（1）提倡公共交通可以直接减少交通部门的碳排放。相关研究显示，一个人使用轨道交通和公交车出行时的碳排放量仅为使用私家车出行的1/3～1/9。

（2）紧凑与复合能够营造更好的步行空间和步行可达的生活圈。尤其是绿地及公共空间在城市社区中的配置能够保证城市社区中的碳汇功能，从而间接减少城市的碳排放。

（3）随着分布式能源系统在城市社区中的推广，城市社区的紧凑和复合能够促进高效率的能源设备的导入，并提高设备的运转效率。而且通过功能在一定区域范围内的复合，可以促进能源在建筑之间的融通，更进一步增加能源利用效率，减少建筑部分的能耗，从而减少城市的碳排放。

（4）除了低碳的环境效应之外，功能的复合还能够促进商业、工业、学校以及政府之间的合作，从而促进低碳产业发展。另外，对解决社会高龄化等社会问题也有积极的作用。

3）分层与整合

低碳社区规划的过程是对城市交通、能源、水、垃圾循环处理，以及城市环境规划（城市的绿地、水环境被称为城市的环境基础设施）等基础设施进行整合最终达到最优化的状态。

这些自成系统的基础设施可以看成是城市基础设施的不同的"层"。现代城市基础设施是一个由气候（上）、建筑（中）以及功能系统、水处理系统等城市管网（下）所

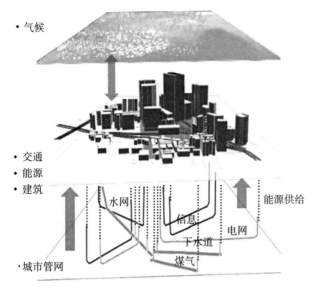

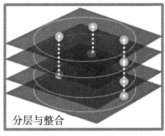

图1-14　城市的三维模型（来源：作者自绘）

构成的三维城市"层"结构（图1-14）。其低碳优化的过程就是这些"层"有机整合的过程。

4．低碳建筑技术的相关研究

1）传统建筑中的低碳观及其相关研究

中国的传统建筑或者是地区建筑，尤其是传统民居起源于建筑能耗几乎为零的时期，其衍生变化并沿用至今的过程体现了人类适应自然、使用自然与自然和谐共生的原始低碳观。

这些建筑在没有现代建筑师设计的前提下，逐渐随历史的发展而形成了不使用能源或者是很少使用能源的尺度宜人、环境舒适的建筑空间。对这些建筑的研究，将为建筑的"零能""低碳"等设计手法和要素提供宝贵的经验。

从20世纪90年代开始，国内的学者兴起了对乡土建筑、传统建筑、地区建筑的研究热潮，其中具有指导意义并对之后的研究有深远影响的是吴良镛先生的《人居环境科学导论》。国内的很多研究团队以地方民居为原型，进行了研究和分析。周若祁等学者的《绿色建筑体系与黄土高原基本聚居模式》和青年学者魏秦的《地区人居环境营建体系的理论方法与实践》等研究以黄土高原的窑洞为原型，建构了多维视野下的地区营建体系的理论和方法论。其研究分析归纳了传统建筑中适应现代建筑的"生态基因"，并运用这些"基因"以及其内在调节机制，建构了适应现代生活的住居模式。

贺勇、王建华等学者以江南地区的民居为着眼点，分析在冬冷夏热的气候条件下传统民居应对自然的设计手法以及适应这个地区的现代生态人居设计理论。另外，韩冬青等学者对皖南村镇的研究，以及刘家坪等人对云南地区的民居研究等对不同地区，不同气候条件下民居的设计手法进行了总结和概括。

2）环境建筑的发展

钢筋混凝土建筑从20世纪90年代开始大量普及。建筑体量不断增大，建筑的比表面积减小，自然采光、自然通风等自然手段已经无法调节和创造舒适的室内环境。在这个时期，照明、空调等建筑设备不断发展，建筑进入了依赖空调等设备控制室内环境时期。尤其是在1950年后，层高低、进深大、以玻璃幕墙为立面的高层建筑成为主流，建筑能耗迅速增加。

（1）石油危机促进了节能建筑的产生和发展

第一次石油危机，迫使建筑师和工程师开始考虑建筑的节能设计。例如，著名的生态建筑大师杨经文，利用大量的遮阳、水平及垂直绿化、双层幕墙、中庭等手法控制建筑的能耗。通过被动式建筑设计手法控制主动式建筑能耗成为这一时期节能建筑的特点，也是现代建筑开始利用自然资源创造舒适的室内环境的开始。

第二次石油危机中，全球面临着更为严峻的能源危机。在这个时期，建筑对室内环境的控制放宽了要求，如夏季空调温度控制在28℃以上等措施。这个时期的建筑节能特点是牺牲一定的室内舒适度来控制建筑的能耗。

（2）从环境建筑到低碳建筑

20世纪80年代，除了能源危机之外，大气污染和地球的温室效应等环境问题引起了全球的重视，因而建筑也从节能建筑的阶段进入环境建筑的阶段。与节能建筑相比，更加关注建筑对环境的影响。在控制建筑能耗的同时还关注废弃物处理等全生命周期的环境影响。

在这些环境问题中，全球化的温室效应最为严峻，因而在1997年京都协议之后，可持续建筑的研究重点转向了如何在建筑的设计、施工、管理、使用、改造和拆除的全生命过程中减少CO_2的排放，也就是低碳建筑。

（3）国外低碳建筑的基本路线

英国是最早提出"零碳"（Net-zero）的国家。2006年12月，英国制定了相关政策，提出到2016年新建住宅达到零碳，2019年非住宅建筑实现零碳的目标。

其政策路线主要分为三个阶段[①]：

第一阶段，通过建筑的被动式设计和主动式设计，改善建筑的保温隔热等性能，导入高效的建筑设备等措施，提高建筑能源的利用效率，减少能源需求侧的碳排放；第二阶段，通过促进可再生能源，如太阳能、风能、生物能等分布式能源系统，代替传统的能源消耗，减少能源供给侧的碳排放；第三阶段，通过有效的控制（智能化控制等）实现能源在地区内、与周围建筑之间的最适化应用（图1-15）。

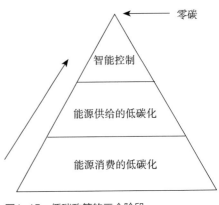

图1-15 低碳政策的三个阶段
（来源：作者自绘）

与低碳建筑政策的国际发展相比，虽然我国早在1992年全国人大常委会批准签署的《联合国气候变化框架公约》中就开始关注建筑节能的相关政策，并在2009年通过了《关于积极应对气候变化的决议》，但从总体上来看，中国建筑业的低碳之路才刚刚起步。中国的低碳建筑策略更多的是属于节能建筑的延伸，侧重单个技术、单个建筑的集合。然而，低碳建筑作为城市的一个部分，应当从系统的整体去制定低碳策略，低碳建筑的设计是一个被动式建筑设计、可再生能源利用、高效设备导入以及地区内建筑能源共享的综合过程。也就是实说，低碳建筑的设计不仅是建筑尺度上的设计，还涉及城市尺度上的甚至是更广域范围中的能源规划。

5. 低碳能源系统的相关研究

龙惟定等学者的研究中指出，低碳城市的能源规划主要可以概括为3D[②]，即低碳能源（Decarburization）、分布式能源（Decentralization）和减少需求（Demand Reduction）。

（1）低碳能源是指通过利用可再生能源、未利用能源等清洁能源，在能源使用量保持不变的情况下，在能源供给上减少碳排放。发达国家，特别是欧洲主要是通过使用大量可再生能源来达到降低碳排放的目标。

（2）分布式能源系统，是相对原有的集中式能源系统提出的。现有的模式中，所有

---

① 诸大建，王翀，陈汉云. 从低碳建筑到零碳建筑——概念辨析［J］. 城市建筑，2014（2）：222-224.

② 龙惟定，白玮，梁浩，等. 低碳城市的城市形态和能源愿景［J］. 建筑科学，2010（2）：13-1，23.

的城市用电都来自发电厂，集中在一点产电，通过输电线输入到城市中，因而称其为集中式能源系统。在集中式系统中，发电厂通常离城市很远，因而电的输送过程会损耗很大一部分能量。在生产电的过程中会产生大量的余热，这些热量不能被利用。另外，在原有的集中式系统中，大量导入可再生能源，例如太阳能发电，会产生逆流，对整个系统的稳定性造成很大的影响。与之相反，分布式能源是指在能源需求端附近的产能方式，这样的系统其能源输送的损失小，并且能就地利用产电过程中的余热，即热电联产，从而提高系统的综合效率。同时，这种系统可以在区域中有效地分配能源，并利用蓄电蓄热等设备调节峰值，控制逆流，有利于可再生能源的大量导入。但是分布式能源系统的效率，受建筑密度和建筑能耗负荷曲线特点的影响很大，因而紧凑的城市结构和混合供能可以很好地支持这种分布式能源系统。

（3）减少需求是在能源使用的终端减少碳排放。除了低碳建筑的设计之外，加强建筑的管理以及能源在区域间的有效融通，例如利用IT技术进行智能控制等，可减少需求。另外，调节人们的生活习惯也是减少需求的一种有效的手段。

6. 环境基础设施以及相关研究

在广义上，城市的环境基础设施（Environmental Infrastructure）是指维持城市可持续发展，保持城市生态系统平衡，为人类提供与自然接触的机会，并削弱例如温室效应等环境问题的人工或自然基础设施，如城市绿地、河川、湖泊等自然资源，也包括城市用水系统和垃圾回收及处理系统等人工设施。

在前文中已经阐述了城市的绿地系统等自然环境是城市碳循环中的碳汇，其面积、分布将影响到碳吸收，并最终影响城市的碳排放。从广域的城市气候，到社区的微气候，国内外的学者通过各种观测和模拟，分析了城市绿地、建筑分布、城市结构和城市温度以及温室效应的关系。

在城市或者是更广域的范围中，主要运用GIS和遥感技术，通过分析人工卫星获取的数据分析地表温度、绿地面积并分析其变化和关系。陈晓玲等学者以广东珠海地区为例，利用LANDSAT数据得到1990—2000年间城市的土地利用、城市绿地等环境基础设施要素的变化情况，分析城市化进程对城市环境以及温室效应的作用[①]（图1-16）。

---

① CHEN X L，ZHAO H M，LI P X，et al. Remote sensing image-based analysis of the relationship between urban heat island and land use/cover changes［J］. Remote Sensing of Environment，2006（104）：133-146.

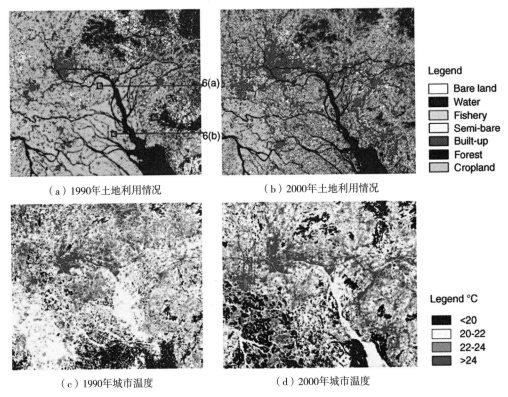

（a）1990年土地利用情况　　　　　　　（b）2000年土地利用情况

（c）1990年城市温度　　　　　　　（d）2000年城市温度

图1-16　广东珠海的土地利用变化以及城市温度（1990年和2000年）（来源：作者整理）

　　在社区的尺度上，许多学者运用模拟软件，更加详细地分析绿地、建筑形态、日照、风速等自然条件作用下的社区微气候环境。通过对环境基础设施的最优化设计，调节社区范围内的微气候，以降低建筑的能耗，增加碳汇的同时，减少碳排放。例如，日本东京大崎站周边改造规划设计中，以新建建筑为契机，合理设计其景观配置，通过绿化设计不仅改变了新建建筑用地内的环境，还改善了周围现有建筑群的环境[1]。日本东京的中心区通过"风之道"的设计（图1-17），对建筑布局、绿化体系进行最优化设计，将海风引入城市中心，降低温度，缓解城市热岛效应，从图1-18中可以看出，尽管中心区建筑密度大，高层建筑集中，其地表温度却低于周围地区。

　　除此之外，城市用水的供给、中水的回收利用、废水的处理等城市用水系统的基础设施以及垃圾回收系统等的研究都与城市系统的碳排放有着密不可分的关系。

① APEC Low Carbon Model Town（LCMT）. Project Tianjin Yujiapu feasibility study [EB/OL].（2019）[2021-08-10]. https://aperc.or.jp/publications/reports/lcmt.html.

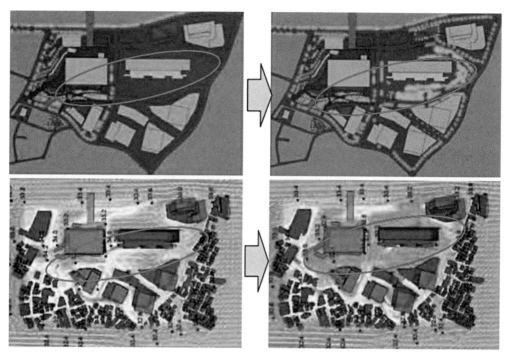

图1-17　东京大崎站周边改造规划

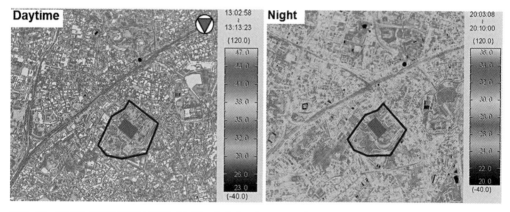

图1-18　东京中心区夏季地表温度（来源：作者整理）

1.5.4　可持续发展评价体系及其相关研究

1. 环境评价发展动态及辨析

　　1990年，英国建筑研究所（Building Research Establishment，BRE）率先开发了绿色建筑评估体系BREEAM（Building Research Establishment Environment Assessment），开辟

了综合性的环境评价指标体系的新领域。

纵观其发展史，环境评价体系的发展可以分为四个阶段：

第一阶段，环境评价的主体是以建筑为对象，主要针对建筑物本身，例如其构造、材料，或者是建筑的室内环境，从生活的舒适度以及生活的便利性进行评价。这个阶段的环境评价并没有将地区环境放入评价体系中，忽略了建筑对于环境的影响。也说明在这个时期，建筑对于环境的影响还没有受到人们的关注。

第二阶段，从20世纪60年代起，环境评价开始针对大城市的大气污染以及城市环境规划。在这个阶段中，建筑对于环境的影响开始受到研究者的关注。在这个阶段中，建筑对环境的影响仅仅是指负面影响，具有一定的局限性。第一个阶段的评价对象是建筑和建筑物的内部，属于私有的部分；第二个阶段的评价对象是建筑的周边环境，是公共部分。

第三阶段，前述1990年BREEAM所开创的综合性的环境评价体系的发展时期。这个时期具有影响力的评价体系还有美国的LEED。这个阶段的评价体系包含了第一阶段和第二阶段的对象，即建筑以及建筑周围的环境。以建筑的整个生命周期作为评价期，评价其内部环境和对周围环境的影响这两个主要的方面，具有一定的综合性。这个阶段的评价体系虽然兼顾了建筑和环境，但是其考虑手法只是对第一阶段内容和第二阶段内容进行简单叠加，没有意识到这两个对象的本质区别，也没有界定建筑与周围环境之间的边界。

第四阶段，以日本建筑物综合环境性能评价体系CASBEE为代表，在第三阶段的基础上，定义了区别内部和外部的假想边界并提出了"环境综合效率"的评价方法。"环境综合效率"受到建筑内部环境质量和对环境的外部影响的同时作用。

近十几年，世界各国都开发了相应的评价体系，其中英国的BREEAM、美国的LEED以及日本的CASBEE应用最广泛，发展最全面的，形成了评价体系的系列。在建筑、街区、城市这几个不同的尺度上，对既有建筑、新建建筑以及建成后的建筑运营等都有不同的评价体系。其评价体系系列的比较见表1-3。

2. 社区环境评价体系

虽然建筑单体可持续发展评价软件可以引导单体建筑实现自身效率的最大化以及对环境影响的最小化，尽管其中也考虑了建筑可达性、交通影响以及建筑的位置等周围环境的影响，但是却不能反映单体建筑在整个系统中相互叠加的效应。城市的尺度虽然

主要评价体系 表1-3

评价体系名称	评价尺度	评价系统的类型与对象	指标（一级指标）
BREEAM（Building Research Establishment Environmental Assessment Method）1990年，英国建筑研究所	建筑	新建建筑、新建建筑（全球版）、既有建筑、建筑改建	建筑管理，能源、健康、舒适度、交通，水、材料、废弃物，土地利用及生态保护，污染
	社区	社区	
LEED（Leadership in Energy & Environmental Design Building Rating System）1993年，美国绿色建筑协会	建筑	建筑设计与建造、室内环境设计与建造、建筑管理与运行	可达性、位置和交通、场地的选择，水的利用，能源和大气，材料和资源，室内环境，创新性，地域性
	住宅	住宅	
	社区	社区	
CASBEE（Comprehensive Assessment System for Built Environment Efficiency）2001年，日本绿色建筑委员会、日本可持续建筑联合会	住宅	独立式住宅（新建）	建筑物的质量（室内环境、服务设施质量、室外环境），环境负荷（建筑、交通、绿地系统）
	建筑	策划、新建建筑、既有建筑、建筑改造、房产评估、热岛效应、学校	环境负荷（能源、资源与材料、热岛现象缓和对策、占地以外的环境），建筑环境效率
	社区	社区	社区质量（环境、社会、经济）
	城市	城市	

（来源：作者整理）

大，可以更好地反映所有建筑在整个大系统下的叠加，但是却很难准确地反映各个区域的特点，把握各项措施和政策在城市不同地区的效果。

社区，是构成城市的基本单位，是反映生活元素以及经济要素的最小单位。这个处于建筑单体和城市之间的中间尺度上的评价体系扩大了单体建筑评价体系的范围，将建筑以及建筑与建筑之前的环境，居住在其中的人及其活动，自然植被以及生物物种都纳入到评价的范围之中，很好地弥补了上述两个尺度上评价体系的不足，因此成为环境评价体系发展的新趋势。自日本的CASBEE首先推出了社区评价体系CASBEE-UD以来，美国的LEED和英国的BREEAM等也纷纷开发了社区评价体系。常见的社区评价体系可分成两类：一类是第三方评价软件，用于评定项目的环境性能，有像美国的LEED-ND，英国的BREEAM Communities，澳大利亚的Green Star Communities，新西兰的Neighborhood Sustainability Framework；另一类是自我评价体系，是设计者检验设计的工具，如欧盟的Ecocity和HQE²R。主要的社区环境评价体系见表1-4，其中最具影响力和最权威的是LEED-ND和CASBEE-UD。这一节将分别分析LEED-ND和CASBEE-UD的指标体系构成和评价内容，为村镇低碳指标体系的建立提供依据。

社区环境评价体系　　　　　　　　　　表1-4

软件名称	开发者	国家/地区	提出时间	内容及特点
LEED-ND（社区规划与发展评估）	美国绿色建筑委员会	美国	2007年	将重点放在了建筑的选址以及连接建筑的基础设施、景观设计、地域文脉
CASBEE-UD	日本绿色建筑委员会、日本可持续建筑联合会	日本	2004年	是一个独立的在社区尺度上的可持续发展评价软件，没有考虑建筑内部的影响，但是通过软件体系中的CASBEE for an Urban Area+Buildings反映了建筑和街区的关系
BREEAM Communities	英国建筑研究所	英国	2009年	独立地给出了可持续规划中需要考虑的多个要项，旨在引导设计者从项目规划的初期就能够全面考虑可持续发展
HQE²R	法国建筑科学技术中心	欧盟	2001—2004年	用于分析各种技术的工具。包含指标体系、环境模拟模型和经济环境评价模型三个工具
Ecocity	EU研究项目	欧盟	2002—2005年	自我检验的指标体系，通过对比评分的结果，给出市场价值

（来源：SHARIFI A，MURAYAMA A. A critical review of seven selected neighborhood sustainability assessment tools [J]. Environmental Impact Assessment Review，2013：73–87. 作者整理）

1.5.5 问题思考与研究定位

1. 研究区域

本书将研究对象聚焦在浙江地区，它具有以下的特点及意义：

浙江地区是全国经济、社会、文化发展速度最快的地区之一，其城市化进程快和村镇建设进程也相对较快，再加上高碳化的生活方式，对城市的环境造成巨大的压力。因此，在村镇的建设中对于低碳的需求最为迫切，应当成为低碳的先行者。

从地形特征方面，浙江地区地形丰富，以平原水网和山地丘陵这两种为主。从气候上看，它属于冬冷夏热地区，需要同时解决冬季采暖、夏季制冷以及防湿等多重问题。因此，针对这个地区的研究成果在全国的其他地区具有一定的普适性。

2. 研究的问题

低碳研究是一门需要多学科交叉的综合性研究，其问题涵盖面广且错综复杂。仅从空间设计上就涵盖了包括城市结构规划、交通系统规划、建筑设计、能源系统等多学科交叉的内容。在村镇甚至在中国的城市，尚未有能够统筹这些方面的综合性的理论研究和实践。本书整理了相关领域的设计，其中大部分是发达国家的实践经验。这些研究虽然很多都在城市之中，但是这些低碳实践提供了大量的理论基础、技术支撑和系统框架的借鉴。

村镇社区和城市社区虽然同属于人类住区，但在整个大系统中担当的角色不同，其内在的碳循环的构成和运行机制也大相径庭。村镇聚落的低碳手法不是城市低碳手法在村镇的套用，而是在城市研究基础上，深入理解城市社区与村镇社区共同建构的人类住区系统，碳循环机制，从而从建立村镇的低碳循环体系、低碳构成要素、低碳空间设计手法以及其评价体系，探索真正的属于村镇的低碳之路。

3. 研究的尺度

本书将在城市社区的相关理论研究的基础上，根据村镇的行政特点、自然特点、社会特点以及地理特征，定义低碳发展的空间尺度，即村镇的低碳基本单元。

在此基础上，研究的内容将涵盖以下三个尺度：

（1）在村镇中的最小单元——建筑尺度上，主要研究建筑空间的低碳手法以及适宜的低碳技术在村镇的应用与低碳效果；

（2）村镇生活的基本单元——邻里单元的尺度上，研究建筑组合的低碳效应，包括空间效应和技术的综合效能；

（3）在低碳基本单元——村镇尺度上，研究村镇低碳社区空间结构的设计手法及其低碳效果。

1.6 国内外实证经验与研究动态

1.6.1 传统低碳社区智慧

自20世纪90年代开始，西方国家村镇进入后城市化的转型期，为解决城市的恶性膨胀、人群疏导，满足人们对村镇文化、景观及休闲娱乐的需求，开始对村镇社区的开发模式进行深入研究。在社区概念、社区营建及村镇社区发展演变等方面，英国社会学家麦基弗（Robert Morrison Maclver）在《社区：一种社会学的研究》（Community：A Sociological Study）一书中指明村镇社区是自发形成的，村民相互熟悉、相互依赖；叶齐茂在《国外村镇规划设计的理念》中提出应考虑村镇的整体环境塑造，通过空间调整的方法进行规划建设；罗吉斯在1988年对世界各国的村镇聚落发展进行实地勘察，将其分类并沿城乡空间的演变轨迹进行排列。

对低碳村镇社区的理论研究主要集中在产业组成、社区分类、空间形态等方面，多运用形态学、区域经济学等视角进行研究，旨在进一步探索低碳村镇社区营建。在社区分类上，将低碳社区分为地域空间、职业空间、生活空间及虚拟空间四种社区类型；空间形态分类方面，塞尔日·萨拉特（Serge Salat）提出城市的外部形态与内部组织可量化模型，对各项指标参数与能耗模型进行对比分析[①]，结果显示碳排放水平会随着村镇规模的无序扩张而激增。

截至目前，关于低碳我国已有较为广泛的研究，如低碳理念、低碳空间布局等方面。张泉认为低碳村镇社区规划，在空间组织、环境建设及建筑技术应用等方面，因地制宜满足村镇规划建设中的低碳要求；韦选肇指出低碳村镇社区规划应区别于城市低碳社区，从产业发展、用地布局、能源设施、住宅建设四个方面对低碳村镇社区规划内容进行编制。但在全球低碳发展的背景下，以村镇社区尺度的低碳研究寥寥无几；我国现

① SALAT S. 城市与形态：关于可持续城市化的研究［M］. 北京：中国建筑工业出版社，2012.

有研究多根据建设主体或社区改造模式进行分类研究，如吴丽娟等人根据建设主体将社区划分为政府导向、合作及自治型三种类型，辛章平等人参考国外低碳社区改造特征将其分为零能耗、学习型、新能源型三种社区类型。各领域学者应对此块"空白处"提高重视，进行学术填补。

根据对国内外现有相关成果的跟踪研究，低碳社区多以城市范畴为重点进行研究，对村镇社区的低碳建设探索较少，且内容具有一定片面性，尤其缺少对近年来经济发达地区村镇高碳现象日趋显现的情况进行系统性研究，从村镇单元"三生"协调发展出发对能源利用的研究更为缺乏。因此，对村镇人居环境低碳社区评价与优化的系统性理论和实证研究十分必要。

1.6.2　低碳社区理论思辨

针对日益凸显的环境问题，各领域专家对环境价值观理论展开研究，为后续的低碳社区研究与体系构建提供理论基础。其中在城市环境问题研究中，新陈代谢与碳循环是最重要的理论：城市新陈代谢理论基于生物新陈代谢理论，构建城市内外系统之间发生物质与能量交换的循环体系；碳循环理论是以新陈代谢循环体系为基础，根据碳元素在整个城市系统与外界之间进行流通的过程总结的一套理论。其中，城市的运转始终伴随着物质与能量代谢的碳循环与碳代谢。

1．城市新陈代谢理论

城市新陈代谢理论是沃尔曼（Wolman）在1965年首次提出的。他指出城市的运行是一个从环境中获取物质与能量，并产生产品及废料的过程。自此开启了城市新陈代谢理论研究的新领域[①]。这一理论植根于工业时代，以质量守恒定律为基础，主要关注城市的物质输入、内部流动以及最终的排出物。

以城市新陈代谢的理论来看，现代高度发展的工业城市是一个人为制造的庞大的生物体。当其物质、能量、信息未能协调发展时，便产生了一系列的城市问题；当城市内部的能源供给系统与处理废弃系统达到有机协调时，能源、需求、废料这三个子系统可

---

① MICHAELIS P，JACKSON T．Material and energy flow through the UK iron and steel sector - Part 2：1994-2019［J］．Resources Conservation & Recycling，2000，29（1）：131-156.

达到均衡发展的状态，即可持续发展城市。

2. 碳循环理论

从碳循环理论出发，城市系统的边界从空间上将整个系统的内部和外部分为城市蔓延区和城市足迹区。张旺等人认为，城市各构成要素作为碳循环中碳库及碳通量的载体，根据土地格局变化表现为碳代谢、碳循环及碳泄露，形成不同的城市形态及低碳发展类型。赵荣钦等人提出"自然—社会"二元碳循环理论，但由于受到人行为因素的影响，城市碳循环具有较大的复杂性、不确定性和空间异质性。钱杰以上海为实例构建了碳源碳汇模型，进而测算并分析了其主要碳源及碳汇。

对整个城市系统的碳源、碳排放及碳汇进行研究，有助于理解整个生态系统的碳过程，也为村镇的低碳系统提供了相关的理论基础。

1.6.3 国内外研究动态评述

1. 国外人居环境的研究与实践

欧盟的公共农业政策（CAP）及《欧洲空间展望》（ESDP）调整时，指出村镇发展需要摆脱对农业的依赖，提高村镇的可持续发展能力及低碳生态环境的建设，人居环境需要加强对文化、生态、消费结构等方面的建设。基于此，各国各地区根据自身特点展开了不同的实践研究（表1-5）。

在西方，关于低碳社区的研究主要包含四个视角，即低碳经济系统、低碳排放措施、可持续建设模式、绿色行为与制度。事实上，"低碳社区"与西方现代建设理论下"精明增长"（Smart growth）、"紧缩城市"（Compact city）、新陈代谢（Metabolism）等理论相契合，并具体表现为多元化的实证特征（表1-6）：

（1）空间集约型，以英国贝丁顿（Beddington）的高密度布局模式为代表；

（2）绿色交通型，以德国弗班区（Vauban District）的"无车社区"、瑞典的哈默比湖城柯本街区"合作用车"为代表，社区内基本上没有停车场、行车道和家庭车库；

（3）循环技术型，以瑞典的马尔默"明日之城"为代表，运用节能、节地、节水、节材等技术达到低碳可持续的目标；

（4）有机更新型，以澳大利亚哈利法克斯的生态城市为例。

国外低碳村镇建设情况 表1-5

时间	地区	政策或行动	改革历程	具体措施
20世纪50年代	英国	村镇中心居民点	试点——"点"	确立长期村庄更新目标，将现存村镇居民点分类并制定不同的规划政策区别引导；利用规划手段控制住宅、生产建筑的无序建设
20世纪70年代	韩国	新农村改革	农村改革——"块状"	为农民无偿提供物质、资金和技术的支持；设立培训机构，培训"新村运动"的骨干人员；制定各村的建设规则等措施
20世纪70年代	日本	村镇综合建设示范工程	农村改革——"块状"	缩小城乡生活环境设施建设差距；充分利用当地的资源；建设有地域特色的村镇社区；居民参与管理等
20世纪90年代	德国	村镇整体发展规划	整体规划——"面"	政府大力资助新农村的生态化节能建设
2002年	德国	《能源节约法》	整体规划——"面"	制定新建建筑的能耗标准；规范供暖设备的节能技术指标和建筑材料的保暖性能

（来源：作者整理）

低碳社区国外建设实践总结 表1-6

类型	国家	代表社区	主要低碳策略
空间集约型	英国	贝丁顿零能源社区	高密度布局，如户型规划节约用地、减少能耗；土地混合使用；立体绿化；可再生资源回收；可循环更新的建筑材料
绿色交通型	德国	弗班社区	便捷的绿色交通出行方式；"零容忍"停车政策
绿色交通型	瑞典	哈默比湖城柯本街区	推广合作用车计划；建筑节能，利用太阳能集热器和电池实现公寓能源自给
循环技术型	瑞典	马尔默"明日之城"	可再生能源使用，即使用太阳能、风能、垃圾发电；给水排水技术（雨水收集处理）等
有机更新型	澳大利亚	哈利法克斯生态城市	原址改造，土壤无害化；节能联立式住宅；可循环的中水系统

（来源：作者整理）

20世纪90年代至今，西方国家村镇纷纷进入后城市化时代的村镇转型期。人们对村镇景观、村镇文化保护及村镇休闲娱乐的诉求不断增强。欧盟的公共农业政策（CAP）及《欧洲空间展望》（ESDP）调整时，要求村镇发展逐渐脱离农业依赖性的束缚，可持续发展和低碳生态化的建设模式不断受到重视，村镇人居环境的建设更加注重文化功能、生态功能、消费功能空间的培育，不同的国家或地区也针对这一变化趋势开展了一系列的实践研究。

20世纪70年代的韩国新农村改革案例具有一定的借鉴意义：政府通过为农民无偿提供物资、资金和技术的支持；设立培训机构，专门培训"新村运动"的骨干人员；同时制定各村的建设规则等措施，激发农民自主建设新农村的积极性和创造性。通过新农村改革的实施，改善农民居住环境，引导农民主动进行农村现代化建设。新农村运动开始向城镇化方向扩展，广大农民收入普遍得到大幅度提升，从根本上提高了农民的生活质量。

20世纪90年代以来可持续发展理念融入德国村庄更新的实践中，德国各个州制定了村镇整体发展规划，政府大力资助新农村的生态化节能建设。2002年，德国政府颁布了《能源节约法》，制定了新建建筑的能耗标准，规范了供暖设备的节能技术指标和建筑材料的保暖性能等。新法规规定新建筑的允许能耗要比2002年前的能耗水平下降30%左右。

2．国内村镇人居环境理论与实践研究

1）高校团队对城乡人居环境理论与地区实践研究

近20多年来，在人居环境可持续发展的目标与原则指导下，众多学者与建筑师对地区建筑与乡土建筑在理论与实践研究的切入点、研究视角、求解目标等方面都各有侧重，出现了不少卓有成效的着眼于村镇人居环境的研究团队以及相应地区的个案研究。

清华大学的人居环境研究：以吴良镛教授为核心的清华大学人居环境研究中心，针对长江三角洲、京津唐等经济发达地区快速城市化进程中的人居环境问题进行了探讨[1]；与云南相关部门合作对滇西北人居环境可持续发展进行了研究[2]；通过对"张家港

---

① 吴良镛. 城镇密集地区空间发展模式——以长江三角洲为例［J］. 城市发展研究，1995（2）：8-14，62.

② 吴良镛，滇西北人居环境可持续发展规划研究［M］. 昆明：云南大学出版社，2000.

市双山岛生态农宅建设"等项目的相关实证研究，从聚落空间、建筑实体到细部层面，综合性地诠释了居住环境的演进方式。

西安建筑科技大学的地区性绿色建筑体系研究：西安建筑科技大学的周若祁选择村镇为突破口，在绿色建筑体系的解析和适宜技术的支撑下，探索绿色聚居单位的结构模式和评价体系，并在延安枣园开展了示范性建设[①]。其团队的研究通过现代建筑的解析手法，分析传统地域建筑从建筑形态、居住模式、构造设计上对环境气候的适应性，将这些手法应用到现代建筑的空间形态及构造设计中，并且在新的居住建筑模式中引入可再生能源利用技术。

其他重要的研究团队还有：以赵万民教授为代表的重庆大学山地人居环境研究，以李保峰教授为代表的华中科技大学夏热冬冷地区人居环境研究，以金虹教授为代表的哈尔滨工业大学的严寒地区人居环境研究，以王冬教授为代表的昆明理工大学的西南少数民族地区人居环境研究，以吴庆州教授为代表的华南理工大学的建筑防灾研究等。

另外，从低碳视角研究村镇土地利用方式的有：张慧以惠州上沙田村为研究对象，通过对比该村2000年和2009年土地利用方式的变化对有机碳储量的影响，探讨村镇土地利用方式变化的固碳减排潜力[②]；李强、刘毅华研究了农业用地、住宅用地、乡镇企业用地对碳排放的影响，并提出低碳经济发展条件下农村土地利用的新方案[③]；李永乐、吴群等学者提出从两条路径、三个方面实现农村土地利用的低碳发展要求，前者即增加碳汇用地和减少碳源用地，后者即农用地内部结构调整、控制农用地转化为建设用地规模和建设用地布局优化[④]。

从建筑节能的角度针对夏热冬冷地区农居的研究有：周鑫发等分析了浙江农村住宅的能耗现状，提出了若干建筑节能技术和可再生能源利用措施。周鑫发等利用数学建模，研究了定量分析既有农居和新建农居建筑能耗模拟方法[⑤]。施骏围绕上海郊区新农村小康住宅区规划建设，针对住宅平面布局、立面造型及围护结构节能技术等几个方面

① 周若祁. 绿色建筑体系与黄土高原基本聚居模式［M］. 北京：中国建筑工业出版社，2007.
② 张慧. 农业土地利用方式变化的固碳减排潜力分析［D］. 重庆：西南大学，2011.
③ 李强，刘毅华. 低碳经济与农村土地利用方式转变的思考［C］// 中国自然资源学会土地资源研究专业委员会，中国地理学会农业地理与村镇发展专业委员会. 中国山区土地资源开发利用与人地协调发展研究. 2010：6.
④ 李永乐，吴群，舒帮荣. 城市化与城市土地利用结构的相关研究［J］. 中国人口·资源与环境，2013（4）：104-110.
⑤ 周鑫发，施建苗. 浙江农居节能潜力与措施的分析［J］. 能源工程，2006（3）：61-64.

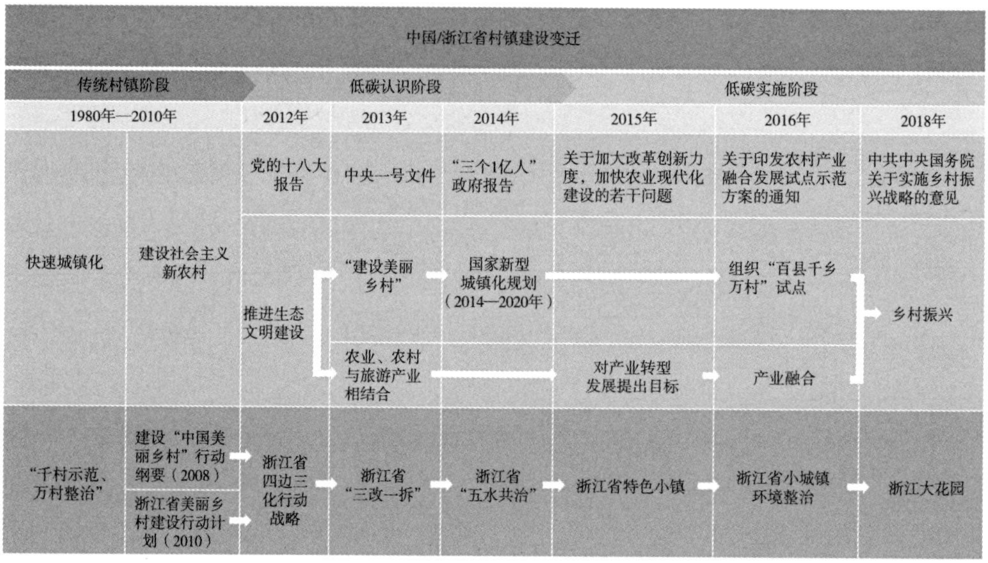

图1-19 村镇建设变迁图（来源：作者自绘）

进行了调研。针对上海气候的特点，探讨适合上海郊区小康住宅的适宜节能技术[1]。王婧利用全生命周期的方法对村镇低成本可再生能源进行了评价[2]。李涛对浙江安吉农居的室内热环境进行了实地测试，通过计算机模拟等方法研究了结合传统与现代建造手法建造节能省地型住宅的方法[3]。

2）近几年在村镇建设以及低碳社区的实践案例

具体到实践，全国乃至各省市县均积极响应国家政策，为推进城乡统筹发展，分别颁布了相关指导或引导式政策（图1-19）。

我国在低碳村镇社区营建方面尚处于初期阶段，多以散点状分布在各个地域，因此标准化的低碳社区营建存在不成熟、不系统等问题。相对成熟的社区层面低碳建设试点则多集中于大城市，如北京市长辛店低碳社区、上海崇明岛低碳示范区、长沙太阳星城绿色低碳社区等，其低碳理念与国外的理念基本相似，着重布局、设施、出行、制度四大方面。而低碳村镇社区的实践多由学校层面开展，如吴良镛院士对张家港村镇生态人居进行村镇试点探究，以及刘加平院士对于黄土高原绿色窑居新能耗建筑模式的实践

① 施骏. 上海郊区新农村小康住宅建设及节能技术探讨［D］. 上海：同济大学，2008：1-137.
② 王婧. 村镇低成本能源系统生命周期评价及指标体系研究［D］. 上海：同济大学，2008：1-161.
③ 李涛. 浙江安吉农村集中居住区住宅的节能设计研究［D］. 南京：东南大学，2006.

等。另外，北京市选取了通州、昌平、平谷、大兴等区作为试点村，最大限度使用住宅建设中诸如太阳能供热系统与建筑一体化设计、新型结构体系和墙体材料的应用等成熟技术，不断改善北京农村生态环境、促进郊区循环经济发展。

从背景、结构和组织机制上来看，村镇社区与城市社区存在明显差异，相关内容和技术手法不可简单套用或胡乱堆砌，因此仍然需要系统的村镇社区低碳技术导则以及指标评价体系，以此引导低碳村镇社区工作的高效展开。

我国台湾地区在20世纪90年代，提出"富丽农村"建设计划，通过土地重划方式进行农村社区更新整体规划，配合办理地籍整理，辅导农宅整建、改建、环境绿化美化等措施，营造农村新面貌[①]。政府将自然生态工法融入"富丽农村"建设中以谋求最大的工程经济效益，创造农村经济活力，改善农村生活环境，缩小城乡差距[②]。

浙江从2003年起，开展"千村示范、万村整治"工程建设，对全省1151个示范村、8516个整治村进行规划编制，以农村新社区建设为方向，全面推进村庄整理、环境整治和中心村建设，整体推进"改路、改水、改厕、改房"和农村垃圾集中处理以及污水处理，并且把村镇康庄道路、河道清理、农民饮用水、绿化等系列工程建设与村庄整治建设有机结合，加快农村人居环境的改善[③]。同时与农村医疗、养老、教育、卫生一系列农村社会事业发展紧密结合起来，全面推进社会主义新农村建设。但是总体来看，对于农居建设和整治还只是停留在基本生活要求的层面，而对农居建筑的物理环境舒适性以及节能减排考虑甚少。

综上所述，大部分的研究或是基于宏观层面的村镇发展战略、村镇生态，或是基于微观层面的建筑功能完善、气候调控与节能技术措施，针对村镇地区在中观层面的系统建设模式与方法的研究还不多见，特别是面对村镇的高碳趋势，针对当前发达的浙江地区的村镇低碳营造的研究和实证尚处于探索与起步阶段。

① 丁中文，李伟伟，杨军，等. 台湾富丽农村建设及其对洛江区新农村建设的启示[J]. 台湾农业探索，2006（4）：11-14.
② 郑少红，王诗俊，林恩惠. 借鉴台湾"富丽农村"建设经验加速福建新农村建设[J]. 台湾农业探索，2011（6）：17-22.
③ 张俊伟. 浙江省"千村示范万村整治"的成效和经验[J]. 科学决策，2006（8）：42-44.

第 2 章

村镇社区分型与
碳要素识别

2.1 村镇低碳社区的构成与机制

在新陈代谢和碳循环理论的基础上，从村镇低碳要素与村镇空间设计的相关性出发，对作用于低碳村镇的空间设计要素以及影响因素进行梳理，建构低碳村镇社区空间设计要素的框架体系。

2.1.1 村镇碳循环体系的构成要素

低碳化的理论基础和实践主要涵盖了包括城市结构规划、交通体系规划、低碳建筑设计、能源供给系统设计以及环境基础设施设计等内容。要将这些广义的低碳理论和手法转译到村镇空间中，就应当首先在碳循环的基础理论下分析解构构成村镇空间体系的各个要素在碳循环体系中承担的角色和作用，从而建构村镇空间体系设计手法的低碳策略。

1．低碳村镇社区的空间体系

村镇社区空间体系的概念，是从建筑单体空间、基本单元（由建筑以及建筑之间的公共空间构成），以及包括自然环境、社会环境（基础设施、公共空间……）在内的村域空间的空间序列。联合国气候专门委员会以及世界银行等国际机构在研究中指出，CO_2的排放主要来自能源、交通、建筑、工业、农业、林业和废弃物的处理等七大领域。其中影响低碳住区的碳循环体系的主要是能源、交通、建筑、生产、消费这五大要素[1]。

相比城市，村镇的系统相对单一，与自然的关系更为紧密，农业和林业占有很大的比例。村镇的产业（生产）也区别于城市，工业的比重极少，主要是指农业、林业以及依赖在其之上的极少数的以家庭作坊形式存在的手工业和加工业。这部分消耗的能量极少并与村民的生活密不可分，因而村镇的能耗主要是指包括这种渗透着手工业和加工业

---

[1] 邱红. 以低碳为导向的城市设计策略研究 [D]. 哈尔滨：哈尔滨工业大学，2011.

的生活方式在内的村镇社会生活所产生的能耗和随之而产生的碳排放。

林业和农业属于自然空间，而支撑村镇社会生活的体系，包括建筑、交通和基础设施建设等属于社会空间范畴。在低碳视角下，与空间设计相关的低碳要素可归纳如图2-1所示。本书的研究范围主要围绕村镇的居住和生活，讨论住区的低碳，因此将侧重点放在与住区紧密相关的社会空间，即建筑、交通以及基础设施建设等要素构成的体系。

在从建筑单体，到村镇、村域以及更广泛的空间所构成的空间序列中，不同尺度的空间其碳体系的构成要素及低碳空间设计的侧重点也有所不同。

建筑单体是这个空间序列中的最小空间单元，其碳的排放主要来自生活中的能耗，即建筑能耗，与建筑空间设计手法、建筑材料、建筑功能方式以及人们的生活模式紧密相关。广义的村域是本书定义的空间序列中最大的空间单元，其碳排放主要决定于农业用地和林业用地的增减，村镇与村镇之间的交通以及村镇与城市之间的交通，与城乡结构密不可分。

"近邻近亲"是村镇建筑区别于城市的特征。相邻的住户常常具有一定的血缘关系，从形态上也自然形成组团形式。这些组团因其邻里亲近的关系，建筑形态、营建方式以及改造更新都彼此影响。这些组团就是邻里单元，是村镇中的基本营建单元。

村镇的"村"是一个中介体，介于建筑单体和村镇聚落之间，它由若干个建筑组团组成，因而建筑单体的空间设计，人们的生活习惯将很大程度上影响其碳排放。若干个这样的"村"通过一定的空间组合构成村镇，并最终决定整体的碳排放。中间尺度既反映建筑空间的低碳效应，又能体现村镇空间及空间结构的低碳性。图2-2表明了在各个空间尺度下层次性的基础设施系统，亦是低碳研究的研究对象。

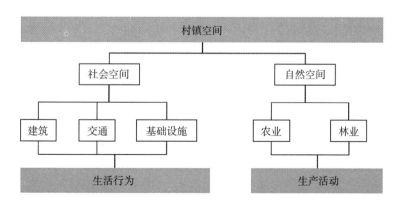

图2-1　村镇低碳社区空间构成要素（来源：作者自绘）

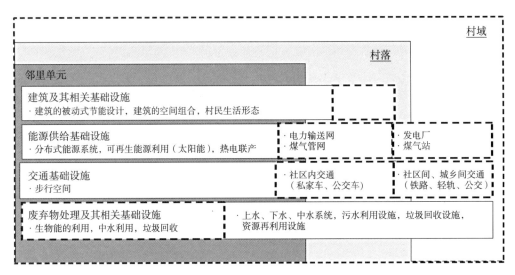

图2-2 不同空间尺度下空间的构成要素和主要低碳研究对象（来源：作者自绘）

2. 碳循环视角下的低碳空间体系

碳循环的基本概念：在具有一定边界界定的空间体系中，碳的循环过程主要由碳源的碳排放，碳汇的碳吸收（中和）以及在碳源碳汇之间或者是空间边界内外的碳的流动这三个过程构成。其中碳源包括固定碳源、移动碳源和过程碳源。在不同的空间尺度下这些要素的内容、构成及相互关系都有所不同。这一部分将从空间序列的视角，从邻里单元、村镇单元和地区单元三个尺度下分析其低碳要素的构成。

1）邻里单元（建筑组团）的尺度下空间体系低碳要素构成

在村镇社区中，邻里单元是由若干个单体建筑以及连接这些单体的公共空间构成的系统，是具备完整碳循环要素的最小空间单元，也是本研究中的最小尺度单元。钱振澜等在《"基本生活单元"概念下的浙北农村社区空间设计研究》中详细阐述了邻里单元的边界、类型和尺度。这个尺度上的碳循环与村民的日常生活、用能方式、生产模式，以及建筑的营建策略等紧密相关。

邻里单元中的碳源的碳排放主要是指固定碳源（移动碳源如交通运输等在尺度的限制之下几乎没有碳排放），即单体建筑的碳排放，在村镇社区中，主要由居住建筑的碳排放构成。过程碳源是与村民日常生产和生活相关的食物烹制、材料加工、水资源利用、废弃物处理等过程中发生的碳排放。村镇空间体系的构成较为单一，基本由居住建筑组成。大多数村没有居住区、商业区和工业区之分。资源利用、日常生活和废弃物处理基本与村民生活紧密相连。因此，在村镇社区中，邻里单元的空间尺度下，过程碳源

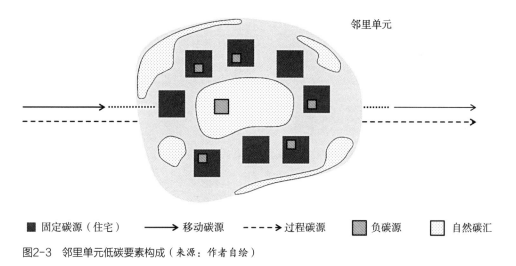

邻里单元

■ 固定碳源（住宅）　——➤ 移动碳源　- - -➤ 过程碳源　▨ 负碳源　□ 自然碳汇

图2-3　邻里单元低碳要素构成（来源：作者自绘）

可以归纳到固定碳源中。

在邻里单元中，利用包括太阳能、生物能在内的可再生资源，使建筑从使用能源的碳源转变成为产生能源的"负碳源"。增加对太阳能、生物能等可再生资源的利用可以实现低碳。但是这些能源的利用方式技术要求较高，投资较大，不易推广。另外导入这些设备也会占用自然土地资源（如太阳能光电板）和空间，因此需要根据村庄的自然条件、经济条件和社会条件进行综合优化设计。

邻里单元中的碳汇的碳清除主要是指由建筑单体围合而成的公共空间的植被的碳吸收（中和）效果。最大限度地保留村镇的生态植被等自然环境，减少使用硬质地面等不仅可以增加碳汇，也可以调节微环境的气候，减少建筑的空调能耗，在降低碳排放的同时，提高居住环境的质量（图2-3）。

2）村镇单元尺度下的低碳要素构成

村镇单元指行政意义上的村，它可以是自然村也可以是中心村。在现阶段的新村镇建设中主要是指自然村向中心村的集聚。自然村建筑和人口都将逐渐减少，碳排放也将随之减少。与之相反，人口向中心村集聚，因而中心村的建设程度较深，受都市化的影响较大，碳排放的增加也相对较大。因而在这个尺度下，对于碳源碳排放影响最大的就是建成区面积、建筑密度和人口数量。这些由空间规划决定的村镇集聚方式将对固定碳源的碳排放起到决定性的作用。

村镇尺度上的固定碳源的碳排放是各个邻里单元的碳排放的综合效应。因而其整体的碳排放并不是上述要素的简单叠加，是将邻里单元作为一个整体，其整体能源消耗和废弃物处理所产生的碳排放经过邻里单元内绿化植被等碳汇作用的综合体现。合理的村镇组团选址布局，有效的资源利用，邻里协作的分布式用能方式，以及智慧的空间设计等能有效控制和调节整体的能耗，从而降低碳排放。相反，一味向城市社区看齐，忽略村镇的自然资源和地理特性，采用城市的用能方式和生活方式会导致村镇社区的用能随着村镇的城市化急速增加。

移动碳源的碳排放在村镇的尺度中，主要是指村镇内部的交通所产生的碳排放。在城市社区中，汽车已经成为主要的出行方式。交通的碳排放在整体的碳排放中占有很大的比重，并且呈显著增长趋势。然而，在村镇社区内部的移动主要还是依靠步行。因而舒适的步行环境，适宜的社区尺度，以及公共交通点的合理设置，都将有效地减少移动碳源的碳排放。相反，单一乏味的步行空间，趋于城市化的社区尺度和设计会增加碳的排放。

另外，包括电力输送、天然气输送在内的能源输送中产生的损失也是一种特殊的存在于这个尺度下的过程碳源的碳排放。如果村镇位置较为偏僻（如离发电站距离较远），采用原有的集中的电力及其他集中能源供给方式，在电力、热力输送的过程中会有大量的能耗，产生碳排放。同时集中式的供能，无法针对用户端的能源消费特点进行最适化设计，产生大量的能源浪费。采用分布在用户端周围的，与传统的集中式能源系统相对应的分布式能源系统能提供综合能源效率实现低碳。

村镇中碳汇的碳清除的作用主要是指建成区中保留的自然植被或是人工绿化等对碳的清除作用。村镇建设中建成区的扩大，建筑密度的增加，人工铺地的增加导致自然植被水体减少，碳源碳汇之间相互转化。合理利用自然地理条件，选择适宜的村镇尺度，不仅能够抑制碳汇的减少还能控制碳源碳汇的增加（图2-4）。

3）在村域或者更广范围内的空间体系——地区的低碳要素构成

区域村镇空间体系是指比村镇更大的尺度，例如中心村和几个自然村所共同组成的村域，或者包括城乡过渡区在内的广域范围。

在广域范围内的村镇空间碳循环的要素体系中一样包括固定碳源和移动碳源。

其中，固定碳源按照其排放形式不同又可以分成点状和面状的碳源。由建筑群所构成的面状的碳源是指各个村镇以及周边地区或城乡之间的区域性的总体碳排放。例如以村镇社区为主的住宅区、社区边缘的轻工业及手工业区、城乡交界处的工业区，以及村镇中心商业区等区域内的生活、生产用能，废弃物的排放和处理中所产生的碳排放。点碳源是指现有的集中式供能系统中的发电厂等城市能源供给基础设施在城市村镇能源生产中所产生的碳排放。其在运输中所产生的能耗则属于过程碳源。另外，城市及村镇垃

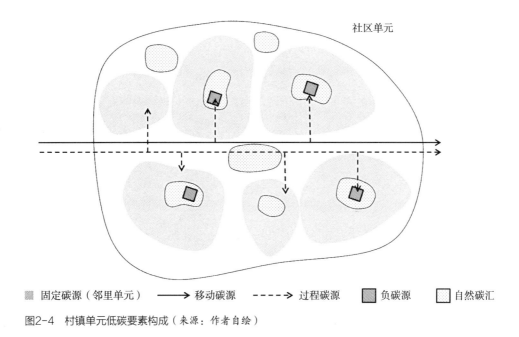

固定碳源（邻里单元）　——→ 移动碳源　----→ 过程碳源　▨ 负碳源　□ 自然碳汇

图2-4　村镇单元低碳要素构成（来源：作者自绘）

圾等废弃物，污水处理等基础设施在废物处理，垃圾焚烧等过程中所产生的大量的碳排放。

广域范围中的移动碳源主要是指交通工具在村镇与村镇之间以及村镇与城市之间移动所产生的碳排放。提倡公共交通，发展城市与村镇之间的非公路交通（如列车、轻轨）等将有效控制移动碳源的碳增长趋势。

在这个尺度上，自然碳汇的碳清除是指由村镇城市化所导致的土地利用的变化所可能引起的碳源与碳汇之间的转换。土地利用类型的转换、覆盖面类型的转变，以及建设用地的扩张都将影响自然碳汇的碳清除效果（图2-5）。

3．空间设计与村镇低碳体系

在很多关于村镇空间形态的研究中都引入了分形理论和自相似的原理。浙江大学蒲欣成在《传统乡村聚落平面形态的量化方法研究》中指出传统村镇聚落的空间形态符合分形理论，并且用三次Koch曲线提出了村镇边界的量化手法。

分形理论（Fractal Theory）是由美国科学家曼德尔布罗特（B. B. Mandelbrot）创立的，其英语Fractal的本意是破碎，在几何学上是指不规则形态。在此理论上发展形成的非欧几何学是指整体可以用局部的形态来构成和诠释的形体。其本质是事物的本身具有自相似性。

图2-3～图2-5体现出村镇聚落空间的低碳构成要素从邻里单元、村镇单元到地区单元具有自相似的特性（图2-6）。

在村镇的空间体系中，邻里单元是最小的细胞单元，若干个邻里单元构成村镇单元，并最终构成地区的村镇空间。依附于这个空间体系之上的低碳体系也具有自相似性，主要由固定碳源、移动碳源、过程碳源、自然碳汇构成。属于这些不同空间单元的低碳体系虽然空间的尺度不同，但是低碳要素的构成相近，彼此之间相对独立却又有机地成为一个"碳序列"。

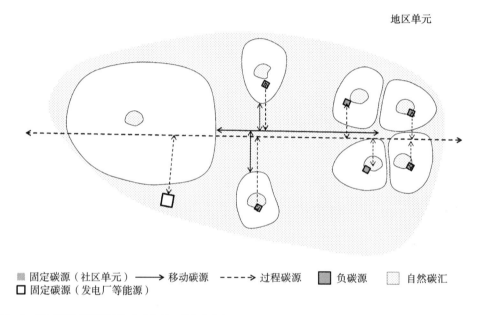

图2-5　地区单元低碳要素构成（来源：作者自绘）

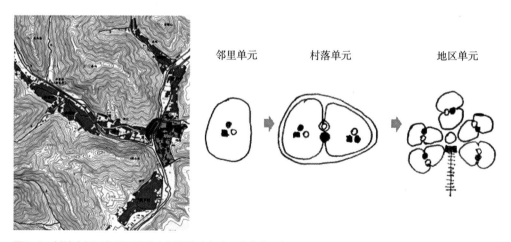

图2-6　村镇空间及低碳要素的自相似性（来源：作者自绘）

空间体系是低碳体系要素的空间载体。合理的空间设计手法能够控制各个要素的构成、结构，以及相互之间的联系和制约关系，实现发展和低碳的双赢关系。

相反，空间设计也会造成固定碳源和移动碳源碳排放的增加而导致高碳排放。

2.1.2　社区空间设计对"固定碳源"的调节

1. 固定碳源及其空间设计要素解析

在村镇空间序列的低碳要素构成体系中，固定碳源的碳排放主要是指建筑能耗所引起的碳排放。虽然在各个尺度下其侧重点和影响要素有所不同，但是最终都将落地于建筑能耗的碳排放。

建筑的能耗是指建筑在整个生命周期中的碳排放，即建筑建造中的能源消耗，建筑在使用过程中的能耗以及建筑在拆除时建材分解所产生的能耗的总和，可以总结为以下公式：

$$Q_{CO_2} = Q_{建设} + Q_{使用} + Q_{分解} = \sum_a E^a_{建设} \times q^a + \sum_b E^b_{使用} \times q^b + \sum_c E^c_{分解} \times q^c$$
$$= \sum_a E^a_{建设} \times q^a + \sum_b \left(E^b_{电力} + E^b_{采暖} + E^b_{供冷} + E^b_{热水} \right) \times q^b + \sum_c E^c_{分解} \times q^c \qquad (2-1)$$

式中　　　　　　　　Q_{CO_2}——建筑全生命周期中的CO_2排放总量；

$Q_{建设}$、$Q_{使用}$、$Q_{分解}$——建筑在建设、使用和分解过程中建筑的CO_2排放量；

$E^a_{建设}$、$E^b_{使用}$、$E^c_{分解}$——建筑在建设、使用和分解过程中的能耗（MJ）；

$E^b_{电力}$、$E^b_{采暖}$、$E^b_{供冷}$、$E^b_{热水}$——建筑在使用过程中的电力、采暖、供冷和热水能耗（MJ）；

q^a、q^b、q^c——建筑在建设、使用和分解过程中使用的不同种类能源（二次能源）的CO_2排放强度，即单位能耗所排放的CO_2总量；

a、b、c——建设、使用和分解过程中使用的能源种类。

以上公式表明了固定碳源的碳排放总量和建筑全生命周期的能耗紧密相关，但是又不仅仅由建筑的能耗决定。不同的能源类型具有不同的碳排放强度，在能耗相同的情况下，碳排放量不同，对环境的影响程度也不同，见表2-1。天然气的碳排放强度要小于系统电力的碳排放强度，太阳能等可再生能源的碳排放强度为零。能源的种类也对碳排放总量具有决定性作用。合理的空间设计策略不仅能够有效地减少建筑能耗，还能影响促进建筑从传统能源向新能源或可再生能源的转换。

不同能源的CO_2排放强度　　　　　　　　　表2-1

能源类型	值	
电力	效率（%）	36
	CO_2排放系数 [kg/（kW·h）]	0.94
天然气	平均低位发热量（MJ/m³）	37.68
	CO_2排放系数 [kg/（kW·h）]	0.22
轻油	平均低位发热量（MJ/L）	38.20
	CO_2排放系数（kg/L）	2.62

（来源：作者整理）

2. 空间设计在各个尺度上的调节作用

1）邻里单元中的空间设计对固定碳源的调控机制

在村镇空间序列中最基本的固定碳源是由若干个建筑（主要是指住宅建筑）以及它们围合的公共空间构成的邻里单元的碳排放的整体效应。邻里单元是整个村镇空间序列的最小、最基本的细胞单元，也是离人们生活最近的单元，与村民的生活方式、用能方式等紧密相连。影响这个细胞单元碳排放的因素主要是指建筑单体的能耗（固定碳源的碳排放），可再生能源利用和生物能利用等适宜技术的应用（"负碳源"的减碳效应），以及保留的自然生态要素对碳元素的吸收和中和效应（碳汇）。

在这个最基本的细胞单元中，建筑用能是影响碳排放最重要的要素。在绿色生态窑居的研究中，魏秦等人的研究中提出地域建筑应当遵循因地制宜和就地取材的基本原则。就地取材可以有效地减少建筑取材以及建材运输中产生的碳排放。在既有的新农村建设中，一味地追求向城市看齐，导致村镇建筑的建材从多样的地方材料变成单一的混凝土。这导致新农村建设中建筑取材的过程碳排放大大增加，超过了原有村镇建筑的碳排放。"因地制宜"中的"地"首先是指地形，尊重原有的地形，可以大大减少建筑在营建过程中的碳排放。削山、填湖和水泥铺地都将大大增加建设过程中的碳排放。

建筑在使用过程中的能耗，是指在建筑的电力供给和热供给中伴随能源消耗而产生的碳排放，包括建筑的电力消耗、热水消耗、夏季供冷和冬季采暖。建筑在使用过程中的能耗和碳排放占整体生命周期中的2/3。在邻里单元的空间设计，特别是建筑单体中建筑空间的朝向、建筑形体、建筑开口的方向和大小（建筑开口主要是指建筑的门窗），以及建筑空间的尺度都会影响建筑的能耗。村镇建筑由于其建造技术条件的限

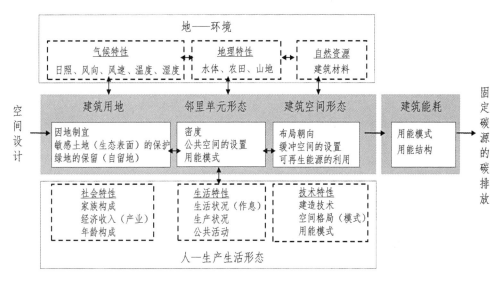

图2-7　邻里单元尺度上固定碳源的碳排放与空间设计的关系（来源：作者自绘）

制，建筑的保温隔热等构造设计都不尽完善。因此，应通过空间设计的手法，利用村镇建筑辅助空间的缓冲效能，不同材质及界面的虚实，调节生活主体空间的舒适度，在提高生活质量的同时实现低碳（图2-7）。

2）村镇空间设计对固定碳源的调控机制

除了建筑单体的空间设计，邻里单元的空间组合也会影响建筑在整体生命过程中的能耗。王建华等人在《基于气候条件的江南传统民居应变研究》一文中，通过大量的实测，分析并总结了建筑以及聚落空间（室外空间或半室外空间），包括了建筑的密度、道路走向等对气候的应变，即对室内热舒适环境的调节作用[①]。

在村镇的尺度下，道路的分布，建筑的密度、面积、材质以及不同的形态设计都将影响社区的微气候环境，从而影响建筑的能耗并最终影响固定碳源的排放。

另外，在村镇中供能方式也会对碳排放总量产生决定性的作用。采用分布式能源或者区域采暖、供冷会改变现有的能源供给方式，增加天然气的用量，减少传统的电力供给，从而实现在不改变需求端能源需求的前提下，改变一次能源的结构，并最终降低社区范围内碳排放总量。村内能源供给的复合设置及功能配比会影响分布式能源的利用效率。社区规划、功能排布以及基础设施会影响区域能源系统在能源运输过程中的能耗，降低系统的综合效率，影响其碳排放。

---

① 王建华. 基于气候条件的江南传统民居应变研究［D］. 杭州：浙江大学，2008.

3）村域空间设计对固定碳源的调控机制

在村域范围内，影响固定碳源碳排放的有土地利用的形态、开发强度、开发形式。

村域范围内空间形态设计对固定碳源的影响主要反映在对"负碳源"即可再生能源和新能源的导入。在建筑单体的空间设计中，也可通过合理的形态设计，促进可再生能源和新能源（太阳能电池板或太阳能热水器）的应用。但是其数量有限，很难产生决定性的影响。在村镇及其村域范围，主要是指结合地形和气候的特点，在村镇的景观设计或者村域的土地利用规划中充分考虑中小规模或大规模可再生能源的导入，例如太阳能农场等（图2-8）。

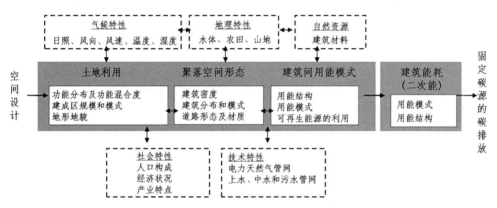

图2-8 村镇和村域尺度上空间设计对固定碳源的调控机制（来源：作者自绘）

2.1.3 社区空间设计对"移动碳源"的控制

1. 空间序列中移动碳源及其空间设计要素解析

村镇空间序列中的低碳要素构成体系中，移动碳源主要是指交通出行所引起的碳排放，集中在村镇尺度和村域尺度上。

村镇中的"移动"，根据移动的目的可以分为邻里间的走动、上下班出行、上学出行以及购物出行。与城市居民和居住区不同，村民的生活具有更加亲密的距离，更加频繁的交流和邻里走动。串门是村镇生活一道别致的风景线。很多情况下，亲戚会生活在一个村里，每周甚至每天都会在一起吃饭、聚会。即使不是亲戚，纳凉、打牌、下棋亦是村镇生活每天必备的调味品。上下班出行主要是指自然村、中心村的村民来回于村和镇之间的上下班交通。一般村镇除了农业和少数的小卖部外，没有其他的就业机会。在农业逐渐衰退的江南村镇，越来越多的农村剩余劳动力开始进城打工，在村与镇，或者城市之间来回移动。上学出行指的是村里的孩子去中心村，或者是镇上的小学和中学所发生的出行。由于滞留人口的减少，小学的拆并，在一般自然村都很少有小学，孩子们需要每天来回于村与镇之间。购物也是如此，村里的商业设施几乎就只有小卖部。这些小卖部通常只能满足人们的生活急需品。一般村民在购物时，还是会到离村相对较远的镇上去采购。因此，购物出行的频率虽然不像城市那样频繁，但是其距离却比城市的购物要远得多。这些出行从空间尺度上包括自然村内的移动，自然村之间以及自然村到中心村之间的移动，中心村到镇以及城市的移动。现有的主要出行的方式有步行、自行车、摩托车、公交车和私家车（图2-9）。

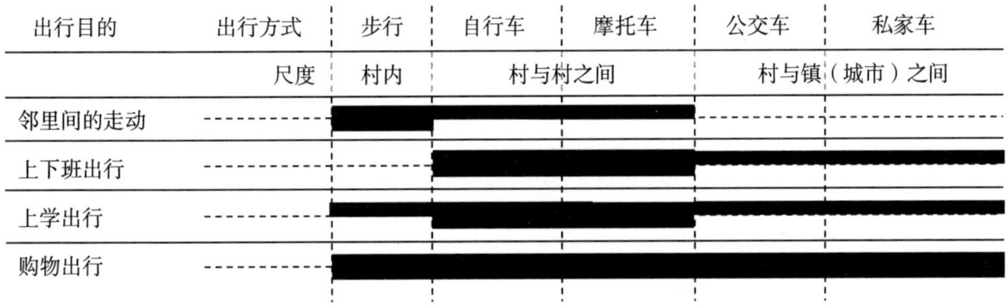

图2-9 村镇中的各种出行方式及其尺度范围（来源：作者自绘）

移动碳源的碳排放可以概括为以下公式：

$$\sum_i V_{CO_2} = \sum_i t_i \times D_i \times \frac{n_i}{An_i} \times E_i \times q_i \qquad (2-2)$$

式中　V_{CO_2}——移动碳源CO_2排放总量；

　　　i——出行方式；

　　　t_i——各种出行方式的人均出行次数；

　　　D_i——各种出行方式的平均每次出行距离；

　　　n_i——各种出行方式的出行人数；

　　　An_i——各种出行方式的平均载人数；

　　　E_i——各种出行方式的单位距离能耗；

　　　q_i——各种能耗的碳排放系数。

由上式可见，影响移动碳源的要素主要包括通过影响村民的出行改变出行距离和次数，提倡使用平均载人数较高的公共交通和零排放（或者是接近零排放）的低碳交通工具。

2．空间结构与移动碳源的控制作用

通过空间设计对移动碳源的调控主要指通过道路空间及交通网络体系的设计，村镇布局及土地利用模式的设计，低碳交通工具的导入实现低碳出行模式，从而减少移动碳源的碳排放。

1）道路空间及交通网络体系的设计

空间设计可以影响和引导人们选择低碳的交通手段，从而影响移动碳源的碳排放。在村镇尺度下，步行系统的设计以及合理的道路绿化可以改善步行系统的温热环境以促进步行和自行车的使用，减少对机动车的依赖性。另外沿步行系统的环境小品的设置，休息场所等的配置也将增加步行系统的趣味性，促进村民选择步行的方式。

在村落尺度上，主要是通过设置公交节点，在出行距离、出行人数恒定的情况下，选择平均载人人数较多的公共交通工具如快速公交线、轻轨以及铁道等公共交通设施，促进人们选择利用公共交通工具，减少碳排放。除了站点和线路设置之外，各级公交系统之间连接转换的便利程度也是公交系统能否有效应用的关键。

2）村镇布局及土地利用模式的设计

合理的空间设计手法、村镇布局、混合功能的配置与适宜的集中居住，可以改变和影响村民的出行方式、次数和距离。例如，在中心村配置小学和一定的商业及公共设施可以减少上学出行、购物出行的距离。另外在村镇空间中积极发展地方产业，从重视产量的农业转变为重视产品质量的农业，从高产到高值，提高村民的收入，增加当地的就业机会，减少上班的交通出行。

村镇的尺度是另一个影响村民出行的要素，尤其是影响村内的交通。原始的村镇尺度较小，邻里间的走动主要靠步行。随着社区范围的不断扩大，越来越多的村民开始使用摩托车，甚至是私家车作为村内移动的交通手段，大大地增加了移动碳源的碳排放。适宜的村镇尺度与合理的公交节点设置可以有效地控制碳排放。

3）低碳型交通工具的导入

很多研究者都认为，对于村镇社区，低碳型交通工具过于高端，不适宜导入。其实低碳交通工具，并不等于高端的电动汽车。以自行车或者电动自行车代替摩托车，小型的电动汽车代替普通的汽车等都是导入低碳交通手段。

　　空间设计中，需要根据不同村镇的地形，选择导入合适的手段，并设置适合这些车辆通行的路线。合理的线路设计和站点选择，可以建立起住区内交通和社区外公共交通之间的有效衔接，实现良好的过渡，从而进一步推进公共交通，降低传统汽车的使用。

　　国外新型郊外型社区中流行的"Car Sharing"即汽车分享也是一种通过增加平均载人人数来实现低碳交通的手段。合理的线路和站点设计，可以实现这种低碳交通工具的"租赁"系统（图2-10）。

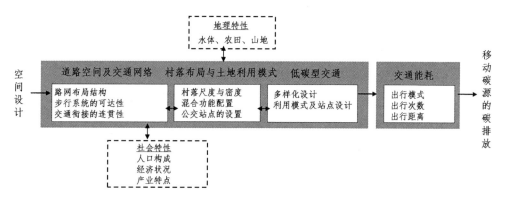

图2-10　空间设计对移动碳源的作用（来源：作者自绘）

2.1.4　社区空间设计与"过程碳源"的优化

　　村镇住区中的过程碳源主要可以分为两类：一类是废弃物处理，主要包括村镇生活或者与之相伴的生产生活中的用水（上水、下水、雨水和中水）以及生活垃圾；另一类是村镇的能源供给和输送中所产生的能耗。

　　在江南地区，冬季采暖以及全年热水的需求不如北方大，因此没有集中供热，尤其是在农村，尚未有集中供热的先例。随着"西气东送"工程的进行，在浙江的个别村子中出现了的天然气的管道输送，但是并不普遍。目前，江南地区农村能源的供给和输送中的过程碳源主要是指电能的输送和损失。

　　传统的电力供给方式是集中式供给，即电力在离用户较远的发电厂生产，其发电过程的总效率因一次能源种类和技术不同而略有差异，大约35%。其余65%的一次能源是发电过程中的能源损失，主要以热能为主。这部分热经过处理后被排放，或是被直接排放，产生大量的热污染。这也成为引发温室效应和全球变暖现象的根源之一。

除了在发电过程中产生的能耗，集中式的供能模式因其离用户较远，能源的输送距离较长，大约有另外5%能源损失产生在输送过程中。即最后的综合效率约为30%，70%以热能形式损失，并排放到环境中（图2-11）。

这种传统的集中式供能方式，其发电、配电以及电力的输送都由发电厂的容量和特点决定，即由电力的供给端决定，是一种自上而下的供能（供电）模式。这种模式很难应对需求端的变化，包括在城市化进程中出现的能源需求的激增以及电力需求在时间和空间上的不均匀分布。例如，在一般城市中，商业区、办公区和工业区集中分布的区域会在白天产生用能的高峰，而与此同时住宅区域的能源消耗非常低。与此相反，住宅区将在夜间迎来用能高峰，而商业区等其他区域的能耗却很低。在传统的供电方式中，能源的供给量是固定的，会出现部分地区供给过量，而其他区域则能源短缺。集中供能的方式由供给端来决定，无法根据能源需求的变化及时调整和应对（其调整和变化需要通过大规模的基础设施和设备调整来实现）。

与这种自上而下的供能方式相对应，分布式能源系统是一种自下而上的供能方式。与其名称一样，分布式能源系统是一种分散在用户端的供能系统，是近年来能源系统发展的新焦点。这些分散的能源生产系统包括可再生能源、未利用能源和清洁能源为主要能源形式的中小型发电机组。

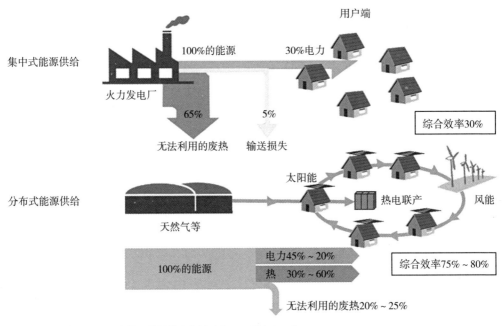

图2-11 集中式和分布式能源供给模式比较（来源：作者自绘）

分布式能源的设备容量、运行方式、能源分配方式都由用户端设计，即以用户的能源需求，以及当地的自然社会和经济条件来选择设备，并实现最佳运行和能源分配。与集中式供能相比，其分布在用户端的附近，所以能源运输中的损失几乎可以忽略不计。同时，发电过程中的废热能够被及时利用，并以热水甚至是空调的方式满足用户的热需要。其中，以天然气作为一次能源的热电联产发电方式就是典型的例子。因其利用清洁能源、有效利用废热和较高的综合效率，这种能源系统在发达国家已经得到了认可和广泛推广。分布式能源通常与传统的供能方式并用，作为其补充。

村镇空间中减少能源运输中过程碳源的排放主要通过导入分布式能源系统代替集中式能源来实现。能源供给系统的碳排放包括满足用户能源需要的能源供给以及在运输过程中的能源损失（即过程碳源）。因此，能源过程中过程碳源的减排可以用集中式供给方式和分布式供能方式的差值来表示：

$$P_{CO_2} = P_{CO_2}^0 - P'_{CO_2} = Q_{使用} / \left(\mu^0 \times q^0 - \mu' \times q' \right) \tag{2-3}$$

式中　　P_{CO_2}——聚落在能源运输过程中所产生的 CO_2 总排放量；

　　　　$Q_{使用}$——建筑在使用过程中的能耗；

　　　　μ^0、μ'——集中式能源供给方式和分布式能源供给方式（或两者的综合）的综合效率；

　　　　q^0、q^0——集中式能源供给方式和分布式能源供给方式使用的一次能源的碳排放强度。

分布式供能的综合效率，由设备的发电效率、热回收利用的效率和负荷率等共同决定。合理的空间形态设计可以通过促进分布式能源的利用，减少从传统能源系统（电力）中得到的能源总量，以减少过程碳的排放。空间形态设计对其调节作用可以归纳如下（图2-12）：

（1）在空间设计中，充分考虑分布式能源导入的可能性，预留设备空间和扩展空间。

分布式能源系统设置在用户的周围，因此在社区，建筑规划的阶段应当预留一定的空间为设备的导入和管道线路的埋设打好基础。比如在社区中，设置一定的公共空间、广场或地下空间，这些空间可以作为设备的预留空间。另外，一定规模的公共建筑、商业办公建筑或教育建筑等也可以作为设置中小型分布式能源的设施。

除此之外，在建筑设计中，应当充分考虑太阳能、风能、生物能等可再生资源的利

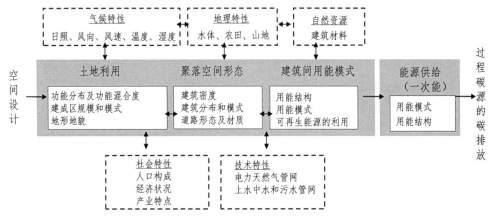

图2-12 空间设计对过程碳源的调控机制（来源：作者自绘）

用，如采用能够安放太阳能板和太阳能热水器的坡屋顶和有利于雨水收集的坡屋顶的形式。

（2）紧凑型空间布局，以提高设备的整体效率。

分布式能源，即区域能源供给需要区域内的建筑相对集中。过度分散的建筑分布会导致建筑能源运输过程中的损失，引起过程碳源的增加。

（3）混合的功能配置以实现设备的最佳运行和建筑之间的能源共用。

除了紧凑型空间布局之外，混合功能的配置也能提高分布式能源系统的综合效率。不同的建筑功能，消耗能源的种类比例，以及使用的模式不同，因而其峰值出现的时刻也不同。混合的建筑功能配置可以使得电、热等能源可以有效地在集中区域得到分配，减少能源运输的距离，从而减少过程碳源的碳排放。

2.1.5 社区空间形态与"自然碳汇"的共生

在村镇碳循环系统中的碳汇是指环境对碳的吸收或降低碳排放的作用。从广义上讲，环境基础设施是指在城市空间中维持城市生态可持续发展，为城市居民提供可与自然接触的场所，并能帮助改善城市热岛效应，为居民提供更好的生活空间而自然形成或人工建造的基础设施。

传统村镇空间中的碳汇可以分为自然碳汇和人工碳汇。村镇中的自然碳汇主要针对的是环绕或者穿插在聚落周围的农田、林地以及自然绿地。人工碳汇主要针对的是村镇中的公园等人工绿地，或者是围绕农居的绿化。随着村镇城市化和新农村建设的展开，这种自然的绿地系统、传统农业和林业构成的碳汇体系与人工绿地的比例和构成也将随之发生变化。

新村镇社区中的碳汇主要包括各级公共空间中的点状绿化，沿道路体系或水系的线状绿化，穿插在建成区中的农田，散落在建筑群中的自留地，以及建筑空间"绿"（或者建筑的绿化空间）（图2-13）。

沿道路体系的线状绿化

散落在邻里单元中的自留地

各级公共空间中的点状绿化

穿插在建成区中的农田

沿水系的线状绿化

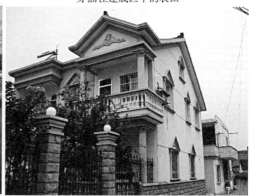

建筑空间的"绿"

图2-13　村镇空间碳汇系统

村镇碳汇包括直接碳汇和间接碳汇。直接碳汇是指上述自然或人工的绿地植被对碳的吸收作用,即直接碳汇效果。间接碳汇是指包括绿地、水体、地形和建筑布局等环境要素共同作用改善村镇空间以及建筑内部空间的热舒适环境,减缓温室效应,降低建筑的冬季采暖及夏季制冷的空调能耗,从而实现减碳的效果,如绿色植被的遮阴、蒸腾,自然水体的蒸发作用等。

直接碳汇和间接碳汇可以分别用下述公式来表示:

直接碳汇:绿地或植被对碳的吸收、固定作用。

$$A_{CO_2} = S \times \theta \qquad (2-4)$$

间接碳汇:屋顶绿化、道路绿化等对温室效应消减作用。

$$A'_{CO_2} = S' \times \theta' \qquad (2-5)$$

其中,A_{CO_2}、A'_{CO_2}——直接碳汇和间接碳汇对碳排放的消减作用,即碳汇的效果。

S、S'——直接碳汇和间接碳汇的面积;

θ——直接碳汇的吸收系数和间接碳汇的消减系数。

从上述公式可以看出,主要影响碳汇的要素是绿地空间的面积和植被的种类。此外间接碳汇的效果是多种要素的综合作用。在村镇空间序列中,绿地类型以及空间设计的影响见表2-2。

空间设计对碳汇的调控机制如图2-14所示。

空间设计对碳汇的影响　　　　　　　　　　　　表2-2

绿地类型	空间设计对其影响
散落在建筑群中的自留地	在建筑空间和村镇空间的设计中有效地组织和保留原有生态系统,包括自留地、林地在内的碳汇,实现低碳与村镇生活和经济发展的有机协调
沿道路体系和水系的线状绿化	在村镇社区空间体系设计中,结合道路体系,包括机动车道和步行体系以及水系,有效导入线状绿化,创造"风道",强化点状绿化的间接碳汇效应
各级公共空间中的"点状"绿化	在社区空间设计中有效导入绿色景观体系,并结合其他的空间设计要素,使其发挥最大的效能,降低建筑的热负荷,提高社区空间和建筑空间的热舒适环境
穿插在建成区中的农田	围绕或者是穿插在村镇中的农田可以有效地吸收CO_2,并作为农村特有的气候调节器
与建筑空间相结合的绿化	结合建筑的空间设计形态,导入屋顶绿化、垂直绿化等,调节建筑室内的热舒适度,降低能耗,以实现低碳

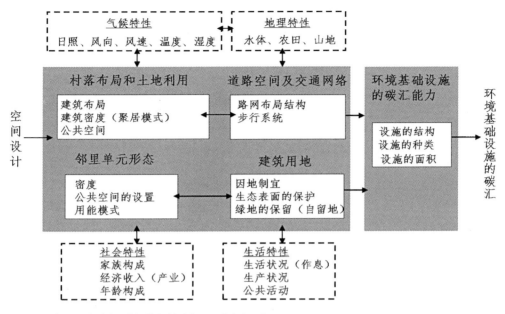

图2-14 空间设计对碳汇的调控机制（来源：作者自绘）

2.1.6 "低碳"村镇社区营建与各要素之间的总体关系

通过以上分析中可以得出，村镇聚落空间的碳要素主要由建筑能耗，交通系统、能源供给的碳排放和环境基础设施的碳汇构成（图2-15）。空间设计通过影响村镇布局、土地利用、道路系统、交通网络、邻里单元形态以及建筑空间形态，影响人们的生产生活，并最终影响碳循环体系。

（1）空间形态。主要包括建筑空间形态、邻里单元空间形态和社区空间形态。通过对空间形态的控制减少建筑的能耗，加强可再生能源等其他分布式能源的导入，合理保留生态绿地，导入公共空间和绿地系统，实现减少能耗，增加碳汇和利用新能源。

（2）能源供给基础设施。要考虑建筑间的用能模式，村镇和村域整体的用能模式以及相配套的基础设施建设；还要考虑用能结构和能源供给方式，主要是指通过空间形态的设计促进建筑间的能源共用和地区的分布式能源系统的实现。通过建筑间能源共用的方式提高机器运行效率，减少能耗以及运用分布式能源系统实现可再生能源和未利用能源的规模性应用。

（3）土地利用。低碳村镇设计中通过紧凑布局和功能混合、建筑密度等来影响村镇整体的碳排放。紧凑布局和功能混合能够影响建筑用能的效率和能源供给的效率，从而实现减碳。

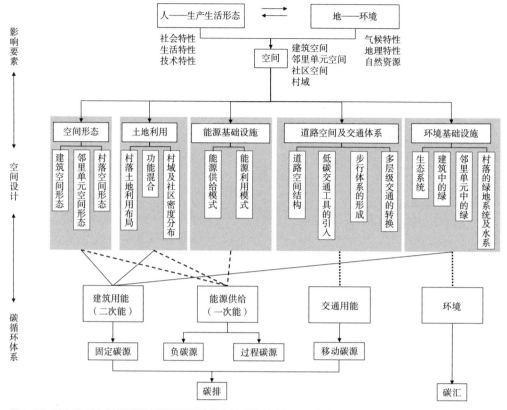

图2-15　空间设计与村镇碳循环模型调控的综合关系模型（来源：作者自绘）

（4）道路空间及交通网路。包括通过合理的路网结构，增加步行系统的可达性，提高各级交通的连贯性以及促进低碳交通工具的导入，减少交通用能。

（5）环境基础设施。包括农田、林地、人工和自然绿地以及水系等，对村镇空间体系中碳汇进行开发利用。尊重原有地形，保留当地的生态环境，组织绿地水体等生态斑块，有效导入人工碳汇可以实现对于微气候环境的调节，在增加直接碳汇的同时消减建筑能耗，增加间接碳源。

2.2　村镇社区的类型与演进

2.2.1　村镇社区功能演进与类型

村镇的人居模式演进过程映射了社会发展中的时间流变，展现其由"量"到"质"不断转变的基本事实。在时间的推进过程中，村镇人居模式由单一转向多元，从而促进营造方式由均一化向适宜性转变。这种适宜性的营造方式可以减少资源浪费及环境破坏，有助于发达村镇的可持续发展。

1. 人居模式：单一到多元

自古以来，村镇便是我国经济发展的重要节点，小农经济是村镇发展的主要形式。村镇的人居模式，如容器一般，承载着村镇的生活、社会及文化等功能。它们相互关联、影响和融合，形成一种集结与凝固的状态，即人居模式具有整体性、个体性与层次性等特征[①]。

古时候，我国强调"天人合一"的人居理念，在村镇选址、布局上充分考虑与周边环境的协调关系。但在快速城市化阶段前期，部分村镇聚落在城市发展中被不断边缘化；城市化阶段后期，各项功能也逐步注入村镇聚落，加快了村镇空间的分化过程，导致了传统村镇文化受到破坏，加剧了村镇聚落中的人地矛盾，如基础设施受到破坏，出现空心村、土地无序扩张及生态环境污染等问题[②]。究其缘由，发达村镇在发展中重数量轻质量、重业态轻社态、重生产轻生活等突出问题制约了人居环境的建设与改善。

2. 营建方式：均一到适宜

由于中国地域广阔的聚落生成背景，导致了发达村镇社区的自然环境、空间形态、产业类型均不相同；然而，在我国新型城镇化进程中，为快速达到经济发展的目的采用标准化方法进行村镇建设，出现了"千村一面"等破坏性村镇建设的现象。因此，考虑到发达村镇可经营建设的原则，根据自然生态资源、日常生活资源、产业经济资源三个要素，对村镇社区进行模式分类：

（1）以自然生态资源划分。生态资源包含地理环境、气候条件、生物种类等生态因素，是村镇特色环境的重要组成部分。以可经营的自然资源为条件将村镇社区划分为农田景观型社区、渔牧养殖型社区、水文休闲型社区等。

（2）以日常生活资源划分。日常生活资源受生态、生产资源的影响，是居民长期生活居住自发形成的物质空间，可分为空间格局与乡土文化两类，地理位置、村镇肌理、

① 张涛. 韩城县域人居环境营造的本土模式研究 [J]. 建筑与文化，2017（10）：235-236.
② 曾菊新. 评《农户空间行为变迁与乡村人居环境优化研究》[J]. 经济地理，2015，35（9）：208.

色彩运用、建筑形式等为空间格局，民俗文化、名人逸事等为乡土文化。因此，以可经营性为标准将村镇社区分为传统街巷型社区、特色建筑型社区、名人故居型社区、宗族传承型社区等。

（3）以产业经济资源划分。产业经济资源包括农业、工业和服务业等生产要素。根据产业经济资源，村镇社区可分为以第一产业（农业生产，如种植业、水产业等）为核心的传统渔农型村镇社区，以第二产业（工业生产，如竹制品、食品、服装加工等）为核心的生产加工型村镇社区，以第三产业（旅游业、交通客运业和住宿业）为核心的旅居休闲型村镇社区和商品贸易型村镇社区。

诸多村镇建设经验的积累，政策的因地制宜且灵活开展，对村镇的发展建设起到了积极作用。我国地大物博，地区经济发展与自然条件之间出现的高碳污染、经济受限等矛盾不尽相同，各个类型的村镇人居环境应采取不同的举措进行改善，后续应以人居环境科学理论为基础进行分析解决。

本书为了分析村镇社区的产住类型差异对于碳排放的影响，选取了以产业经济资源的划分方式对村镇社区进行分类（表2-3）。其中，传统渔农型村镇社区以农业、林业、牧业及渔业为主要经济来源，多为消耗自然资源较多、劳动力投入较高的原始产业；生产加工型村镇社区是以农副产品加工业、食品制造业等加工业为主要经济来源的社区，需投入较多劳动力或资金，产品物化劳动占比较大；旅居休闲型村镇社区是以文化、娱乐、旅游业为主要经济来源，主要依靠自然生态资源，劳动力、资金投入较少；商品贸易型村镇社区是以交通运输、贸易市场、仓储及邮政业为主要产业，依靠交通区位等地理优势进行发展，劳动力投入较少，资金投入比重较高。

村镇社区主导产业分布及比重关系　　　　　　　表2-3

发展类型	县域分布	所占比重
传统渔农型	兴化、高邮、嵊泗、三门、如东、海安等	29.22%
工业生产型	石河子市北泉镇、张家港、常熟、太仓、昆山、溧阳	36.96%
休闲旅游型	仙居、岱山、新昌、长兴、丽水、安吉	11.24%
商品贸易型	玉环、温岭、临海、上虞、余姚、诸暨、宁海、丹阳、句容	18.47%
其他主导型	慈溪、嵊州、绍兴、建德、桐乡	4.11%

（来源：中国经济体制改革研究会农村状况调查课题组，石小敏，姜斯栋. 中国农村状况调查报告 [J]. 农经，2014（1）：46-56. 作者整理）

因此，本书将不同产业经济资源的村镇社区进行初步统计，结果表明：传统渔农、工业生产、休闲旅游和商品贸易等四种产业类型占全国村镇总量约96%。因此，选择以产业类型为分类标准的村镇社区分析，具有一定的科学性和代表性。发达村镇社区具有经营性、二、三产业为主导等特征，故本书选取生产加工型村镇社区、旅居休闲村镇社区和商品贸易村镇社区为研究对象。

2.2.2　村镇社区典型样本与特征

1. 典型样本选取

结合上述产业分布及省域GDP情况，本书拟选取浙江省为研究对象。

（1）浙江省位于中国东南沿海，地形复杂，其地势由西南向东北倾斜，由平原、丘陵、盆地、山地、岛屿构成，包括杭州、嘉兴、湖州等11个省辖市，总面积10.55万km^2；2018年生产总值为56197亿元，居全国第五，且全省常住人口5737万人，城镇人口占比由1978年的14.5%提高到2017年的68%，居民就业结构中二、三产业占比已达88.2%，具有发达地区的显著经济特征。

（2）浙江省以块状经济为主进行发展，是我国最具经济发展前景之一，且村镇经济发展较为突出；因城市高碳功能不断向村镇转移，小微企业为了发展进行无序扩张，非农产业的占比不断增加，不仅导致村镇能耗呈上涨趋势，原有的碳汇用地亦被建设用地侵占，村镇适宜人居的环境结构逐渐失衡。

（3）浙江省是美丽村镇、小城镇环境整治、村镇振兴等政策实施的先行区，有发达的社会组织为其发展基础，是具有代表及典型性的发达村镇集聚地区；率先启动未来社区建设工作，发布《浙江省未来社区建设试点工作方案》，以产业推动为主导进行低碳化、绿色化、可持续化社区建设。

据浙江区域特色经济发展研究课题组1998年在全省范围内进行调查后的不完全统计，浙江省被调查的66个县（市、区）中，以二、三产业为特色的产业集群中306个产值超过1亿元，其中10亿～50亿元为91个，50亿～100亿元13个，超过100亿元的有4个。

本书的样本选取湖州、丽水、台州、绍兴等市的12个以行政村或自然村为单位的发达村镇社区（表2-4）。以代表性、典型性及多样化为原则，选取样本在空间或地域上具有相对独立性，力图彰显城镇化背景下，样本在产业作用下表现出不同阶段的差异，体现出浙江省发达村镇社区生产、地域及居住生活的特征。但鉴于资料及精力有限，本书虽已力图反映产业作用下各阶段的概况及特征，但在典型样本的选取上仍具有不客观性。

根据前文统计的浙江省不同产业主导类型的划分，本书在工业生产、休闲旅游以及商品贸易型三类村镇社区中各选取了4个社区规模、经济状况、常住人口等量化数据相近的发达村镇社区样本以便分析。

村镇社区样本案例调查列表   表2-4

	编号	村镇社区名称	所在县区	所在城市
休闲旅游	A-1	上下坪村	遂昌县	丽水市
	A-2	南庄村	淳安县	杭州市
	A-3	茶树坪村	遂昌县	丽水市
	A-4	盖门塘村	健跳镇	台州市
工业生产	B-1	独山头村	安吉县	湖州市
	B-2	聚西山村	新昌县	绍兴市
	B-3	泉庆村	东林镇	湖州市
	B-4	北山村	壶镇镇	丽水市
商品贸易	C-1	白牛村	昌化村	杭州市
	C-2	董村	上虞市	绍兴市
	C-3	蔡家畈村	安华镇	诸暨市
	C-4	杨岭乡	太湖源镇	杭州市

（来源：作者整理）

2. 村镇碳排放类型化特征

碳排放是指在特定区域，一段时间内生态系统中生物吸收碳的输入及碳排放输出的碳量收支情况。碳吸收为碳汇吸收量，即减少碳排放量；碳排放则为碳输出量。当碳吸收大于碳排放时为大气的负碳排放，反之则为正碳排放。

发达村镇社区经济组织模式以个体、小微企业及村镇企业等为主，主导产业以二、三产业为主。在生活、生产活动中，虽然中国村镇地区的电网系统已全面覆盖，但村镇的主要能源还是以生物质能及化石能源为主。发达村镇与城市能源结构迥异，发达村镇具有经济稳固增长的生产、生活方式，所以形成了独特的碳排放特点。结合本书选取的不同产业类型下的实际案例，可划分为以下三种模式：

（1）中排放高碳汇：以第三产业旅游业即旅游、住宿业为核心的旅居休闲村镇社区，其主要经济来源于旅游住宿，碳排放主要来源于游客旅游期间产生的电力、煤炭、燃油等碳源的使用。此类村镇具有良好的生态自然资源，拥有一定的山林碳汇面积，环境较好，但内部建成区绿化率较低。

（2）高排放低碳汇：以第二产业工业生产为核心的工业生产型村镇社区，其主要支柱产业多为竹制品、五金加工等需煤炭类高碳源的产业类型。此类村镇社区多位于平原地区，但因欠缺低碳经济的理念，缺少良好的自然资源，故产业碳排放量较高，建成区绿化率较低。

（3）中排放低碳汇：以第三产业专业市场、交通、客运业、贸易市场为主要经济来源的商品贸易型村镇社区，故碳排放主要为交通产生的能源消耗。此类村镇自然资源较为匮乏，建成区绿化率较低。

根据上述的碳排放类型解析，其中不同的产业模式的碳排放特征不同，故为进一步解决村镇社区的高碳问题，后续可将高碳区域划分为单元进行量化分析。

2.3　村镇社区碳计量方法与测定

2.3.1　碳要素基本单元确立

根据新陈代谢与碳循环理论，以发达村镇社区内碳脉络为基础，将作用于发达村镇社区的各个要素进行梳理与分析，进而构建低碳社区碳要素基本单元，以便实现发达村镇低碳社区的营建目标。

1. 发达村镇社区碳脉络识别

根据碳循环理论与能源利用全过程，即碳元素在流通过程中，既不会凭空出现亦不会凭空消失，仅从一个物体转换或流通至另一物体，且在此过程中遵守能量守恒定律，碳总量保持不变。因而碳元素依附于能源流动，碳元素从自然系统汲取的能源中输入至经济系统，在此系统中通过能源的加工转换进行流通，部分转变为 CO_2、未燃尽废料输出至大气环境中，其他的转化为产品。

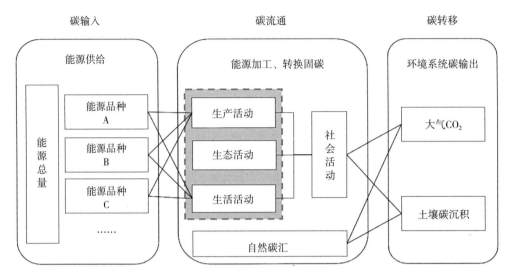

图2-16 发达村镇社区碳脉络系统图（来源：作者自绘）

在发达村镇社区内碳脉络可分为两个部分：

（1）社区内部与外部的碳脉络是由碳输入、碳流通和碳转移三部分组成；

（2）社区内部通过生产、生活、生态等社会活动，在能源或土地使用中对碳元素进行输送（图2-16）。

2. 发达村镇社区碳边界界定

基于对碳脉络识别的分析，发达村镇社区的碳元素转移、活动，主要以社区的土地为承载体，是以生产、生活等人的行为活动开展，如居民生活、产业及日常交通等活动。因发达村镇社区地理环境多样，且碳排放具有可移动性的特征，若以地理边界划分进行碳排放量统计会受到地理边界的影响，误差相对较大。故本书以人的行为活动作为碳边界的界定方法，将碳排放分为在地碳排放与外来碳排放两类，选用在地碳排放量作为本次碳边界。

在地碳排放量即社区居民，进行社会活动时使用能源产生的CO_2量；外来碳排放量多为材料运输、更新时产生，如居民使用的物品、材料等由外地运输时产生的碳排放量等。

3. 发达村镇社区碳单元确立

以有机生命的理论为基础，因发达村镇社区具有人居有机体中自组织、自建构等特征，其本质是作为物质生命体的有机存在，故选取"元胞"[①]这一基本生物细胞为社区单位（表2-5）。聚焦微观层面，社区元胞内的碳循环与居民的日常生活、生产活动、用能方式及建筑的营建模式相关，即通过碳元素输入，以元胞为空间载体进行碳源消耗、流通及转换，最终向大气或自然环境输出碳元素的过程（图2-17）。

"社区元胞"划分　　　　　　　　　　　表2-5

组成部分	作用	举例	类比细胞结构
社区基底	承载活动	宅基地	细胞壁
功能模块	满足使用	住宅、工厂等建设性模块	细胞器
行为活动	碳元素流通	居民在生产、生活中的用能	细胞质
使用边界	行为限定	居民社会活动范围	细胞膜

（来源：作者整理）

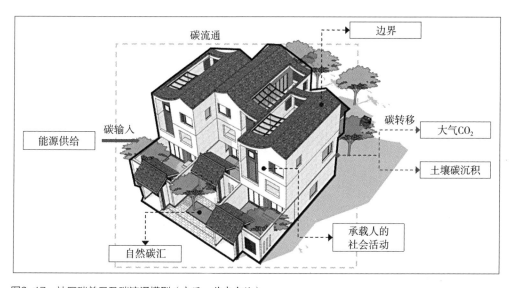

图2-17　社区碳单元及碳流通模型（来源：作者自绘）

社区是由多个社区元胞构成，因细胞具有一定的分形与异质的特征，故元胞的功能、特点及多个元胞的组合方式、相互联系等，同社区的土地利用、空间结构与交通体系相互对应（图2-18）。

---

① 元胞：援引生物学的概念，是生命体基本的结构和功能单位。参见：朱晓青. 基于混合增长的"产住共同体"演进、机理与建构研究 [D]. 杭州：浙江大学，2011.

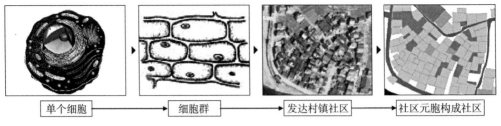

| 单个细胞 | ━━▶ | 细胞群 | ━━▶ | 发达村镇社区 | ━━▶ | 社区元胞构成社区 |

图2-18　社区元胞来源（来源：作者自绘）

综上所述，选取元胞作为社区基本碳单元，首先是因为它本质为空间模型，其次是它可以通过简单的规则产生复杂形态；作为产住空间组合、链接的重要组成部分，是碳元素发生交换、传递与循环的基本空间载体，故将社区元胞作为村镇社区中最基础的人居单元[①]。社区元胞是以空间使用界面为边界划定，具有自稳定、自组织的生产、生活能力的基本载体。

2.3.2　碳排放组织架构整合

通过对村镇社区的碳循环结构研究，可得到碳元素在村镇社区各元胞的流动与使用情况，以便后续控制与协调村镇社区整体碳排放量。不同于城市系统，村镇社区系统较为单一，碳排放量多根据碳源、碳汇变化进行波动。但随着城镇化的进程，农业转型及城市高碳产业的转移，影响碳排放的因素开始源自村镇社区的社会生活、经济产业及自然环境。

以社区元胞碳界定为基础，因发达村镇社区碳循环过程受社会活动的影响，将社区元胞作为碳排放载体单元，提炼出环境、产业及生活三种影响因素对社区碳排放的影响[②]（图2-19）：

（1）环境因素：为达到景观观赏、阻隔噪声及公共休闲等作用，设置专门的绿植面或口袋花园等碳汇，碳排放主要源于植物自身光合作用，除此之外可作为碳汇吸收CO_2，在社区内作为负碳排放。

---

① 人居单元：处在一定地理空间之上，带有合理规模的集体性家庭基地，具有相对独立的空间、明确边界的最基本单元。

② 参考《中国能源统计年鉴》中村镇商品能源及非商品能源分类。

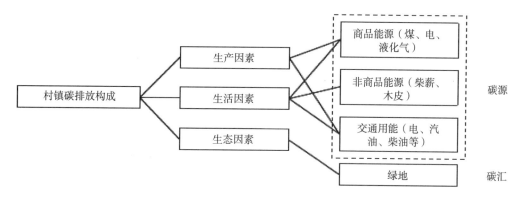

图2-19　村镇碳排放构成（来源：作者自绘）

（2）产业因素：因小微企业的经营、生产及加工等活动多位于村镇社区内，依托村镇社区进行发展会引起部分地区无序扩张，故此加工及建设过程会产生大量的碳排放量，多源于生产使用的能源及交通用能，如煤炭、电力、天然气、燃油等。

（3）居住因素：承载村民生活活动，其碳排放主要源于日常生活用能、交通，即电力、煤炭等。

为此，碳元素以化石能源或行为活动为载体，依循其流动路径、燃烧途径及使用方式，在社会经济活动、自然资源环境以及社区空间结构之间进行生成、分解、传递、流通、代谢与转换，最终以含碳的温室气体、废弃物等方式转移至大气、土壤中或终端消费产品中，由此完成村镇社区的碳循环过程[①]。

2.3.3　碳计量核算模型建构

由本章2.3.1节中社区元胞碳要素构成可知，碳排放量是由碳源排放及碳汇吸收构成，故选用能源碳排放计算公式[②]及碳汇吸收公式分别计算。其中在能源碳排放量的计算中，因考虑电力能源对减排的贡献即核算电力的间接碳排放[③]，需将燃料和电力的碳

---

① 吴盈颖，王竹，朱晓青. 低碳乡村社区研究进展、内涵及营建路径探讨［J］. 华中建筑，2016，34（6）：26-30.

② 《省级温室气体清单编制指南（试行）》（发改办气候〔2011〕1041号）的能源碳排放量计算公式。

③ 因核电、水电、风电等电力能源在实际消费过程中并不产生CO_2，而火力发电占到总发电量的80%左右，因此在计算电力碳间接排量时，电力的消费量应在原有数据基础上乘以80%。

排放量分别计算[①]。能源（燃料）计算公式：

$$C_1 = \sum (E_i \times k_i) \qquad (2-6)$$

式中　C_1——燃料碳排放量；

　　　i——第i种能源；

　　　E——燃料消费或使用量；

　　　K——碳排放因子。

燃料消费量数据主要来源于村镇行政管理部门、现场调研数据等方式；排放因子数据可参考《中国低碳发展报告》（2014）、《IPCC国家温室气体清单指南》（表2-6）。

村镇社区能源排放对应系数　　　　　　　　　　表2-6

能源种类	煤	焦炭	汽油	柴油	石油沥青	柴薪	沼气	秸秆
碳排放因子	2.71 tCO_2/tce	3.15 tCO_2/tce	2.02 tCO_2/tce	2.16 tCO_2/tce	2.13 tCO_2/tce	1.436 tCO_2/tce	11.72 $tCO_2/万m^2$	1.247 tCO_2/tce

（来源：作者整理）

能源（电力）计算公式：

$$C_2 = F \times m \times 80\% \qquad (2-7)$$

式中　C_2——电力碳间接排量；

　　　F——电力消费量；

　　　m——华东区域电网供电碳排放因子。

电力消费量来源于村镇行政管理部门、现场调研数据等方式；供电碳排放因子使用因浙江省属于华东区域电网碳排放因子，即0.928kg/CO_2kW·h[②]。

碳汇计算公式：

$$C_3 = S \times M \times n \qquad (2-8)$$

式中　C_3——绿地碳汇吸收碳排放量；

　　　S——绿地面积（m^2）；

① 段德罡，刘慧敏，高元. 低碳视角下我国乡村能源碳排放空间格局研究［J］. 中国能源，2015，37（7）：28-34.

② 《省级温室气体清单编制指南（试行）》（发改办气候〔2011〕1041号）。

M——干物质量，通常取4.0t/（hm^2·a）；

N——干物质含碳量，取IPCC推荐值0.47。

综上，以社区元胞为碳排放载体的碳排放总量计算公式为：

$$C = C_1 + C_2 - C_3$$

第 3 章

村镇社区碳形态与图谱建构

3.1 村镇社区碳形态生成与设定

现代化背景下村镇的非农化、工业化与新型城镇化背景下的传统市镇产业化、市场化，是形成目前发达地区村镇的主导因素，且促进村镇社区由粗放期向集聚、统筹联动阶段转型（即由量变逐渐发展为质变的转化过程）。此次研究的产住混合是当前发达村镇产生高碳、高排的主要动因，其主导因素为生产、生活及建造。产住混合是基于"三生"系统产生，本质为物质消耗与环境改变。从目前来看，产业是促进村镇社区发展的内在动因，居住是维持村镇社区活力的重要载体，故两者的混合程度、集聚水平与演变格局对区域碳排放有比较明显的关联和影响特征。

3.1.1 村镇社区碳元胞生成

为探寻社区元胞的高碳点和产住混合这两个特征在空间中的发生规律，需对发达村镇社区的产住融合空间进行定量研究，故采用空间网格法（Statistical Information Grid, STING[1][2]），运用网格结构的方法将原有聚落划分为多个空间单元即社区元胞，并对其进行碳排放相关数据的采集（图3-1）。根据村镇空间整体形态确立网格布局，剔除社区元胞外不具有数据同构性的道路、水体、山林等，以空间使用边界为基本网格单元进行划分即社区元胞，并以其为载体进行碳排值区间分组。

此次调研主要采取抽样调查的方法，在本书2.1节涉及的样本社区中随机抽样调查8~9户，以此来代表并推断各类别的村镇社区的碳排放特征。在调研过程中主要是通过访谈与问卷调查的方式来收集村民的生活、生产方式及低碳意识等内容。

---

① Wang W, Yang J, Muntz R. STING: A statistical information grid approach to spatial data mining [C] // VLDB'97, Proceedings of 23rd International Conference on Very Large Data Bases, Athens, Greece. DBLP, 1997.

② Samet H. The design and analysis of spatial data structures [M]. Addison-Wesley Publication, 1986.

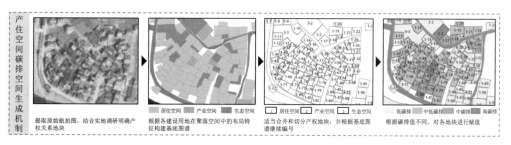

图3-1　发达村镇社区碳图谱生成步骤（来源：作者自绘）

3.1.2　村镇社区碳单元设定

以社区元胞为碳元素基本载体组成的碳图谱，是村镇社区生成、演进、转型与增长的内在表征，具有典型的地域人居基因特征。在特定地域环境内，产住融合空间受不同业态需求的影响，会形成多种社区元胞组团形式。通过量化手段提取不同产业碳图谱中的产住融合空间实态，分析各类型社区中元胞组团混合功能的碳排放模式，可归纳出其不同的产住范式下的碳排放特征，以期对高碳点进行解析与导控。

为进一步探究社区元胞高碳点的内在机理，考虑到村镇振兴的基本单位以邻里为主导，故下文在组团（基本人居生活单元）的尺度下对产住空间混合进行研究。基于大量实际调研及研究的基础上（表3-1～表3-12），亚历山大等的《建筑模式语言》[1]中人居生活单元的相关研究，多以6～10户组成一个邻里单元。故本书设立社区组团由相邻或相近的社区元胞组成，以6～10个社区元胞为一个社区组团进行分组，以便充分显示用地类型的多元化，显示出混合的特征。

为进一步研究社区组团的产住混合空间与碳排放之间的关系，采用定量处理的方式，故参考低碳试点建设指标[2]，选取产住混合度对社区元胞组团进行分类。从村镇社区的空间结构与碳排放关系来看，二者并没有直接相关性，而是通过空间规划要素及其相关的连带关系与碳排放产生联系[3]。因产住混合是基于土地面积进行计量，故选取单位用地面积的碳排放量用于彰显单位面积内碳排放水平。该指标是衡量村镇社区是否可持续发展的重要指标[4]。

① 亚历山大，伊希卡娃，西尔佛斯坦，等. 建筑模式语言［M］. 王听度，周序鸿，译. 北京：知识产权出版社，2002.

② 《低碳社区试点建设指南》（发改办气候〔2015〕362号）。

③ 张洪波. 低碳城市的空间结构组织与协同规划研究［D］. 哈尔滨：哈尔滨工业大学，2012.

④ 吴盈颖. 乡村社区空间形态低碳适应性营建方法与实践研究［D］. 杭州：浙江大学，2016.

浙江省丽水市遂昌县上下坪村

表3-1

A–1	遂昌县上下坪村	
基本情况和形态特点	上下坪村位于浙江省西南部，村域面积4.2km²。地形以山川为主，周边多为丘陵，是典型的山地丘陵型村镇。 建筑依据山势地形进行排列，因此聚落形态较为松散	

村镇社区卫星图（2010年）	村镇社区现状卫星图	社区元胞产住功能
	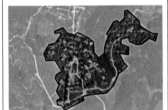	

浙江省杭州市淳安县中洲镇南庄村

表3-2

A–2	中洲镇南庄村	
基本情况和形态特点	南庄村位于中洲镇西北部，由两个自然村组成。土地主要由林地、农田组成，村镇依水而建，以一产农业及三产旅游业为主。 建筑排布呈阶梯状，沿交通道路蔓延	

村镇社区卫星图（2013年）	村镇社区现状卫星图	社区元胞产住功能
		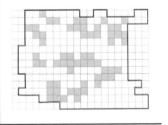

浙江省丽水市高坪乡茶树坪村 表3-3

A-3	高坪乡茶树坪村	
基本情况和形态特点	茶树坪村位于高坪乡北部，距离县城约55km，地域面积5.8km²。是全乡海拔最高的乡，山形地势明显，以农业、旅游为主要产业。建筑依山形分布，沿道路蔓延	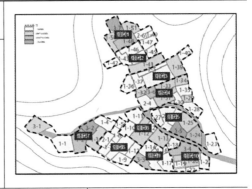

村镇社区卫星图（2013年）	村镇社区现状卫星图	社区元胞产住功能
		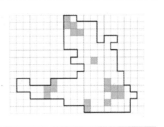

浙江省台州市健跳镇盖门塘村 表3-4

A-4	健跳镇盖门塘村	
基本情况和形态特点	盖门塘村位于健跳镇西南。现已有多家农家乐，并设有餐厅、特色项目等多家配套设施，主要产业为旅游业。村镇整体布局为靠山面水，以道路为轴进行扩张，顺山势进行分布	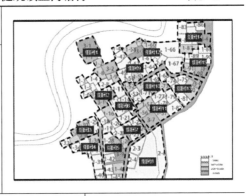

村镇社区卫星图（2009年）	村镇社区现状卫星图	社区元胞产住功能
		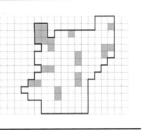

浙江省湖州市安吉县梅溪镇独山头村　　表3-5

B-1	梅溪镇独头山村	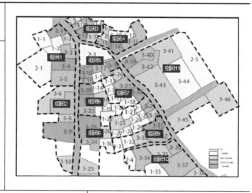
基本情况 和形态 特点	独山头村位于安吉县东部，北连梅溪镇。目前全村共有私营企业57家，其中规模企业15家，以竹制品企业为特色。 整体布局受昆铜港的影响在一侧进行集聚，多沿主要道路两侧分布	

村镇社区卫星图（2013年）	村镇社区现状卫星图	社区元胞产住功能

浙江省绍兴市新昌县大市聚镇西山村　　表3-6

B-2	新昌县大市聚镇西山村	
基本情况 和形态 特点	西山村位于省道象西线、江拔线交叉口。是闻名全县的小五金专业村，其轴承产业十分发达。 工厂多沿东南侧集聚，住宅位于工厂后部。沿路多为商住两用或商业	

村镇社区卫星图（2013年）	村镇社区现状卫星图	社区元胞产住功能
	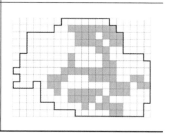	

浙江省湖州市吴兴区东林镇泉庆村   表3-7

B-3	东林镇泉庆村	
基本情况 和形态 特点	泉庆村隶属湖州市吴兴区东林镇，地理偏僻、复杂，有"九河八墩之地""无船路不通"的俗语，是地道的江南水乡。其主要产业为五金用品。 村镇在西侧进行集聚，工厂及商业多分布在道路两侧	

村镇社区卫星图（2009年）	村镇社区现状卫星图	社区元胞产住功能
		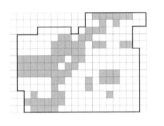

浙江省丽水市缙云县壶镇北山村   表3-8

B-4	壶镇北山村	
基本情况 和形态 特点	北山村位于壶镇北侧，距离镇中心约2.5km，其主要产业为汽配件加工。 此村镇位于壶镇北入口位置，整体布局受农田及水系影响，产业多以块状集聚	

村镇社区卫星图（2013年）	村镇社区现状卫星图	社区元胞产住功能
		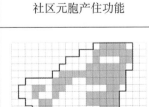

浙江省杭州市昌化镇白牛村 表3-9

C-1	昌化镇白牛村	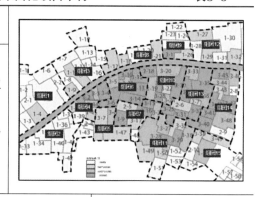
基本情况和形态特点	白牛村地处昌化镇西面,属浙江省中心村。全村共计12.44km²。以加工业为主要产业。 商住两用店铺沿主路分布,工厂在东南侧集聚	

村镇社区卫星图(2013年)	村镇社区现状卫星图	社区元胞产住功能
		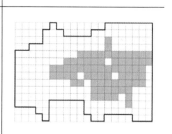

浙江省绍兴市上虞区曹娥街道董村 表3-10

C-2	曹娥街道董村	
基本情况和形态特点	董村位于上虞区西部,面积约为1.7km²。其地势多由河网组成,是典型的水系平原村镇。其主要产业为商品贸易及物流为主。早在2003年便有工厂在此集聚,形成工业集聚区	

村镇社区卫星图(2003年)	村镇社区现状卫星图	社区元胞产住功能
		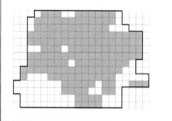

浙江省诸暨市安华镇蔡家畈村　　　　　　表3-11

C-3	安华镇蔡家畈村	
基本情况 和形态 特点	蔡家畈村位于安华镇东侧，建成区面积为0.17km²。其主要产业为袜业、物流。 此村镇部分为规划新建区域，西侧部分为规律的建筑分布，工厂物流区多于村镇东侧集聚	

村镇社区卫星图（2009年）	村镇社区现状卫星图	社区元胞产住功能
	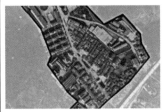	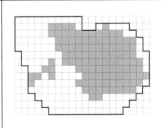

浙江省杭州市临安区太湖源镇杨桥头　　　　　表3-12

C-4	太湖源镇杨桥头	
基本情况 和形态 特点	杨桥头位于杭州市临安区东北部的太湖源镇，两面环山，为盆地型村镇。其主要产业为贸易物流及商品加工。有明显的工业集聚区，与居民区相隔	

村镇社区卫星图（2013年）	村镇社区现状卫星图	社区元胞产住功能
		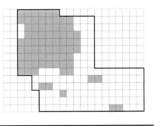

（来源：以上表格均由作者整理）

产住混合度：描述产业与居住混合使用的复杂程度，反映单元空间内部土地利用的多样性以及功能地块的格局特征[①]。

$$MXI = \frac{1}{S_i} \times \frac{2S_I S_L}{S_I^2 + S_L^2}$$ （3-1）

式中　MXI——产住混合度；

S_I——产业面积；

S_L——居住面积，MXI越大则说明社区元胞组团越混合，若居住面积或产业面积为0，则MXI为0；

S_i——单位面积，即为S_I产业面积与S_L居住面积的总和。

单位用地碳排放量：指在一定范围内，单位面积内碳排放值，反映单位面积内的碳排放水平。

$$P_i = \frac{P_t}{S_i}$$ （3-2）

式中　P_i——单位用地碳排放量；

P_t——单位面积总碳排放量。

基于样本实例的部分统计数据可知（图3-2），各类型社区中均有不同产住混合类型组团，故取产住混合度为划分产住混合阶段的标准，将统计数据中各组团单位面积碳排放在各产住阶段的分布情况进行罗列。

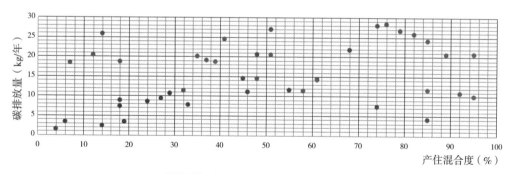

图3-2　部分发达村镇社区样本年单位用地碳排放量（来源：作者自绘）

---

① 许凯，杨寒. 小微制造业村镇"产、村融合"空间模式研究——基于STING法的实证分析 [J]. 城市规划，2016，40（7）：57-64，73.

　　社区组团内的产住混合度，结合实例可分为邻里渗透式（第一阶段）、块域分化式（第二阶段）及簇群集聚式（第三阶段）（表3-13～表3-15）。

旅居型社区不同产住混合阶段下单位面积碳排放量分级统计表　　表3-13

碳排放分级 产住混合阶段	低碳排放 （0～10kg/a）	中碳排放 （10～20kg/a）	高碳排放 （20～30kg/a）
邻里渗透（30%≥MXI）	65.25%	14.21%	20.54%
块域分化（75%≥MXI>30%）	31.27%	54.56%	14.17%
簇群集聚（MXI>75%）	23.21%	68.12%	8.67%

（来源：作者整理）

工业型社区不同产住混合阶段下单位面积碳排放量分级统计表　　表3-14

碳排放分级 产住混合阶段	低碳排放 （0～10kg/a）	中碳排放 （10～20kg/a）	高碳排放 （20～30kg/a）
邻里渗透（30%≥MXI）	34.71%	14.75%	50.54%
块域分化（75%≥MXI>30%）	20.88%	34.95%	44.17%
簇群集聚（MXI>75%）	10.86%	52.82%	36.32%

（来源：作者整理）

贸易型社区不同产住混合阶段下单位面积碳排放量分级统计表　　表3-15

碳排放分级 产住混合阶段	低碳排放 （0～10kg/a）	中碳排放 （10～20kg/a）	高碳排放 （20～30kg/a）
邻里渗透（30%≥MXI）	43.04%	16.21%	40.75%
块域分化（75%≥MXI>30%）	22.29%	53.54%	24.17%
簇群集聚（MXI>75%）	16.85%	70.63%	12.52%

（来源：作者整理）

1. 初始：邻里渗透式

　　产住混合率较低阶段的社区元胞组团，碳排放值呈现较为明显的两极分化态势，社区组团内多由纯居住或纯产业元胞组成。此阶段组团中约65%的低碳排放组团多分布在旅居型社区中，组团内居住元胞多为纯居住组团，因碳排放量多源于居住用能，故碳排放值相对较少；在占比约20%的高碳排放组团中，多为市场贸易型社区，是以产业元胞为主的社区组团，因产业用能碳排放较高，故总碳排放量亦较高。综上，此类型社区组团多出现于两类社区中，其一为产业发展初级阶段旅居型村镇社区，社区内部高碳区域多以"点"的形式随机嵌入，原本碳排放较低的"住—住"的社区组团中逐渐出现"产—住"组团的高碳排放特征，产住二元对立的边界开始被打破；其二为产业发展已成规模的工业园区，多为商品贸易型社区，组团内基本均为高碳点。

2. 扩展：块域分化式

产住混合度处于中间值的社区组团多为具有良好产业基础，其碳排放呈现U形分布，即当产业占比增大时，碳排放呈持续高涨的状态；居住占比增加时，碳排放呈下降状态。此社区组团的碳排放量多位于中碳排放级别，占比约64%，社区组团多为商品贸易型社区及工业加工型社区。商品贸易型社区中当产业占比较高时，组团内高碳区域因贸易活动呈块状分化状；产业占比较少时，宅地多承担居住功能仅形成小型贸易点，故碳排放量较低。工业加工型社区此类型较少，多在由政府主导的产业园区内，高碳排放呈块状分布。

3. 完全：簇群集聚式

社区组团产住混合程度较高时，其碳排放呈持续下降趋势。此阶段多达72%的社区组团碳排放量位于高级碳排放区，多由工业加工型社区为主，因工业型社区能耗较大，故碳排放量相对较多，但碳排放量会随着产住混合度增加而减少。工业加工型社区在产住混合度较高阶段，其相对高碳组团多位于主街道或市场附近，表现为店宅一体的元胞形式进行集聚，碳排放量较为均衡。碳排放较低的组团，多为贸易型社区，产住混合度较高，用能较少，与第二阶段相比碳排放量较小。

3.2 村镇社区碳图谱的时空分布

3.2.1 村镇社区碳空间分布图谱

发达村镇社区的产业受粗放型经济发展的影响，多为自下而上集聚化发展模式，在高碳点的空间分布上反映较为明显。高碳点呈现出破碎状、线状、行列状的空间形态，故形态特征可归纳为：散点式破碎形态、环状式梯度形态、均质网格式紧凑形态（图3-3）。

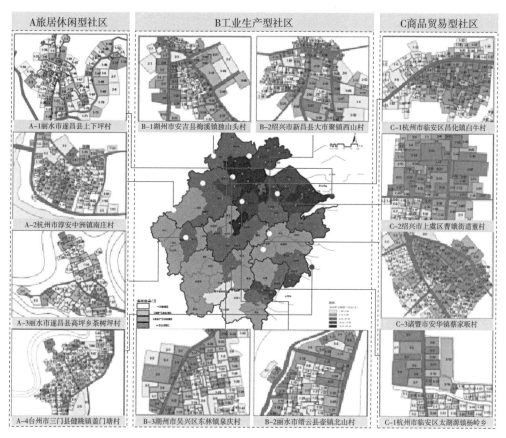

图3-3 浙江省各样本碳排放空间图谱（来源：作者自绘）

1. 散点式破碎形态

此类形态多为旅居休闲型村镇社区，即多为当地农家乐。该产业以当地居民自建、自营为主，以小、微独立形态分散布置，依托交通与自然生态资源发展经济。由于资源分布不均衡导致经济差异化发展，高碳点多聚集于道路与环境优良处，碳排放主要源于居住及交通。以A-2南庄村（共计107个社区元胞）为例，该区块内的民宿或其他相关产业元胞（18个）占社区元胞总量的16.8%；其中，每月碳排放量处于三、四层级的元胞共14个，占元胞总量的77.8%。从区域分布情况看，该类元胞多位于自然资源丰富处，少部分沿路网分布；从产业方面看，元胞多依附特色资源和交通道路灵活布置。

2. 环状式梯度形态

此类型多为工业生产型村镇社区，即以生产加工为核心的第二产业，依托交通优势，大力发展商业、服务、加工业等产业。碳排放主要源于产业、居住及交通用能；高碳点多聚集于道路两侧呈环状。以B-4北山村（共98个社区元胞）为例（见表3-8），高碳点呈梯度均质但圈层化较为明显，该区块内生产加工等相关产业元胞（45个）占社区元胞总量的45.9%；其中，每月碳排放量处于三、四层级的共36个，占元胞总量的80%。在产业层面，既需要考虑到交通便利为主要择址要求，又需要增加经营界面以便经济发展，故大多在建筑一、二层且分布于马路两侧，在空间上形成以交通为脉络的产业簇群围合聚居形态。

3. 均质网格式紧凑形态

均质网格式紧凑形态多为商品贸易型村镇社区，是以交通运输业等第三产业为核心的发达村镇社区。碳排放主要源于交通用能及产业用能，高碳点多集中分布成组团式与其他组团并置。以C-2董村（共99个社区元胞）为例，高碳点呈均质网格型且紧凑分布，该区块物流等相关产业元胞（61个）占社区元胞总量的61.6%；其中每月碳排放量处于三、四层级（44个）占比72.1%，多集聚成组团与其余组团平行布置。因产业集聚带动经济发展，产业元胞逐渐增加，居住元胞占比逐渐缩小并多起辅助作用，两者多呈相互独立形态。

3.2.2 村镇社区碳时间分布图谱

为进一步量化比较，根据问卷调查进行数据统计，通过本书2.3.3节的公式计算可得各个社区月均碳排放量。因各社区经济、建设面积及常住人口均不相同，故从使用空间、使用人群及经济收入三方面对村镇碳排放的月均值进行平衡，数据具有可比性。选用E_i（i为月份）为村镇社区单月总碳排放量，S为社区内总使用面积（m^2），P为社区总人口数量（人），G为该社区的生产总值（万元），得到各个社区的月均综合碳排放量C_i（tCO_2）。为平衡使用空间、使用人群及经济收入的相互关系，采用无量纲法进行处理，可计算得到系数K值。

$$K = \sqrt[3]{S \times P \times G} \tag{3-3}$$

$$C_i = \frac{E_i(i=1)}{K} \tag{3-4}$$

本书采用对样本案例的随机抽样、问卷调查及实地访谈的方法，通过量化的方式得

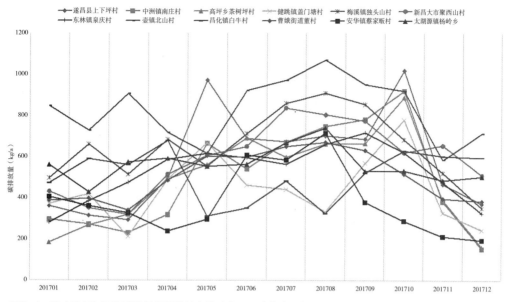

图3-4　样本案例年周期碳排放量季节性变化（来源：作者自绘）

到以下12个样本社区在2017—2018年中12个月份的用能情况，结合公式3-1进行碳排放
计算得到每个月的碳排放数据分布情况，进一步对各社区碳排放量季节性变化进行分
析，具体如图3-4所示。

　　由图3-4可知，不同类型的村镇社区业态内容与性质，不仅决定了能源消耗和碳排
放量的周期性变化差异，亦决定了这种变化周期时间的长短。

　　（1）旅居休闲型村镇社区碳排放量整体偏高，且起伏较大。由于旅居型社区主要
经济来源于旅游，故其碳排放来源多为游客旅游时产生的交通、用电、炊事等。但由
于旅游业受淡旺季影响较大，故其碳排放波动较为显著。由于旅游旺季多为5月至10月
及元旦、春节假期，以南庄村为例，其碳排放峰值期为6月至8月，远高于商品贸易型社
区。其中夏季碳排放约为冬季的2倍，此现象是受到夏季出行人数较多的影响，各民宿
及当地居民家家户户均使用空调的原因导致碳排放到达较高的峰值。而冬季则因旅游淡
季游客量较少，但元旦、春节期间游客来时均使用空调采暖，故冬季1月至2月略高于春
秋季。

　　（2）工业生产型村镇社区碳排放量为三类中最高，且整体碳排放波动基本平稳。主
要碳排放来源于产业用电、燃料及生活用能，故整体碳排放量根据产业性质进行波动。
以B-1独山头村为例，此村镇社区以竹制品加工业为主，全年进行竹制品加工，主要碳
排放量浮动取决于订单数量，但整体碳排放波动较为平缓，相比较而言春夏季因生产旺

季碳排放量为最高峰，秋冬季则因淡季相对较低。此外，生产加工业也因产业不同，整体碳排放量相差较大。如B-1独山头村的竹加工碳排放量为B-2西山村茶叶加工的1.2倍，工业型仍整体高于其他两类产业类型村镇社区。

（3）商品贸易型村镇社区碳排放量整体较低，且相较最为稳定。该类村镇社区的碳源构成主要为居住用能和贸易、服务业为主。传统市场型的碳排放具有很明显的规律性，通常高碳排放集中在集市期，而非集市期的碳排放基本只是居民用能。但是，也存在着大型的贸易展销会等活动，其间短期内社区的碳排放会急剧提高，波动幅度达到70%~100%。其中，电子商务社区（淘宝村）碳排放的稳定性较高，基本不受季节影响，波动区间仅在平均值的30%左右，而且用能也只是电能和交通用能，因此总量也不高。

3.3　村镇社区碳形态的谱系组成

谱系在人居范畴内，是指具有相互迭代、延伸、传承的特征，并有一定组织关系的具象表达。它是关注事物发展"源"与"流"的途径，通过对此事物"源"的产生及"流"的变化进行研究，并根据此建立事物发展的完整体系。因此，事物完整体系构建需要依托时空逻辑，以便有法可宗；而时空属性也彰显事物体系的基本特征，以便有迹可循[①]。

3.3.1　村镇社区碳谱系差异化分型

谱系是指在某一时间点，某个事物的各个要素相互组织所呈现的空间状态；图谱是彰显研究对象在空间上的布局特征，故谱系可基于图谱量化分析，进行构建。结合上文对碳图谱空间形态、组团范式的解析，针对多样化发达村镇社区的高碳问题，拟采用"产业类型—图谱形态—产住范式"三个层级进行分级解析，进而建构发达村镇社区的碳谱系，对高碳点采用针对性的解决方法（图3-5）。

因谱系的建构是需要以大量的实证勘测为基础，故通过本书3.1节中多个样本案例的碳图谱进行分析归纳，通过量化的方式论证不同层级的特征。根据上文对发达村镇社区以产业类型分类，划分为旅居休闲型、工业加工型和商品贸易型三种发达村镇社区类

---

① 徐佳. 东亚共同体建设的逻辑谱系［D］. 长春：吉林大学，2010.

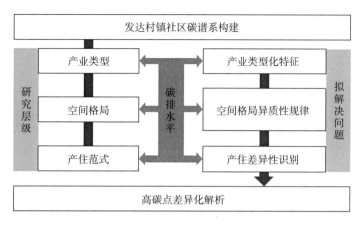

图3-5　发达村镇社区碳谱系层级（来源：作者自绘）

型；典型案例的碳图谱空间形态划分为散点状破碎形态、环状式梯度形态、均质网格式紧凑形态三种类型；社区组团范式划分为渗透式、分化式、集聚式。

3.3.2　村镇社区碳谱系类型化整合

在发达村镇社区运行过程中，碳元素作为重要载体进行流通与循环。故通过对碳元素的谱系构建，试图囊括发达村镇社区的类型并对碳排放量进行归纳总结，对当下复杂纷繁的社区碳排放做一个较为有秩序的分析和谱系划定，为后续解决高碳问题提供理论支撑。

本书通过对碳谱系的整合，用于判别碳元素在传递过程中是否出现异变，以及后续"容器"发展是否可持续，即新型村镇社区类型出现及落后村镇社区的消亡；量化不同类型下高碳点的组成要素及碳排放量情况，以便制定类型化导控策略。通过前文对样本案例的分析，此次研究设定发达村镇社区碳排放量月均值为600tCO_2。

1. "产业类型—图谱形态"碳谱系建构

不同产业类型下发达村镇社区的高碳点图谱形态均包含散点式、环状式、网格式布局，但所占比例不尽相同。因碳排放均值保持不变，故旅居型、加工型及商贸型的综合月均碳排放量，与各自社区数量占总比例的系数相乘，最终得到的总量为总碳排放量。即设定弧形角度为各类空间格局占比，半径为月均碳排放量，可得到不同类型的发达村镇社区碳空间格局的谱系图（表3-16）。

浙江省发达村镇样本社区"产业类型-图谱形态"碳谱系图　　表3-16

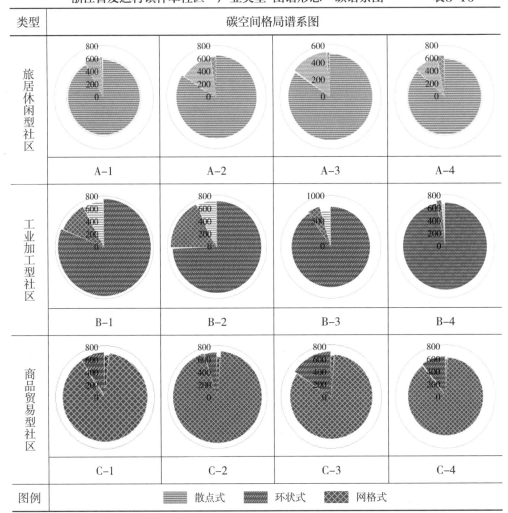

类型	碳空间格局谱系图			
旅居休闲型社区	A-1	A-2	A-3	A-4
工业加工型社区	B-1	B-2	B-3	B-4
商品贸易型社区	C-1	C-2	C-3	C-4
图例	散点式　　　环状式　　　网格式			

（来源：作者整理）

由表3-16分析可知，旅居型社区多以散点式形态为主，碳排放量多低于环状及网格状形态，约占网格形态碳排放量95%；工业加工型社区以环状梯度形态为主，碳排放量多为最高值，为散点式的1.2倍左右；商品贸易型社区以匀质网格式形态为主，碳排放量多低于环状式高于散点式。

2．"图谱形态—产住范式"碳谱系建构

发达村镇社区的碳空间格局是由多个社区组团构成，社区组团根据本书3.1.2节划分为三个阶段，通过三个阶段社区组团不同占比可组合成不同的碳空间格局。以圆弧角度为社区组团各范式占比，半径为月均碳排放量，可计算得到发达村镇社区中各类社区元胞组团占比及其碳排放情况（表3-17）。

浙江省发达村镇样本社区组团碳谱系图 表3-17

类型	社区组团碳谱系图			
散点破碎形态	旅居型Ⅰ-1	旅居型Ⅰ-2	旅居型Ⅰ-3	旅居型Ⅰ-4
	旅居型Ⅰ-5	旅居型Ⅰ-6	工业型Ⅱ-1	商贸型Ⅲ-1
环状式梯度形态	工业型Ⅱ-2	工业型Ⅱ-3	工业型Ⅱ-4	工业型Ⅱ-5
	工业型Ⅱ-6	工业型Ⅱ-7	旅居型Ⅰ-7	商贸型Ⅲ-2

续表

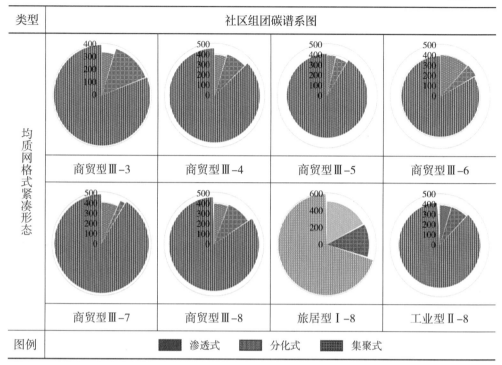

类型	社区组团碳谱系图			
均质网格式紧凑形态	商贸型Ⅲ-3	商贸型Ⅲ-4	商贸型Ⅲ-5	商贸型Ⅲ-6
	商贸型Ⅲ-7	商贸型Ⅲ-8	旅居型Ⅰ-8	工业型Ⅱ-8
图例	渗透式　　分化式　　集聚式			

（来源：作者整理）

散点破碎形态的图谱中，以第一阶段渗透式社区组团为主，占比约为70%～80%，碳排放均量较低，而二、三阶段社区组团占比较少，碳排放均量略高于渗透式组团；环状式梯度形态中，集聚式社区组团占比约为80%，部分图谱可达95%，碳排放量多低于分化式社区组团；均质网格式紧凑形态中80%为分化式社区组团，碳排放均量约为其余两类的1.1～1.3倍。

3. 发达村镇社区碳谱系图整合

上文分别对碳空间格局及社区元胞谱系图进行分类及分级，因上述两个谱系为不同层级，且不同产业类型下碳空间格局谱系的下一层级为社区元胞谱系，故将两谱系进行耦合，形成以典型案例为基础的发达村镇社区碳谱系图（图3-6）。其中，以圆弧角度为社区内各层级中不同类型的占比，半径为月均碳排放量。

研究发现不同产业类型下的发达村镇社区高碳点特征明显。旅居休闲型社区中高碳点多以散点式形态分布在交通便利、景观优异处，渗透式社区组团约占80%；工业生产型社区高碳点呈现出环状式形态，体现了加工型企业与主要道路之间的关系，其中集聚

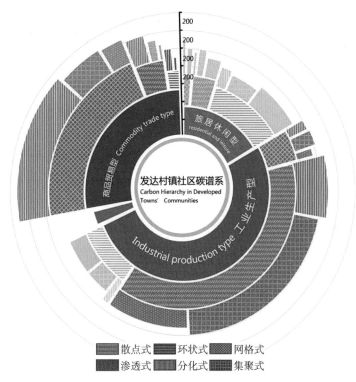

图3-6　发达村镇社区样本案例碳谱系图（来源：作者自绘）

式组团占比最大，约75%～85%；商品贸易型社区中高碳点以网格梯度式形式分布，产业集聚度较高，多形成工业园区或集中企业区，以分化式社区组团为主要构成组团。

　　概括来说，高碳点的产生主要来自两方面的驱动：

　　（1）发达村镇主导产业对空间结构、村镇社区发展的适应性特征，应从空间布局入手进行导控，如旅居型社区产业元胞减少散点式布局，应形成产住簇群组团为宜，增加土地使用效率；工业型社区划定增长边界控制用地无序拓展，减少土地资源浪费，增加土地集约化使用；市场型社区应增加非产业元胞，增加空间混合度，减少交通碳排放。

　　（2）不同产业类型的各社区组团分布有不同的驱动力。如旅居型社区中交通设施、自然资源对渗透式、集聚式社区组团具有一定的吸引力；工业型社区中交通设施、土地集约型对集聚式、分化式社区组团有吸引力；市场型社区中公共服务设施对集聚式、分化式社区组团有吸引力。

　　由于发达村镇社区数量多且范围极广，随时会有新型村镇社区产生和原有村镇社区消亡，同时现有发达村镇社区亦存在多种分类方法，但由于笔者精力有限，仅通过典型案例进行分析分类，因此本社区谱系只代表笔者个人见解。

第 4 章

村镇低碳社区评价
因子与体系建构

村镇的低碳化应该有村镇的特色，对于正在兴起的美丽城镇建设和村镇的城市化需要符合村镇特点的评价体系加以引导。然而，村镇的低碳综合评价的实践与研究尚为空白，因此需要借鉴国内外相关评价体系中的体系结构、评价方法、准则设定，并在分析村镇特点的基础上，将其转译到村镇。本章将在村镇的特点分析、碳系统解析，以及低碳空间设计策略提出的基础上，分析并比较相关街区环境评价体系，在识别低碳导控路径的基础上，结合中国乡村的管理及运营机制，建立以空间策略的定性引导为主、定量控制为辅的村镇低碳社区评价体系。

4.1 村镇低碳社区评价体系框架

4.1.1 相关研究基础

1. LEED-ND 和 CASBEE 街区

LEED-ND和CASBEE街区是目前应用最为广泛的两个社区环境评价体系。其评价体系的结构、因子构成、评价方法将对基于低碳控制单元的低碳村镇评价体系有一定借鉴。

1）LEED-ND

LEED-ND（社区规划与发展评估）是由美国建筑研究所于2007年公布的社区环境评价体系，是引导社区可持续发展的工具。和LEED一样，各项评价因子没有权重系数，而是被赋予一定的分值。评价因子之间的重要性由其分值决定，评价对象环境性的评判由最后的得分决定。

评价因子采用树状分支的多层次结构形式。评价因子一共分成五大项：智慧生长和连接（Smart Growth and Linkages）、社区模式和设计（Neighborhood Pattern and Design）、绿色基础设施与建筑（Green Infrastructure and Buildings）、创新和设计过程（Innovation and Design Process）、地域性（Regional Priority Credit）。这五项是评价体系的一级指标，这些一级指标又被分成若干个独立指标（图4-1）。

2）CASBEE-街区

CASBEE-UD是由日本绿色建筑委员会和日本可持续建筑协会共同研究开发，并于

2006年发行的社区评价体系。作为CASBEE家族评价软件体系之一，它沿用了以环境效率作为评价标准的独特的评价方法。以假想界面划分社区的内部和外部，以社区内部的环境质量（Q）和对社区外部的环境负荷（L）的比值，即环境效率来评价其环境性能（图4-2）。

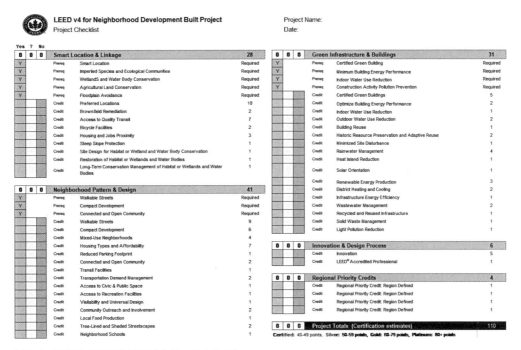

图4-1　LEED-ND评价因子（来源：作者整理）

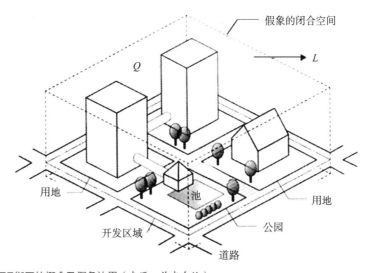

图4-2　CASBEE街区的概念及假象边界（来源：作者自绘）

评价因子采用树状分支的多层次结构形式。环境质量和环境负荷作为第一级因子。环境质量又可以分成自然、社会和经济三个二级指标。环境负荷完全由CO_2的人均排放量来衡量，包括交通系统、建筑系统的人均CO_2排放量以及绿地系统的人均碳吸收量。二级指标是评价体系的准则层，它又由低一级的具体评价标准构成（表4-1）。每个评级标准分为五个等级，以日本现有的平均标准作为第三级，各项环境性能以高于或低于平均水平的程度来判定。CASBEE-UD采用了嵌套式权重系数，下一级的权重系数的总和等于上一级的权重系数，直至算出环境质量（Q）和环境负荷（L）。

CASBEE-街区的评价因子 表4-1

	一级评价因子	二级评价因子	三级评价因子
环境质量Q	环境	资源	水资源、资源循环
		自然（绿、生态的多样性）	地面绿化、建筑物的绿化
		生物的多样性	生物保护、再生与创造
	社会	公正、公平	遵守法律、地区管理
		安全安心	防灾、交通安全、防盗
		舒适	便利性、文化
	经济	交通、城市构造	交通、城市构造
		发展性	人口、经济发展性
		高效、合理	信息系统、能源系统
环境负荷L	交通的CO_2排放量		
	建筑的CO_2排放量		
	绿地系统的CO_2吸收量		

（来源：作者整理）

2. 比较分析

LEED-ND和CASBEE-街区这两个软件普遍应用于世界各国各个地区的可持续项目开发评价中，积累了丰富的理论和实践经验。两者在评价方法、因子构成和评价准则上的共同点反映了低碳空间设计中不可缺少的要素。两者的结构构成、评价因子权重以及评价方法略有不同，其优点以及不足，可以为低碳村镇评价体系的建立提供借鉴。

1）评价体系的核心内容

社区可持续发展体系的内容构成可以说明低碳的总体目标和发展方向。从两者的内容构成上看，社区的可持续发展除了对环境的关注以外，还包括了经济和社会的可持续发展，是一个衡量社区整体生活质量和环境可持性的工具。

从评价体系的结构上，两者都采用树状分支的多层次结构形式。第一级因子是主题层，是社区发展中的主要着眼点。第二级是控制要素，是实现主题的具体手段。最后是准则层，针对各个控制要素给出相应的评判标准。树状分支的多层次结构形式也是评价体系的普遍结构。

2）评价因子的构成

包括LEED-ND和CASBEE-UD在内，社区的评价软件体系涵盖的内容主要有以下几个主题：资源与环境、交通、社会、经济、选址、形态与设计、创新性。图4-3列出了这些主题以及其准则。两个评价体系的对比分析显示，绿地系统的保留、城市生态的保留、紧凑发展、建筑选址，以及资源与环境方面都具有相同性。

LEED-ND注重选址，而CASBEE-UD更注重空间形态的设计。CASBEE-UD的评价体系中忽略了对创新性以及经济性的关注，这成为其在推广过程中的一大阻碍。另外LEED-ND和CASBEE-UD都缺乏对于政策的评价，即忽略了政府在项目实施中的作用和反作用。

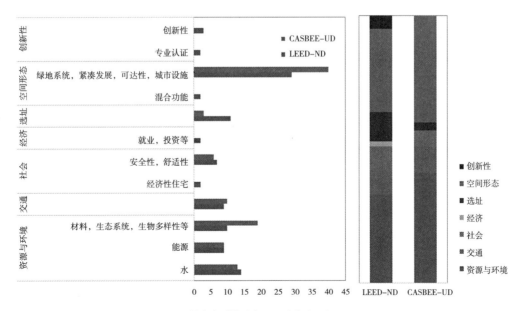

图4-3　LEED-ND和CASBEE-UD的内容对比（来源：作者自绘）

指标的性质：评价体系的指标分为强制性指标和可选性指标。其中强制性指标是为了满足可持续发展的最低要求。LEED-ND在每一项主体中都设有强制性指标，而在CASBEE只有可选性指标。

地域性：LEED-UD以及大部分其他的社区评价体系虽然是建立在各国的国情基础上，但是却忽略了各个城市和地区之间的差别。CASBEE-UD分别考虑了大城市、小城市以及村镇。

3）评分标准

LEED-ND的打分是根据准则进行定量的评价。CASBEE-UD采用的是五级评分，以现有的平均水平作为第三级，即中间等级，通过与其比较，来决定最后的等级，是一个定性与定量结合的评分体系。

尽管LEED-ND和CASBEE-UD已经被广泛应用，但是两者都缺乏对于政府政策，以及政府运营方面的评价。除了技术要求外，村镇的低碳应该更有生活性，因此空间设计策略在强调低碳的同时，亦应该关注对生活质量的改善。村镇的城市化过程是一个多主体参与，自下而上与自上而下双向作用的过程。因此一部分低碳空间策略的落实及可持续的运营亦需要政策的引导和合理的运营体制。虽然这部分要素不属于空间设计的范畴，但是却能够左右其效应的发挥。

4.1.2 评价体系特点

村镇社区的地理环境，社会生产生活和建造技术等都具有其自身的特色，上述两个社区评价体系并不适用于浙江地区的村镇社区，不能指导该地区村镇的低碳建设，盲目套用，村镇将失去其自身特色。

村镇的低碳建设应当在总结和分析上述评价体系的基础上，建立符合自己特色的评价体系，以指导村镇的可持续建设。

村镇低碳社区评价体系应该具有以下特点：

（1）可持续性：从可持续发展的基本概念出发，村镇空间低碳评价体系的核心应该有环境性，经济性，社会性和政策性。在关注村镇环境的同时，实现经济、产业、社会生活的和谐发展，并将低碳政策化，贯穿到村镇建设以及机制的运营中。

（2）地域性：村镇的地理多样，人口和建筑规模的大小不一，因此评价体系在评价的过程中应充分考虑村镇的行政位置（中心村和自然村）、地理特性（平原水乡和山地丘陵）、建设方式（有机更新或择址新建）和形态特点（带状、团状、带有带状倾向的团状），并在评价体系中进行区分。

（3）模糊性：村镇并没有像城市那样面临严重的环境污染和资源短缺等问题，因此低碳建设的目的在于适应性引导而不是治理控制。相比城市定量化指标，村镇低碳体系更需要定性的控制，以避免在发展中的高碳倾向。另外，浙江地区的村镇，乃至中国的村镇尚未有低碳实践的先例，因此在评价体系提出的初期不宜给出量化指标，应当以村镇的普遍状态作为平均值，进行模糊的定性的量化和引导。

（4）易操作性：本书中建构的村镇社区低碳评价体系的目的是辅助和引导村镇的建设，并不是第三方评价体系。评价体系的使用对象主要是村政府、设计单位以及村镇居民，而不是专业的评价人员。因此，应该遵循简单、易懂、易操作的原则。

（5）层次性：树状分支的多层次结构形式是一种被广泛运用、结构清晰、简单易懂的评价指标模式。低碳评价体系应当建构以碳循环系统的构成要素为核心出发点，以低碳空间控制手法作为调控要素，并最终落实到控制指标。

（6）时效性：评价体系要能够反映村镇低碳建设前、建设中以及有机更新各个阶段的状态，在策划、规划、建设以及完成后都能够判断其低碳性能。

（7）动态性：评价体系是一个动态发展的系统，以评价、反馈、调整的机制对现有的评价体系进行完善。在实践积累的过程中，逐渐完善并调整，从定性的评价逐渐过渡到量化的评价。

4.1.3　框架构成

环境评价体系具有层次性的特点，因此树状分支的多层次结构形式也是大部分评价体系所采用的结构，自上至下可以分为：主题、控制要素和准则。层次分析法（Analytic Hierarchy Process，AHP）是美国运筹学家于20世纪70年代初提出的一种层次权重决策分析的方法，它将与最终决策相关联的因素分成目标、准则和方案等层次，是对定性问题进行定量分析的一种简单且灵活的方式[①]，被广泛应用于评价体系的建立以及权重系数的确定。

---

① 秦吉，张翼鹏. 现代统计信息分析技术在安全工程方面的应用——层次分析法原理［J］. 工业安全与防尘，1999（5）：44-48.

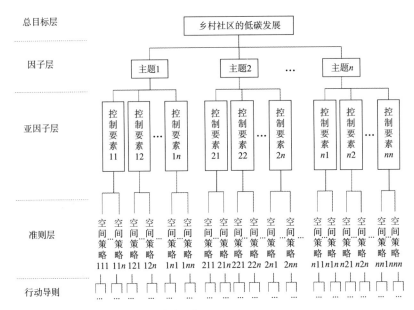

图4-4　评价体系层次结构模型（来源：作者自绘）

村镇低碳评价体系采用的是多层次结构体系。其最终的目标是村镇低碳社区空间的规划与设计，体系从上到下依次是总体目标、因子层和准则层。其中，因子层又分为因子以及亚因子（也可称为一级因子和二级因子），通过各个准则和行动导则实现控制。其结构形式如图4-4所示。

4.1.4　低碳导控路径体系

因子层，即评价体系的第一层次因子是实现低碳的主要途径。从碳循环体系的构成要素出发，直接促进村镇社区低碳的途径有三种，即节流、开源和增汇。另外，政策的支持和运营是低碳实现的重要保证。尤其是在村镇，社区建设的主体是村民，但是村民对于低碳还缺乏基本的认识，低碳的重要性还未深入人心。因此政府参与，例如政府制定政策进行引导，组织培训，也是落实和实施低碳空间策略的主要途径之一。因此它与节流、开源和增汇共同构成了村镇低碳社区评价体系的因子层。

在因子层之下的是亚因子，即第二级因子，它是实现节流、开源和增汇的具体控制要素。每一个亚因子都有其实现的途径，即空间策略。在每一项空间策略下，有具体的行动导则，使评价体系最终落地到村镇的低碳营建中。总目标层至行动导则层见表4-2。

评价体系的总目标 表4-2

总目标层	路径	亚因子	行动导则
村镇社区低碳化	节流	社区结构和土地利用	以公共交通为导向的空间结构
			低碳土地利用模式
		建筑	对建筑负荷的控制
			利用热性能的空间构成
			高效设备的导入
		交通体系	步行系统的可达性便利性
			完善公共交通系统
			推行低碳交通工具
	开源	区域能源系统及适宜技术	以邻里单元为基础的村镇区域能源系统的模式导入
		可再生能源与未利用能源	太阳能的利用
			生物质能的利用
			雨水的利用
	增汇	村镇生态系统的保留	建筑用地
			公共空间
		建筑空间与邻里单元中的绿地	屋顶绿化及垂直绿化
			植被的利用
		社区中的绿地系统	多样性
			结构的合理性
	政府参与（B4）	相关的低碳政策	
		低碳教育及运营	

（来源：作者整理）

4.2 村镇低碳社区评价目标设定

4.2.1 村镇低碳社区评价体系设计原则

1. 定性与定量相结合

塔沙克里（Abbas Tashakkovi）等人在其著作《混合方法论》中将定性与定量融合研究定义为"万卷方法"，应用于社会科学各领域。在指标体系的评价过程中，对社区低碳发展各具体指标层面进行量化计算测评与定性描述判别，使得评价具有客观性与说服力，更有利于后续规划管控和治理。

2．静态与动态相结合

村镇社区低碳发展各系统之间既紧密合作，又各司其职。低碳发展评价路径也不是一成不变的，而是一个动态平衡的过程。为更好地体现社区低碳的发展过程，揭示深层次发展规律，社区应进行全方位监测和管理，除了能表征某一时段的低碳实际发展情况外，还能成为时空演化下的低碳发展特征概述。

3．普适与特色相结合

在2018年中央一号文件《中共中央国务院关于实施乡村振兴战略的意见》中明确指出"突出各村镇发展特色，错位发展，差异竞争，彰显优势"，村镇工作需因地制宜，万不可"一刀切"。因此，为了低碳考评绩效更具可比性，应在考虑村镇社区发展定位差异的基础上，针对社区低碳发展的众多导控因子，构建普适性与特色性并重的评价体系。

4．科学与实用相结合

发达村镇低碳社区评价应充分反映并体现主客观因素对低碳发展的合理约束和限定，以科学、系统的探索观理解和把握低碳的实质内涵（低碳社会、低碳经济、低碳生产、低碳消费、低碳生活等）。同时，筛选适应性评价体系，选取可为内在组织协调性和整体运作高效化的体系路径，以物质空间发展的客观数据为基准，确保赋权合理性，以便真实且准确地反映低碳评价结果。

4.2.2　村镇低碳社区分类评价方法选取

1．村镇社区分类

与城市相比，发达村镇社区类型要复杂得多，其行政类型、形状特点、村镇社区规模、地形地貌、功能用途以及基础设施完善度等均不相同，若采取"一刀切"的方式进行村镇低碳社区营建，会产生土地、建设资源浪费的情况，也会破坏原有的社区特色。故现阶段在发达村镇低碳社区营建中，根据前文以产业类型分类的方式，对不同类型的村镇社区进行分类评价，以便后续采取差异化的营建模式。

不同产业类别的村镇社区，其整体评价体系均相同，仅在部分指标细则上根据村镇社区类型，设置不同的评判内容，如产业集聚度、土地混合度、再生能源使用量等指标。建立和使用评价体系前应先通过调研等方式对发达村镇社区进行类型划分，针对不同特点的村镇社区，评价体系的评价因子是相同的，但是针对相同的评价因子给出了部分不同的行动导则。因此，在应用评价体系之前应当首先判断社区的类型。村镇低碳社区评价体系中，首先按照行政级别将村分成中心村及行政村，又在下拉菜单中按照地理单元的特性分成平原水乡和山地丘陵两大类型。在评价准则的设计时，主要根据行政级别进行分类，分别设计了不同的评价准则和空间设计策略，在后续评价细则中，根据产业类型建立不同的评价准则及营建标准。

2. 评价方法选取

发达村镇社区是由多系统综合组成的复杂系统，各个系统会相互作用，使得低碳社区评价出现不确定性、模糊性等特点，但层次分析法可对复杂系统进行分层分级，以便对定性或定量指标均采用量化方法进行分析。因此，本书采用层次分析法对发达村镇低碳社区进行评价。

除了减碳效果，村镇低碳评价体系还要能体现项目的整体可持续性，因此其评价包括定量的评价和定性的评价。

减碳效果的定量评价用年CO_2减排量来表示，计量的对象包括建筑、交通的碳排放减少量以及绿地系统的碳汇增加量。定性的评价是衡量行动导则和图则中的各项空间设计策略在设计中的落实度。评价体系将评价分为五个等级，用星级来表示（☆，☆☆……☆☆☆☆☆）。其中第三等级是低碳策略的基本要求，其他通过与其对比来评定等级。在村镇社区低碳评价体系提出和应用的初期，虽然有一些评价因子中根据其他评价体系的经验设立了量化的评价标准，但是为了避免过度拘泥于量化，这些评定的标准仍然以定性的描述和图则为主。在其评价体系应用和实践的过程中，可以通过实践经验的积累，逐渐过渡到量化指标。在部分选项中，有时也采用三个等级的评价，即☆，☆☆☆，☆☆☆☆☆。另外并不是所有的因子都适用于每一个村落，遇到不适宜于该评价对象时，评价者可以根据需要选择"—"来排除该因子对最后结果的影响。

4.3 村镇低碳社区评价体系建构

4.3.1 村镇低碳社区评价因子构成

1. 发达村镇低碳社区碳排放影响要素分析

结合本书第2章发达村镇社区中碳排放的构成要素及我国《低碳社区试点建设指南》（发改办气候〔2015〕362号）中农村社区试点建设指标，以节能减排为目标，提出社会要素、产业要素、资源要素、空间要素等四类要素，并基于此四类要素分别提出分项目标。故本书从政策引导、产业调控、资源利用、空间营造四个方面对村镇社区中影响碳排放的因素进行分析（表4-3）。

发达村镇低碳社区碳排放影响要素　　　　　　　　表4-3

构成要素	影响因素	行动导则	营建结果
政策引导	社区CO_2排放下降率、碳排放奖惩机制、村镇保洁制度、碳排放统计调查、低碳意识普及率、低碳宣传参与度、低碳生活指南等	社区CO_2排放统计、碳排放奖惩机制、低碳意识普及、低碳宣传	居民生活对应CO_2减排量
产业调控	产业集聚度、可再生能源替代率、节能技术使用等	可再生能源系统、节能设施系统	可再生能源及节能设施CO_2减排量
资源利用	功能分区、空间布局、社区道路规划、公共服务设施半径、低碳出行率等	社区空间规划、社区道路规划、公共服务设施规划	低碳交通对应CO_2减排量
空间营造	建筑要素、空间形态、场地选址等	建筑材料、施工工艺、空间形态、围护结构等	建筑能耗对应CO_2减排量

（来源：作者整理）

（1）政策引导方面。因社区是由政府、企业、居民、外来人口等不同社群为导控主体，为减少碳排放量，需根据不同层级进行引导，故通过制度实施、标准制定、组织机构、宣传活动等方面进行减碳。

（2）产业调控方面。不同产业类型的村镇，会产生不同类型的社区高碳点，通过前文对社区组团范式解析及碳图谱空间格局特征的解析，在产业层面，影响碳排放的主要因素为土地利用、能源配置等方面。

（3）资源利用方面。宏观上规划应注重生产、生活的功能分区，要科学地对村镇社区土地进行划分，考虑社区场地选址、规划布局、道路交通及公共服务设施服务半径等规划要素，以此建设符合村镇特点的基础设施，增加资源使用频率；微观上考虑居民出行方式、社区绿化率等内容，增加土地使用效率。

（4）空间营造方面。基于对建筑全生命周期的分析，本书为降低碳排放量，主要通过建筑营造与建筑运营两方面，从材料选取、施工工艺、平面形态、能源使用等影响因素进行控制。

2. 低碳社区评价体系层级

发达村镇低碳社区的营建与评价体系的构建是为保证村镇社区的适宜性发展，其涉及诸多相关的复杂因素，且各因素之间亦有层级与目标关系。为进一步搭建发达村镇低碳社区评价体系，以其碳排放的影响因素为基础，本书根据目标层级进行指标细化与层级分类。

（1）目标层：为发达村镇低碳社区系统的总目标，且为评价体系中最高层级，评判该发达村镇社区是否达到低碳要求。

（2）准则层：根据发达村镇社区碳排放的影响因素将其总目标分为社群引导、产业调控、空间营造及建筑节能等四个子目标要素。

（3）指标层：对各个目标的具体描述指标，表述出各目标的行为方式及影响因素，是发达村镇低碳社区营建实施中的各具体事宜，亦是评价体系中各细项的因素集。

根据上述分级准则，通过专家筛选后，构建发达村镇低碳社区评价指标体系，见表4-4。

发达村镇低碳社区评价指标　　　　　　　　表4-4

目标层A	准则层C	子准则层H	指标层P
发达村镇低碳社区评价体指标	政策引导（C_1）	低碳管理（H_1）	社区CO_2排放下降率（P_1）
			社区保洁制度（P_2）
			碳排放奖惩机制（P_3）
		低碳生活（H_2）	低碳文化普及率（P_4）
			公共参与率（P_5）
			低碳文化宣传频率（P_6）

续表

目标层A	准则层C	子准则层H	指标层P
发达村镇低碳社区评价体指标	政策引导（C_1）	低碳生活（H_2）	绿色出行率（P_7）
			生活垃圾分类率（P_8）
	产业调控（C_2）	产业管理（H_3）	人均GDP增长率（P_9）
			土地整合度（P_{10}）
			在地就业率（P_{11}）
		能源系统（H_4）	再生能源使用率（P_{12}）
			节能达标率（P_{13}）
		交通组织（H_5）	公共交通系统（P_{14}）
			步行系统可达性（P_{15}）
	资源利用（C_3）	生态环境（H_6）	原生场地保留率（P_{16}）
			绿地率（P_{17}）
			乡土植物使用率（P_{18}）
			硬质地面透水铺装率（P_{19}）
		土地利用（H_7）	建筑密度（P_{20}）
			土地紧凑度（P_{21}）
			产业与居住用地比例（P_{22}）
			产业集聚度（P_{23}）
	空间营造（C_4）	布局形态（H_8）	对建筑使用满意度（P_{24}）
			人均使用面积（P_{25}）
		建筑营建（H_9）	绿色建筑比例（P_{26}）
			雨污水集中处理率（P_{27}）

（来源：作者整理）

4.3.2 村镇低碳社区评价权重设定

根据国家的相关规定、政策、行业规范等，进行评价基准值设定需满足以下依据：

（1）若国家或行业内已有明确的关于此指标要求值的政策、标准、规章等文件，则使用国家或行业内标准数值；

（2）若无明确要求，则依据村镇社区自身复杂性原因，仅提供较为泛用的标准。

合理的权重系数需要由来自不同专业、职业背景的众多专家组成的群体共同确立。因此很难在研究的现阶段给出泛用的标准。本研究首先建立框架体系，并为今后权重系数的确立和调整建立了基础。权重系数见表4-5。

发达村镇低碳社区评价指标 表4-5

目标层A	准则层C	权重	子准则层H	指标层P	权重
发达村镇低碳社区评价指标	政策引导（C_1）	0.154	低碳管理（H_1）	社区CO_2排放下降率（P_1）	0.028
				社区保洁制度（P_2）	0.025
				碳排放奖惩机制（P_3）	0.023
			低碳生活（H_2）	低碳文化普及率（P_4）	0.012
				公共参与率（P_5）	0.014
				低碳文化宣传率（P_6）	0.015
				绿色出行率（P_7）	0.018
				生活垃圾分类率（P_8）	0.019
	产业调控（C_2）	0.309	产业管理（H_3）	人均GDP增长率（P_9）	0.053
				土地整合度（P_{10}）	0.052
				在地就业率（P_{11}）	0.049
			能源系统（H_4）	再生能源使用量（P_{12}）	0.043
				节能达标率（P_{13}）	0.040
			交通组织（H_5）	公共交通系统（P_{14}）	0.039
				步行系统可达性（P_{15}）	0.033
	资源利用（C_3）	0.354	生态环境（H_6）	原生场地保留率（P_{16}）	0.035
				绿地率（P_{17}）	0.036
				乡土植物使用率（P_{18}）	0.037
				硬质地面透水铺装率（P_{19}）	0.034
			土地利用（H_7）	建筑密度（P_{20}）	0.050
				土地紧凑度（P_{21}）	0.056
				产业与居住用地比例（P_{22}）	0.051
				产业集聚度（P_{23}）	0.055

目标层A	准则层C	权重	子准则层H	指标层P	权重
发达村镇 低碳社区 评价指标	空间营造（C₄）	0.186	布局形态（H₈）	对建筑使用满意度（P₂₄）	0.054
				人均使用面积（P₂₅）	0.049
			建筑营建（H₉）	绿色建筑比例（P₂₆）	0.048
				雨污水集中处理率（P₂₇）	0.035

（来源：作者整理）

4.3.3 评价体系的权重系数

在确立了评价体系的结构和各个评价因子后，就是要确立每个因子对最终评分的影响度，即确定各个因子的权重系数。

根据评价体系的结构形式，评价体系权重系数的确立方法仍然采用了AHP层次分析法。AHP层次分析法是目前应用十分广泛的用于确定权重系数的方法之一，其主要步骤为：确立递阶层次结构，构造两两比较矩阵，确定各评价因子权重系数。

1. 确立递阶层次结构

村镇低碳社区评价体系的评价因子是以AHP层次分析法的递阶层次结构建构的，38个行动导则为最低一级的评价因子，并归纳成四类：节流（B₁）、开源（B₂）、增汇（B₃）、政策引导（B₄）。

2. 构造两两比较矩阵并计算权衡向量

在本书中提出的评价因子可以分为四级。权重向量的确定中，首先对一级评价因素B₁、B₂、B₃、B₄进行权重分析，再对第二级评价因素C₁、C₂……C₁₀分别进行权重分析。评价时建构两两比较矩阵，按照表4-6进行相对重要程度的判断。

判断矩阵的标度及含义　　　　　　　　　　　表4-6

标度a_{ij}	定义
1	i因素与j因素同等重要
3	i因素比j因素同略重要

续表

标度a_{ij}	定义
5	i因素比j因素明显重要
7	i因素比j因素非常重要
9	i因素比j因素绝对重要

（来源：作者整理）

$$a_{ij}=1/a_{ji} \tag{4-1}$$

经过两两对比，可以得到5个矩阵：$\boldsymbol{A}$、$\boldsymbol{B}_1$、$\boldsymbol{B}_2$、$\boldsymbol{B}_3$、$\boldsymbol{B}_4$。

$$\boldsymbol{A}=\begin{array}{c}\\\boldsymbol{B}_1\\\boldsymbol{B}_2\\\boldsymbol{B}_3\\\boldsymbol{B}_4\end{array}\begin{array}{cccc}\boldsymbol{B}_1&\boldsymbol{B}_2&\boldsymbol{B}_3&\boldsymbol{B}_4\\\begin{pmatrix}1&\cdots&a_{1j}\\\vdots&\ddots&\vdots\\a_{j1}&\cdots&1\end{pmatrix}\end{array} \tag{4-2}$$

$$\boldsymbol{B}_1=\begin{array}{c}\\\boldsymbol{C}_1\\\boldsymbol{C}_2\\\boldsymbol{C}_3\end{array}\begin{array}{ccc}\boldsymbol{C}_1&\boldsymbol{C}_2&\boldsymbol{C}_3\\\begin{pmatrix}1&\cdots&a_{1j}\\\vdots&\ddots&\vdots\\a_{j1}&\cdots&1\end{pmatrix}\end{array} \tag{4-3}$$

……

$$\boldsymbol{B}_4=\begin{array}{c}\\\boldsymbol{C}_9\\\boldsymbol{C}_{10}\end{array}\begin{array}{cc}\boldsymbol{C}_9&\boldsymbol{C}_{10}\\\begin{pmatrix}1&\cdots&a_{1j}\\\vdots&\ddots&\vdots\\a_{j1}&\cdots&1\end{pmatrix}\end{array} \tag{4-4}$$

3．确定各评价因子权重系数[①]

权重向量
$$\omega_i=\frac{\left(\prod_{j=1}^n a_{ij}\right)^{\frac{1}{n}}}{\sum_{k=1}^n\left(\prod_{j=1}^n a_{kj}\right)^{\frac{1}{n}}} \tag{4-5}$$

4．判断矩阵的一致性

村镇社区低碳评价体系将根据AHP层次分析法确定因子及亚因子的权重系数。三级评价因子，即行动导则的重要度默认为相同，将按照平均分配的原则确定权重系数。

---

① 袁泽敏，施维克．浅谈 AHP 层次分析法在城市公共空间综合评价中的运用［J］．价值工程，2016（4）：53-55．

虽然评价因子的构成相同，不同的专家对每个因子的重要度认识不同。对因子重要度的选择将反映专家的专业背景和经验，取决于其个人的主观决定。合理的权重系数需要由来自不同专业、职业背景的众多专家组成的群体共同确立。尽管在评价之前对村镇的类型进行判别，由于村镇社区的类型众多，基本情况不一，因此很难在研究的现阶段给出泛用的标准。本研究首先建立框架体系，并为今后权重系数的确定和调整建立了基础。

4.3.4 村镇低碳社区评价模型推演

1. 层次结构模型搭建

根据本书4.3.1节内的评价指标体系，利用yaahp V6.0软件对其进行结构化的层次分析。在此评价系统中，总目标为发达村镇低碳社区评价，共计10个准则项，备选方案共计27个，具体模型如图4-5所示。

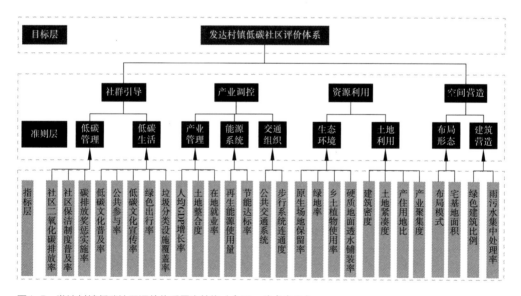

图4-5 发达村镇低碳社区评价体系层次结构（来源：作者自绘）

2. 构造判断矩阵

判断矩阵表明针对上一层次某因素而言，本层次与之有关的各因素之间的相对重要性。为保证数据准确及正确性，采用专家打分法进行矩阵评判，以便比较同一方案层的两个因子的重要性，对其进行指标赋值（表4-7）。

发达村镇低碳社区评价的重要性尺度含义表　　　　　表4-7

尺度	含　义
1	第i个因素与第j个因素的影响相同
3	第i个因素与第j个因素的影响稍强
5	第i个因素与第j个因素的影响强
7	第i个因素与第j个因素的影响比较强
9	第i个因素与第j个因素的影响绝对强
2、4、6、8	表示第i个因素相对于第j个因素的影响介于上述两个相邻等级之间

（来源：作者整理）

3. 一致性检验

将判断矩阵中的最大特征值设为λ_{max}，将判断矩阵中各列向量归一化处理，从而得到同一层次的相应元素对于上一层次的某一因素相对重要性的权重向量$\boldsymbol{W}$[①]，即对判断矩阵计算满足：

$$\lambda_{max} = \frac{1}{n}\sum_{i=1}^{n}\frac{(AW)_i}{W_i} \tag{4-6}$$

式中　$(AW)_i$——$\boldsymbol{AW}$第i个分项量。

其中，随机一致性比值$CR = \dfrac{CI}{RI}$，RI为平均随机一致性指标。

通常来讲，CR值越低则代表判断矩阵的一致性越高，若$CR<0.1$则视为判断矩阵的不一致程度在可接受范围内，若$CR\geqslant0.1$则需要重新调整评价模型或判断矩阵以保证CR值满足一致性检验标准。

4. 指标权重确定

通过以上内容，本书选取5位相关专业的专家或专业人士，向其发放利用前期yaahp V6.0生成的调查问卷，从而得到发达村镇低碳社区的指标体系的重要程度，进而得到相关重要性的排序，以此构成矩阵的对比。将此数据录入yaahp V6.0中进行分析对比，所得矩阵一致性比率均小于0.1，通过一致性比率检测。

———————

① 宋光兴，杨德礼. 模糊判断矩阵的一致性检验及一致性改进方法［J］. 系统工程，2003，21（1）：110-116.

4.4 村镇社区低碳评价体系分解

4.4.1 村镇社区低碳绩效水平分级

结合上述指标权重，采用多层次评价法（AHP）建立发达村镇低碳社区的评价结构模型，并以百分制标准通过多次加权求和的反复推算得到各项得分以便求得最终得分。

基于专家们的意见，将得到的最终得分在整体上划分为两大类即低碳社区与非低碳社区，其中低碳社区根据分值可划分为四个等级，具体分级见表4-8。

低碳社区评价分级得分表　　　　　　　　　　　　　　　表4-8

等级	低碳社区				非低碳社区
	Ⅰ级	Ⅱ级	Ⅲ级	Ⅳ级	
分数	100～90	89～80	79～70	69～60	59～0

（来源：作者整理）

4.4.2 村镇低碳社区分项评价构成

基于上述评价指标，本书将依据《低碳社区试点建设指南》（发改办气候〔2015〕362号）及国外的低碳社区评价标准，结合村镇社区的特殊性对定性或定量的指标制定相应的标准。由于部分指标为定性标准，故此次评价细则以行动准则为基础，通过对指标是否达到标准为判断要求对其进行量化处理。判断要求则主要依附于国内外评价标准或指南，若无，则根据实践标准或调查问卷进行评判。此次评分模型以百分制分类，故各个指标通过评价标准分为六级（0分、20分、40分、60分、80分、100分），以便后续对其进行评分计算。根据各个指标的权重系数与评分求和得到各分项评分，再将其相加与各准则层的权重系数相乘得到最终的评价分数。计算中采用四舍五入的方式，最终分数取整数。

1. 政策引导

1）低碳管理

社区CO_2排放下降率=（去年CO_2排放量-今年CO_2排放量）÷今年CO_2排放量×100%。

根据《低碳社区试点建设指南》（发改办气候〔2015〕362号）内农村社区指标体系，该指标为约束性指标（表4-9）。

社区CO_2排放下降率评分细项　　　　　　　　　　　表4-9

社区CO_2排放下降率D	得分
$8\% \leqslant D$	100
$6\% \leqslant D < 8\%$	80
$4\% \leqslant D < 6\%$	60
$2\% \leqslant D < 4\%$	40
$0 \leqslant D < 2\%$	20
$D < 0$	0

（来源：作者整理）

社区保洁制度，即村镇社区内部设置相关清洁要求，如"门前三包""三绿"等规章制度，督促居民加强公共区域卫生（表4-10）。

社区保洁制度评分细项　　　　　　　　　　　表4-10

社区保洁制度评分细项	得分
村镇社区内形成完善保洁制度，并已经过长时间推广使用	100
村镇社区内形成初步保洁制度，并进行大范围的推广	80
村镇社区形成初步保洁制度，但仅为小范围的试验	60
村镇社区在政府支持下设立社区保洁制度	40
无村镇社区保洁制度但政府有相应政策	20
无村镇社区保洁制度	0

（来源：作者整理）

碳排放奖惩机制，即建立相应低碳实施奖励与惩罚制度。为提高村镇社区居民参与度，可对低能耗住户采用奖励措施，反之高能耗则施以相应的惩罚（表4-11）。

碳排放奖惩机制评分细项	表4-11
碳排放奖惩机制评分细项	得分
村镇社区内形成完善的奖惩机制，并已经过长时间推广使用	100
村镇社区内形成初步的奖惩机制，并进行大范围的推广	80
村镇社区内形成初步的奖惩机制，但仅为小范围的试验	60
村镇社区在政府支持下筹备奖惩机制设立	40
村镇社区无奖惩机制但政府有相应政策	20
村镇社区无奖惩机制	0

（来源：作者整理）

2）低碳生活

低碳文化普及率，即根据调查问卷抽样询问居民低碳环保相关问题，根据低碳意识普及程度进行评判。根据问卷调查后得到的最终结果应为0~100%的百分数，且指标均为正数，评分为普及率与100相乘。如，某社区的低碳意识普及率为88%，则该社区低碳意识普及率得分为88分。

公共参与率，即社区内是否建立各年龄层的志愿者团队，可自觉维护社区的低碳建设并监督居民是否进行低碳活动，从而带动社区的低碳自营造（表4-12）。

公共参与度评分细项	表4-12
公共参与度评分细项	得分
已建立各年龄层的志愿者团队，定期组织低碳相关检查，居民参与度高	100
已建立各年龄层的志愿者团队，居民参与度中等	80
村镇社区居民自发加入志愿者团队并形成一定规模	60
政府部门筹办建立以政府为主导的志愿者团队，督促公众参与	40
仅政府推行低碳社区相关政策	20
政府无政策，且村镇社区无志愿者团队	0

（来源：作者整理）

低碳文化宣传，即各村镇社区应设有低碳宣传设施并定期举办低碳宣传教育相关活动，通过对社区居民教育与引导加强社区低碳可持续性。本书采用指标见表4-13。

低碳文化宣传评分细项　　　　　　　　　　　　表4-13

低碳文化宣传评分细项	得分
村镇社区内设有低碳宣传栏且一年举办3次以上教育宣传活动	100
村镇社区内一年举办3次以上教育宣传活动	80
村镇社区内设有低碳宣传栏且一年举办1次以上教育宣传活动	60
村镇社区内一年举办1次以上教育宣传活动	40
村镇社区内设有低碳宣传栏	20
村镇社区内无低碳宣传栏及教育宣传活动	0

（来源：作者整理）

绿色出行率，以调查问卷的形式对居民绿色出行率进行统计估算。通过对村镇社区 40%~60%居民进行问卷调查，取问卷中分数的评价值为此指标得分。

生活垃圾分类率=分类收集垃圾量÷总垃圾量×100%。因生活垃圾可按可燃烧垃圾与不可燃垃圾分类，对可燃烧垃圾进行收集可进行资源化处理利用。该指标为引导性指标（表4-14）。

生活垃圾分类率评分细项　　　　　　　　　　　表4-14

生活垃圾分类率C	得分
$30 \leqslant C$，且对可燃烧垃圾进行回收再利用	100
$20 \leqslant C < 30$，且对可燃烧垃圾进行回收再利用	80
$20 \leqslant C < 30$	60
$10 \leqslant C < 20$	40
$0 < C < 10$	20
无生活垃圾分类	0

（来源：作者整理）

2. 产业调控

1）产业管理

人均GDP增长率，通过增长率可看出当地产业发展情况，以此判断当地产业资源是否运用合理，并以此督促大力发展绿色产业（表4-15）。

人均GDP增长率评分细项	表4-15
人均GDP增长率G	得分
$60\% \leqslant G$，绿色可持续产业为主进行发展	100
$40\% \leqslant G < 60\%$，开始引入绿色产业	80
$30\% \leqslant G < 40\%$	60
$20\% \leqslant G < 30\%$	40
$10\% \leqslant G < 20\%$	20
$G < 10\%$	0

（来源：作者整理）

土地整合度=（原农业用地流转为产业用地面积+其他产业面积）÷（社区总面积-居住建设用地面积-社区内道路面积）×100%。该指标用于衡量村镇社区中农民生产脱离土地的程度（表4-16）[①]。

土地整合度评分细项	表4-16
土地整合度LI	得分
$70\% \leqslant LI$	100
$50\% \leqslant LI < 70\%$	80
$30\% \leqslant LI < 50\%$	60
$20\% \leqslant LI < 30\%$	40
$10\% \leqslant LI < 20\%$	20
$LI < 10\%$	0

（来源：作者整理）

---

① 许亚川. L市撤村并居新农村社区治理问题研究［D］. 济南：山东大学，2017.

在地就业率为社区内总工作人员中当地居民的占比。增加在地就业率，可减少交通通勤，且增加社区内活力（表4-17）。

在地就业率评分细项　　　　　　　　　　　表4-17

在地就业率E	得分
70%≤E	100
50%≤E＜70%	80
30%≤E＜50%	60
20%≤E＜30%	40
10%≤E＜20%	20
E＜10%	0

（来源：作者整理）

2）能源系统

可再生能源替代率，即在产业、居住使用能源结构中，为从根源处减少碳排放量，增加清洁能源的使用频率。此指标为约束性的定量指标（表4-18）。

可再生能源替代率评分细项　　　　　　　表4-18

可再生能源替代率Re	得分
5%≤Re	100
4%≤Re＜5%	80
3%≤Re＜4%	60
2%≤Re＜3%	40
1%≤Re＜2%	20
Re＜1%	0

（来源：作者整理）

节能达标率，即村镇社区使用清洁能源及推广新型能源使用情况。因村镇社区居民部分仍以自建房为主，且前期能源转换经济投入较大，故应推广使用清洁及新型能源（表4-19）。

节能达标率评分细项   表4-19

节能达标率EA	得分
$50\% \leqslant EA$	100
$40\% \leqslant EA < 50\%$	80
$30\% \leqslant EA < 40\%$	60
$20\% \leqslant EA < 30\%$	40
$10\% \leqslant EA < 20\%$	20
$EA < 10\%$	0

（来源：作者整理）

3）交通组织

公共站点步行距离，即住宅出入口距公交车站的步行距离。为倡导并方便村民使用公共交通系统，一般步行距离以不超过500m为佳，可促进村镇社区步行体系的形成（表4-20）。

公共站点步行距离评分细项   表4-20

公共站点步行距离	得分
社区内60%住宅可500m内到达公共站点，且设有相应的步行体系	100
社区内60%住宅可500m内到达公共站点，无步行体系	80
社区内40%住宅可500m内到达公共站点，正在规划步行体系	60
社区内40%住宅可500m内到达公共站点，无步行体系	40
社区内20%住宅可500m内到达公共站点，正在规划步行体系	20
无公共交通	0

（来源：作者整理）

步行系统可达性，即在村镇社区尺度中应保证住宅出入口与步行体系的连贯性，并做到人车分流且形成步行体系（表4-21）。

<table>
<tr><td align="center">步行系统可达性评分细项</td><td align="right">表4-21</td></tr>
</table>

步行系统可达性	得分
有完善的步行系统，每户均可使用且设计人车分流，且设计中结合当地特色进行周边景观设计	100
村镇社区内有80%住宅可使用步行系统	80
村镇社区内有60%住宅可使用步行系统	60
村镇社区内有40%住宅可使用步行系统	40
村镇社区内有20%住宅可使用步行系统	20
无步行系统规划	0

（来源：作者整理）

3．资源利用

村镇社区的空间营造主要通过生态环境、土地利用、交通组织三方面进行，通过控制土地形成紧凑型社区，既增加绿地面积又可减少交通中产生的碳排放。

1）生态环境

原生场地保留率，因生态保护与修复为《低碳社区试点建设指南》（发改办气候〔2015〕362号）中约束性指标，为保证空间环境可持续发展，需在规划层面对其进行环境整治与保护（表4-22）。

<table>
<tr><td align="center">生态保护与修复评分细项</td><td align="right">表4-22</td></tr>
</table>

生态保护与修复	得分
村镇已有环境综合整治，并已根据当地现有生态环境设定生态保护红线及针对当地特色进行保护与修复	100
村镇已有环境综合整治及生态红线，提出一系列相关政策进行保护	80
村镇已有环境综合整治，生态红线正在设立	60
村镇正在规划环境综合整治与生态红线设立	40
村镇正在规划环境综合整治，还未进行生态红线设立	20
村镇无环境综合整治	0

（来源：作者整理）

绿地率=社区内绿化面积之和÷社区总用地面积×100%。其中村镇社区中的绿地需要保证固碳与吸碳作用，故不仅需保证绿地面积亦需有部分设计（表4-23）。

绿地率评分细项

表4-23

绿地率GS	得分
GS≥40%，具有较好的绿地系统设计	100
30%≤GS<40%，进行初步绿地系统设计	80
30%≤GS<40%	60
20%≤GS<30%	40
10%≤GS<20%	20
GS<10%	0

（来源：作者整理）

乡土植物使用率，即在社区内部种植本土植物数量占社区内总植物数量的比例。因选用当地的乡土植物，既减少植物运输交通产生的碳排放，又可以提高植物存活率，减少植物长成时间（表4-24）。

乡土植物使用率评分细项

表4-24

乡土植物使用率NP	得分
NP≥80%	100
60%≤NP<80%	80
40%≤NP<60%	60
20%≤NP<40%	40
10%≤NP<20%	20
NP<10%	0

（来源：作者整理）

硬质地面透水铺装率，指道路、广场等公共用地采用透水铺装的比例。因采用透水铺装等海绵城市的做法，可提高地面透水率，调解社区内微环境（表4-25）。

硬质地面透水铺装率评分细项	表4-25
硬质地面透水铺装率PR	得分
$PR \geqslant 85\%$	100
$60\% \leqslant PR < 85\%$	80
$40\% \leqslant PR < 60\%$	60
$20\% \leqslant PR < 40\%$	40
$10\% \leqslant PR < 20\%$	20
$PR < 10\%$	0

（来源：作者整理）

2）土地利用

建筑密度，即社区范围内建筑基底总面积占社区内总用地面积的比例。通过建筑密度控制土地开发，过大的密度不宜居住，过小则过于分散。本书借鉴浦欣成[①]对村镇密度的划分，0～0.2231为低密度聚落，0.2231～0.4005为中密度聚落，大于0.4005为高密度聚落，以此为标准进行评价分级（表4-26）。

建筑密度评分细项	表4-26
建筑密度BD	得分
$BD \geqslant 40\%$	100
$30\% \leqslant BD < 40\%$	80
$22\% \leqslant BD < 30\%$	60
$15\% \leqslant BD < 22\%$	40
$10\% \leqslant BD < 15\%$	20
$BD < 10\%$	0

（来源：作者整理）

土地紧凑度，即为促使村镇社区功能合理分布及缩短通勤距离，通过规划、政策等方式，以及增加土地使用效率、建筑密度等方法减少通勤距离，实现村镇社区紧凑发展（表4-27）。

---

① 浦欣成. 传统乡村聚落二维平面整体形态的量化方法研究［D］. 杭州：浙江大学，2012.

土地紧凑度评分细项 表4-27

土地紧凑度	得分
在村镇社区后期规划汇总，依据当地地理特征采用有机更新模式，已形成沿公交站点的有效聚居点	100
在村镇社区后期规划汇总，依据当地地理特征采用有机更新模式，规划沿公交站点的有效聚居点	80
在村镇社区后期规划汇总，形成沿公交站点的有效聚居点，缺少合理性考虑	60
在村镇社区后期规划汇总，仅规划沿公交站点的有效聚居点，缺少合理性考虑	40
在村镇社区后期规划汇总考虑紧凑发展	20
在村镇社区后期规划汇总不考虑紧凑发展	0

（来源：作者整理）

产业与居住比例，即村镇社区多以居住为主，为提高生产效率及减少交通出行，形成以产住为主的混合居住模式，形成小型产业商业。根据《低碳社区试点建设指南》（发改办气候〔2015〕362号）内农村社区指标体系，产业居住比宜为1/3～1/4。

产业集聚度，即社区范围内产业用地占总建设用地面积的比例。因产业集聚度越高，劳动就业密集度越高，亦说明土地利用强度较高。本评分细项结合本书第2章的碳谱系进行分类评价（表4-28）。

产业集聚度评分细项 表4-28

产业集聚度	得分
旅居型社区形成多个产业集聚组团 工业型社区形成产业集聚区，满足产住比1/3 贸易型社区形成产业集聚区，满足产住比1/4	100
旅居型社区形成个别产业集聚组团 工业型社区形成产业集聚区，满足产住比1/4 贸易型社区形成产业集聚区	80
旅居型社区形成单个产业集聚组团，其余散点分布 工业型社区形成产业集聚区 贸易型社区产业块状集聚	60
旅居型社区产业以散点分布，有集聚趋势 工业型社区产业形成块状分布 贸易型社区产业形成环状分布	40

续表

产业集聚度	得分
旅居型社区产业以点状分布 工业型社区产业形成环状分布 贸易型社区形成多个产业集聚组团	20
旅居型社区产业以散点分布 工业型社区形成多个产业集聚组团 贸易型社区形成个别产业集聚组团	0

（来源：作者整理）

4. 空间营造

1）布局形态

建筑使用满意度，即居民对建筑室内外环境的满意程度。通过居民对建筑使用过程中耗能情况，可分类评价建筑室内外环境包括通风、日照、保温等多方面因素。本书基于赵思琪[①]的调查问卷进行更改。

此调查问卷以满分100分，各项问题分别占25分。选择非常符合为25分，符合为20分，一般符合为15分，不一定为10分，不符合为5分。将调查问卷的平均得分作为此项指标的最终得分。

人均建筑面积：人均建筑面积=社区建筑面积÷常住居民总人数。若人均建筑面积过高则说明居民使用空间过大，会导致资源浪费等情况。为提高建筑使用效率减少资源浪费，结合《浙江省农村社区试点建设指标体系》中人均建筑面积的参考值，通过指标定量控制人均建筑面积，且此指标为引导性指标（表4-29）。

2）建筑营造

建筑节能达标率：建筑节能达标率=社区中节能达标建筑数量÷社区中总建筑数量×100%。该指标为定量指标，通过对该社区的走访得到达标的建筑数量及总建筑数量。此指标既包含新建农房节能达标率，也包含既有农房节能改造率，基于《浙江省农村社区试点建设指标体系》中此两指标参考值，进行评价设定（表4-30）。

---

① 赵思琪. 我国低碳社区评估指标体系研究［D］. 北京：北京建筑大学，2015.

人均建筑面积评分细项　　　　　　　表4-29

人均建筑面积PS（m²/人）	得分
$45 \leqslant PS \leqslant 55$	100
$40 \leqslant PS < 45$，$55 < PS \leqslant 60$	80
$35 \leqslant PS < 40$，$60 < PS \leqslant 65$	60
$30 \leqslant PS < 35$，$65 < PS \leqslant 70$	40
$25 \leqslant PS < 30$，$70 < PS \leqslant 75$	20
$PS < 25$，$PS > 75$	0

（来源：作者整理）

建筑节能评分细项　　　　　　　表4-30

建筑节能达标率EC	得分
$EC \geqslant 50\%$	100
$40\% \leqslant EC < 50\%$	80
$30\% \leqslant EC < 40\%$	60
$20\% \leqslant EC < 30\%$	40
$10\% \leqslant EC < 20\%$	20
$EC < 10\%$	0

（来源：作者整理）

非传统水源利用率=雨污水等水资源循环使用量÷总用水量×100%（表4-31）。

非传统水源利用率评分细项　　　　　　　表4-31

非传统水源利用率WU	得分
$WU \geqslant 20\%$	100
$16\% \leqslant WU < 20\%$	80
$12\% \leqslant WU < 16\%$	60
$8\% \leqslant WU < 12\%$	40
$4\% \leqslant WU < 8\%$	20
$WU < 4\%$	0

第 5 章

村镇低碳社区导控
机制与目标

5.1 村镇社区低碳控制单元的生成

"单元"在《现代汉语词典》中被定义为"整体中自成段落、系统,自为一组的单位"。单元一般指整体中自为一组或自成系统的独立单位,不可再分,也不可叠加,否则就改变了事物的性质。因此单元具有系统性和独立性。所谓单元的系统性是指,在一定边界界定下的闭合环境中的对象要素是一个有机的整体。在空间设计的研究中,是指在一定边界界定下,相对闭合并具有一定空间尺度的要素集合体。它通过边界与周边空间(环境)进行着物质和能量的交换。独立性相对系统性而言,是指这些在闭合边界界定下的空间要素所形成的系统,结构完整,功能独立,不可再分。若干个单元由一定的组织结构构成上一级的系统,而单元处于这个系统的最底部,是最小的子系统。在空间设计的研究中,单元是指在一定组织结构定义下,构成空间体系(系统)的最小空间要素的集合体。这些集合体具有相似的基本特征,也存在变异,在一定的结构下衍生成为多样化的系统。在不同的系统中,不同的物质和能量关系下,单元的边界、尺度及其空间的构成要素不尽相同。

5.1.1 传统聚落的单元形态及其低碳解读

1. 传统聚落(住区)中潜在的"单元"意识及其朴素的低碳观

传统聚落是各个地区的居民在经过长期的自然选择和积淀,有一定历史和传统风格的聚落环境系统[1],是其存在的场域(自然环境)、物质载体以及人类活动长期相互作用的结果。

中国各地的传统聚落,尽管因地理、气候、社会、文化和技术等条件的不同呈现出不同的形态,但都表现为沿一定的结构体系衍生的单元组织形态。例如以宗族为结构组织的福建客家土楼,或是以网格状城市规划体系为组织的北京四合院、山西大院等都由潜在的单元构成(图5-1)。

---

① 吴超,谢巍. 传统聚落可持续发展问题初探[J]. 福建建筑,2001(S1):19-21.

福建客家土楼

北京四合院

图5-1 传统聚落中潜在的单元

（来源：高雅玲，张铭桓，许贤书. 福建土楼聚落空间形态特征研究［J］. 福建建筑，2020（2）：16-20. ）

2．浙江地区传统聚落的单元形态及其低碳解读

尽管低碳这一概念始于国外，但在中国传统聚落的单元构成中也渗透着朴素的低碳观。

1）顺应地形，因地制宜——基于地理单元的衍生模式

浙江地区生态良好，地貌结构多样，其中主要以山地丘陵、水网湿地的地貌承载着聚落，尤其是村镇聚落的发展，总体上表现为破碎型地貌类型。浙江地区的传统聚落因地制宜，顺应着这种破碎地形有机生长，形成了基于地理单元之上的基本单元模式。最为典型的有适应于湿地水网地形的水地单元和适应于山地地形的山地单元。

这种潜在的单元可以灵活地融入破碎的地理单元与不同的建设周期中，成为契合地理单元特性以及聚落有机更新的有效表达。其在各种模式下的空间组合，衍生出地区传统聚落的空间形态。

这种从现状的土地利用条件出发，尽可能保留原有地形地貌有机更新的模式，降低了建设中的碳排放，是一种低碳的营建模式。

2）聚居与混合

紧凑城市与混合功能是低碳城市或低碳社区规划的核心思想。这种规划方式能够减少居民的出行次数，降低移动碳源的碳排放。除此之外，紧凑城市也能提高用能效率，减少固定碳源的碳排放。

在中国传统聚落中，亦蕴藏着紧凑城市与混合功能的思想。适应于闽南地区山地地形的福建客家土楼，以一栋建筑作为一个单元，是一个以"家族——家庭"为纽带的单元体系。平面布局呈内向型，布局紧凑，规模庞大，体现了原始的聚居的概念。空间布局上以中轴线为中心，书斋、祠堂、客厅和院落等作为公共空间坐落在中轴线上，是一

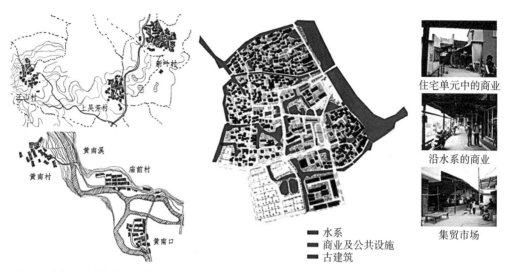

住宅单元中的商业

沿水系的商业

■ 水系
■ 商业及公共设施
■ 古建筑

集贸市场

图5-2 传统聚落中的单元（来源：作者整理）

个公共建筑空间功能与住宅建筑功能混合的居住单元体。内圈是公共的功能，外圈是住宅的功能，动静分区，在保证了居住配套功能需求的同时也保证了居住功能的私密性。

在浙江地区的古村落群，浙江金华、丽水、温州等南部村镇布局，通常表现出沿水系和山势地形择地而居，如河阳、阜山等村镇，均在局促用地条件下形成相对集中的聚落单元（图5-2）。皖南地区传统古村落瞻淇、棠樾、鱼梁等村落都以中心道路作为中轴线，而浙江中部台州、义乌、绍兴等地区传统村镇也是如此，如磉滩、枫桥、佛堂等村落形成都以商贸物流的重要通道作为中轴线，商店街、学堂和祠堂等沿中轴线展开，形成功能混合的单元模式。浙江北部杭州、嘉兴、湖州等地传统村镇，如南浔、新市、西塘等村镇是典型的基于水网结构的单元模式。除了在水网包围下的居住功能之外，还有部分的商业及公共功能建筑，也是一个具有混合功能的居住单元。

3）应变建筑——朴素的建筑节能思想

中国的传统建筑或者是地区建筑，尤其是传统民居起源于建筑能耗几乎为零的时期。其衍生、变化并沿用至今的过程体现了人类适应自然、使用自然与自然和谐共生的原始低碳观。这些民居的地域不同、气候条件不同，但是包含的低碳观是统一的，主要包括以下几个方面：

（1）享受自然环境的变化

传统民居的室内环境是以享受自然变化、感受四季为前提的，与现代建筑中恒温恒湿的控制概念有很大的区别。如果现代建筑能够放大对室内环境舒适区域的控制，以享受自然界气候的变化来设计室内的环境，建筑利用自然能源的范围也会更广，从而降低建筑的能耗，实现低碳。

（2）完全的"零能"思想

传统建筑起源于没有现代机械设备、没有空调的时期，因而其设计的基本条件是完全不依赖于空调。现代建筑的设计也应当有这种从一开始就"放弃空调"的设计理念，以空间设计的调节作为主要手段，以现代设备作为补充。这样能够最大限度地使用自然能源，发挥建筑形态对环境的应变性。

（3）智慧地利用自然

在民居建筑中，采用了各种遮阳手法及通风设计，利用自然采光、太阳能、雨水回收，以及利用水的蒸腾作用来降温等被动式设计手法。通过这些巧妙的方法，利用自然，实现舒适的室内环境。这些被动式设计手法是传统聚落中对可再生能源和未利用能源进行有效利用的原始初探，实现了能源利用的低碳化。

（4）利用天然的材料

传统的建筑中，无论是屋顶、墙体还是地面都大量地使用了天然的地方材料，取之于自然并最终还于自然。从其建造的一开始就考虑到了建筑最终销毁时其建材能够回到自然系统中。这种观念应当在现代低碳建筑中加以运用，以实现全生命周期的低碳化。

5.1.2　低碳控制单元的研究基础

在浙江地区人居环境建设的研究中也有不少学者提出了单元的概念，不同的单元，位于不同的系统之下，其边界、构成要素及特点都有所不同。

1. 基本人居生态单元

基本人居生态单元是由相对明确的地理界面所限定的自然地理单元和人居单元相互作用构成的复杂系统（图5-3）。研究从小流域、界面和地域基因三个方面对基本人居生态单元的内在规律进行了诠释[①]。

---

① 贺勇. 适宜性人居环境研究——"基本人居生态单元"的概念与方法［D］. 杭州：浙江大学，2004.

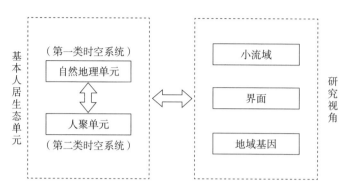

图5-3 基本人居单元框架示意图（来源：贺勇. 适宜性人居环境研究——"基本人居生态单元"的概念与方法［D］. 杭州：浙江大学，2004.）

2. 村镇人居建设基本生活单元

村镇人居建设基本生活单元是基于地理单元和村镇有机更新的营建模式，是村镇聚落的最小单位。基本单元在各种模式下的空间组合，有效地嵌入破碎的地理单元之中，成为契合地理单元特性以及村镇有机更新的有效表达。

除此之外，部分村镇社区中除了居住功能之外还渗透着产业，如手工业、加工业和农家乐经营等。通过对基本生活单元的梳理与整合，可以形成层次性的空间场域，使多种功能和谐共生。

基本单元的规模没有明确的界定，在大量实际调研的基础之上，研究认为村镇基本单元的户数一般在6~10户，但是有时因为地形的限制，尤其是在山地地形的村落中规模会有所变化。这些住户组成的基本单元围合一定的公共空间，并通过这个公共空间将住宅联合成为一个整体。研究认为其规模在4~20户比较恰当，过大的规模会破坏基本生活单元住户之间的邻里感与归属感，过小的规模会破坏空间的完整性，影响其独立性的特征。基本生活单元的规模、住户、形态、边界及其特性都是"人"和"地"共同作用的结果。

以村镇人居建设基本生活单元为基本出发点，其营建导则可以归纳如下：

（1）结合地形地貌，由6~10户组成一个邻里单元，数量不宜过多；

（2）每个邻里单元围合一个半公共空间。公共空间可以是一方绿地，水系也可以是一个带形空间（表5-1）；

（3）公共部分串联而成的公共带，按照层级与产业布局相结合；

（4）以公共空间作为基准，新建住宅自动适应场地，以求对原有场地和生态系统的最小破坏；

村镇基本生活单元模式 表5-1

类型	图 则	
山地基本生活单元		
水地基本生活单元		
基本生活单元和公共中心：公共空间是邻里单元的中心，各个单体附加其上，自由适应地形，同时公共空间作为各种设施的接口分配到下一级		

（来源：作者整理）

（5）以双拼的形式代替传统的独立住宅模式，引导村民共同营建房屋，提倡邻里互助的营建模式。

5.1.3 村镇建设中的低碳控制单元

基本人居生态单元及村镇基本生活单元都是"人"和"地"共同作用的结果，体现了村镇空间设计中"人地共生"的空间设计理念。与这种"人地共生"的理论相同，村镇空间碳循环模型中的影响要素也是由生产生活等要素构成的人居单元和气候、地理、资源等要素构成的地理单元所构成的，亦是"人"与"地"共同作用的结果。

在空间序列从小到大的尺度中，人对空间设计的作用影响可以概括为：居民对生产和生活的需求关系（建筑单体空间格局）、邻里之间的关系（村镇基本生活单元空间格局），以及社区的公共交流活动（社区公共空间设置）等要素。这些要素都受到社区居民主观意识的影响。而承载这些活动的下垫面——"地"在空间序列顺序中，包括了社会空间中的建成区域，建成区域中保留的生态斑块、道路空间、建筑场地，以及农民的自留地，其受限于周围的自然空间，及其下垫面中地形等要素的影响。

本书在基本人居单元和村镇人居建设基本生活单单元的理论基础上，对村镇低碳控制单元进行如下的定义：村镇低碳控制单元是以村镇空间为载体，具有明确的边界，稳定的规模，依附于地理单元和人居单元的各个碳要素相互作用，以实现低碳和可持续发展为目标的调控系统。

将空间分解成构成要素并以单元的形式进行表述就是空间构成要素的意义以及单元的定义方式。凯文·林奇（Kevin Lynch）认为城市的意象空间由道路（path）、边界（edge）、区域（district）、节点（node）、标志物（landmark）这五大要素决定。而在低碳空间要素的研究中，本书结合传统聚落的特点，现代低碳住区理论，将从场所（place）、界面（boundary）与通路（path），标志物（landmark）和焦点（eye-stop）这三个方面来解读和进一步定义村镇低碳控制单元。

这些要素中，最为核心的要素是场所。在空间的表达中，场所由界面所限定，而界面的形态、尺度、材质等确定场所的性质。在低碳的体系中，场所是各个低碳要素的载体，而界面与边界是控制单元内部各要素与周围环境之间物质和能量的交换，作用与反作用。

界面的界定形成场所，场所通过通路对外界开放，而这个开放的途径即为界面的出入口。场所通过出入口影响其他空间以及体现自我空间特性。通路和场所的关系，正如在建筑空间中走廊与房间的关系，如走廊将不同房间串联起来一样，通路将不同的场所串联起来，构成场所的结构形态。在低碳空间设计中的通路和出入口将影响移动碳源的形态以及其对内部系统和外界环境的影响。

标志物和节点与通路的联系紧密，通常分布在通路的沿线，是表征场所以及通路特点的重要因素。在低碳控制单元中，具有微气候调节功能或者能量生产功能的标志物和节点是村镇低碳控制的调节器。

1. 场所——村镇低碳控制单元的定义及其构成要素

1) 村镇低碳控制单元的研究对象

场所是有中心的，被界面所界定，具有"内部"的空间。这里的"内部"空间并不是指室内空间，而是指被界面所限定的特有的时空范围之内的面域。场所具有中心，即有向心性，因而如福建客家土楼一样，其基本的形态是圆形。然而在后来的发展中，因地理条件等因素的影响，逐渐发生形变，但是仍然具有中心性的特点。

村镇低碳空间是以村镇空间为载体，这里的村镇便是低碳控制的单元体。在美丽城镇建设中，有许多不同的村的概念，主要有自然村、行政村、中心村和村域。

（1）自然村。自然村和其命名相同，是以自然环境为边界围合的场地。浙江地区主要有平原水网和山地丘陵两种地形。在平原水网的地理单元为下垫面的地区，自然村落的分布和水域紧密相连，以农田大片的农田作为边界。在山地丘陵地带，村域的边界、分布、规模等受到山地地形的限制，由山地地形围合而成。自然村，尤其是山地村落，其人口和规模受到地形的影响，浮动较大。

（2）行政村。行政村是由行政边界所界定的村域，是行政管理的单位。通常由一个或者若干个自然村和中心村所构成。

（3）中心村。中心村是构成行政村的自然村落中规模较大的核心村落。

村镇低碳控制单元是地理单元和人居单元共同作用的系统，其与地理单元之间有着密不可分的联系。无论是中心村还是一般的自然村，本书将以自然边界限定的自然村定义为村镇低碳控制单元的研究对象。

2）村镇低碳控制单元的边界与规模

国外的低碳实践证明近邻住区是低碳控制单元理论研究和实践的最佳尺度。为了实现以公共交通为主导的出行方式和促进在住区内的步行，近邻住区以适宜步行的距离，即半径400m作为住区的范围，面积大约是64hm²。日本的近邻住区以近邻公园作为中心，步行合理范围500m作为公园的影响范围。

与城市住区相比，村镇住区的形态不规整，没有明确的边界，规模大小不一，分析和量化也比较困难。浦欣成在《传统乡村聚落平面形态的量化方法研究》中以22个村镇为例，总结了包括边界、空间建筑的村镇聚落平面量化的方法[1]。本书将在此研究的基础上，以22个村为例，解析村镇控制单元的规模、边界和形态的特点（图5-4）。

为了确定研究规模，首先要确定边界。低碳控制单元中的村镇是由自然环境界定的边界，在浦欣成的研究中将其定义为虚边界。研究中将虚边界分为100m的大边界、30m的中边界和7m的小边界。100m的大边界围合度较弱，它和中边界之间围合的空间具有较强的离散性，属于外部空间。30m的中边界围合度较强，其和小边界之间围合的空间相对于大边界的离散性来说具有较强的内聚性，属于内部空间。在此基础上，本书认为中边界是村镇聚落外部空间和内部空间的分界线，即"村"的边界。22个村的面积和边长等数值见表5-2。本书将中边界定义为村镇低碳控制单元的边界，其围合的场所和包含的碳要素所构成的整体为低碳控制单元。

[1]　浦欣成. 传统乡村聚落平面形态的量化方法研究［M］. 南京：东南大学出版社，2013.

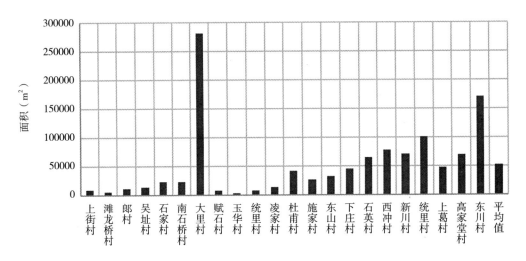

图5-4 22个村的面积统计（来源：作者自绘）

22个聚落的尺度特征

表5-2

村名	面积 （m²）	边界周长 （m）	等效半径 （m）	长轴 （m）	短轴 （m）	建筑密度
上街村	8551	425	52	173	77	32%
滩龙桥村	5499	651	42	279	72	37%
郎村	10639	426	58	165	95	39%
吴址村	13586	696	66	221	113	24%
石家村	22425	705	85	261	155	23%
南石桥村	22734	982	85	259	193	16%
大里村	280500	1000	299	255	261	30%
潜鱼村	8081	554	51	246	44	36%
青坞村	2955	273	31	116	32	40%
统里寺村	7865	540	50	244	59	36%
凌家村	13642	979	66	403	78	21%
杜甫村	40869	1149	114	280	231	35%
施家村	26510	1172	92	289	254	24%
东山村	32135	1755	101	365	291	29%
下庄村	44621	1506	119	412	206	31%

续表

村名	面积（m²）	边界周长（m）	等效半径（m）	长轴（m）	短轴（m）	建筑密度
石英村	65002	1416	144	422	218	22%
西冲村	77759	1755	157	655	238	17%
新川村	70504	1448	150	421	301	29%
统里村	100984	1689	179	582	294	39%
上葛村	47690	2091	123	614	299	52%
高家堂村	69062	3792	148	1324	298	40%
东川村	170002	3678	233	1063	433	34%
平均值	51892	1304	111	411	192	31%

（来源：作者整理）

（1）面积、范围和形状

低碳控制单元规模量化的指标首先是面积。本书将中边界围合而成的村镇的面积作为低碳控制单元的面积。相比现代城市的近邻住区，村镇聚落的面积要小得多，大约为近邻住区1/20。

如前文所述，场所的基本形态是圆形，因此国内外的低碳社区，如近邻住区和以车站为中心的TOD社区都以与中心的距离（半径400m），或者是影响距离来（500m，步行15min的距离）定义其范围和街区形状。村镇住区，尤其是山地村落，其形态受到了地形的影响，呈不规则状（图5-5）。蒲欣成在其研究中将村落的形态分为团状、带状倾向的团状和带状三种类型。从其数值特征上可以得到，团状的聚落在形态上接近圆形，但是尺度较小，大多为近邻住区的1/4左右。等效半径的平均值也显示其尺度大约为一般近邻住区的1/4。带状住区偏离了圆形，有些村落在长边的方向上超过了近邻住区的影响距离。

（2）密度

密度是度量住区规模的另一个参数，反映了低碳社区中聚居的程度。村镇的人口和建筑密度相比城市社区都较低，建筑大多为2~3层的独立住宅。通过对22个村落建筑密度统计分析可以得出，低碳控制单元的建筑密度在30%左右，远远低于城市社区的密度。

2．界面——村镇控制单元对环境的作用与反作用

在类细胞仿生学建筑设计方法研究中，将生物细胞的形态与建筑和城市的结构相结合，其对认识低碳控制单元的界面有如下启示：

1）围护结构

村落的界面犹如细胞的围护结构——细胞膜，是村落的围护结构。细胞膜具有半透性并具有一定的厚度，是维护细胞内微环境稳定，并参与同外界环境进行各种物质、能量和信息交换的媒介（图5-6）。

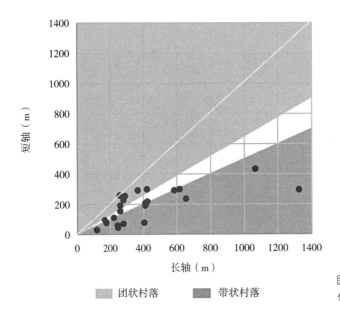

图5-5 22个村的形状特征（来源：作者自绘）

团状村落　　带状村落

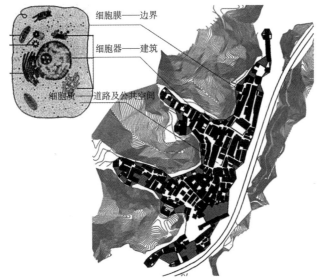

细胞膜——边界
细胞器——建筑
细胞质——道路及公共空间

图5-6 细胞与村落类比——以上葛村为例（来源：作者自绘）

2）群体形态

在多细胞的生物里，细胞不是一个孤立的个体。细胞之间通过细胞膜相互通信、连接、黏着以及与细胞外基质的相互作用，构成复杂的群体形态（图5-7）。村域也是由多个村落构成的群体形态，具有如细胞一样的群体特征。村镇与村镇之间并非独立存在，而是通过边界、通路进行物质、能量的流动和信息交换。

3）物质、能量和信息交换方式

细胞与外界的物质和能量交换包括被动运输和主动运输。其中，被动运输包括了自由扩散和协助扩散。细胞通信，即信息交换，是指细胞间相互识别、相互反应和相互作用的机制。在这一系统中，细胞通过识别来自其周围细胞或者环境的信号，调节细胞内各种分子功能，改变细胞内的代谢，并最终使得集体在整体上对外界环境实现最适反应（图5-8）。

如生物学中的膜结构，低碳控制单元的界面也具有一定的厚度，是内部空间和外部环境进行物质和能量交换，并随之产生碳转换的媒介。如图5-9所示，在村镇社区中，界面的宽度及虚实程度都不均匀，在这些厚度不同、虚实不同的界面上，控制单元也如生物细胞膜一样发生着不同类型、不同强弱的物质和能量交换。低碳控制单元并不是一个个体概念，它通过界面与其他单元之间直接相连或者通过外部环境相互作用，是一个群体概念。另外，与生物体物质、能量和信息交换的方式一样，低碳控制单元之间以及其余外部环境之间，不仅通过界面与外部环境发生物质和能量交换，也通过通路和出入

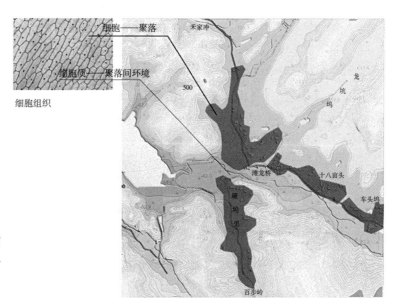

图5-7 细胞与村域对比（聚落群体）——以滩龙桥村域为例（来源：作者自绘）

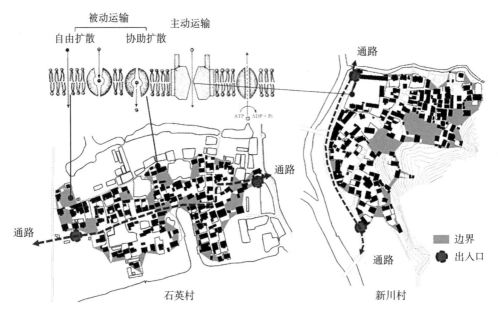

图5-8　村镇社区的界面及物质和能量的交换概念图（来源：作者自绘）

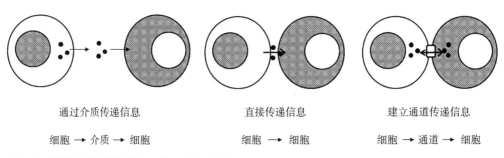

图5-9　细胞膜间的信息交换（来源：作者自绘）

口与其他的单元之间进行信息交换。通过识别碳的输入和输出情况来调节内部的碳代谢过程，以实现碳系统的最适化。

　　因而界面、通路和出入口对于低碳控制单元来说不仅是一种空间象征，也是影响碳系统的构成要素。

　　4）村镇低碳控制单元的界面

　　蒲欣成在其研究中以边界密实度、边界离散度和边缘空间宽度三个指标来描述边界的特性。除了在平面形状中定义的边界以外，低碳控制单元中的界面还包括三维空间中的四周的界面，上界面和下垫面。低碳控制单元中的碳构成要素，通过界面与周围的环境发生能量和物质的交换，是控制单元对外部环境作用与反作用的媒介。

（1）边界

聚落的二维界面即为边界，与生物细胞膜的半透性相似，聚落的边界也不是一个封闭的结构。蒲欣成在其研究中以边界密实度来量化外边缘的闭合程度，以平均宽度来量化聚落边缘空间的大小。

从低碳规划的视角，边界的密实度和边缘宽度与村落内部的微气候调节有紧密的联系。边界的密实度较大，说明聚落的边界比较紧凑密实。过于密实的边界，会影响夏季聚落整体的通风，引起聚落内部温度升高，导致建筑能耗增加。反之，边界的密实度过小会导致村落内部冬季温度降低，同样导致建筑能耗的高碳化。

聚落的边缘空间在村镇空间中主要是指围合在建筑之间，处于与外界自然交界处的自然生态斑块，也包括许多村民的自留地。这些空间处于村落的边界，犹如整个村落的生态缓冲层。合理的边界密实度和边缘宽度可以实现适宜的聚落温热环境，减少能耗实现低碳（图5-10）。

（2）上界面

村镇住区的上界面，是指由建筑的屋顶面构成的界面。已有的研究证明，建筑之间的间隙，即上界面的虚实程度会影响建筑之间的竖向通风，影响聚落的微环境，间接影响建筑能耗的变化和碳排放。

在低碳控制单元的设计中，建筑上界面的形态会直接影响可再生能源和未利用能源的合理利用。例如，合适的屋顶角度、材质设计可以促进太阳能的主动和被动利用。

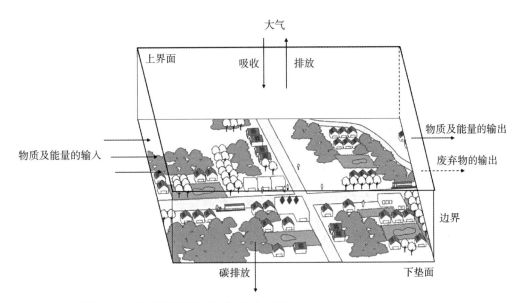

图5-10　聚落的界面及村落碳流通模型（来源：作者自绘）

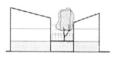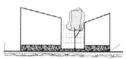

地方材质砌筑的下垫　　架空层等建筑功能构　　架空层等建筑功能构　　地方材质砌筑的下垫
面与平原地形相结合　　成的下垫面与平原地　　成的下垫面与山地地　　面与平原水网地形相
　　　　　　　　　　　形的结合　　　　　　　形相结合　　　　　　　结合

图5-11　村镇住区的下垫面（来源：作者自绘）

（3）下垫面

村镇住区的下垫面，是承载低碳控制单元各种低碳要素的地理单元，主要包括地理单元的地势地貌（图5-11）。如前文所述，浙江地区的地形地貌主要可以分为平原水网和山地丘陵。择地而建，有机生长，尽可能减少对土地的破坏，保留地表的生态群，可以实现在建造过程中的低碳。另外，有效地利用水体和山地能够改善住区的微环境，减少建筑在使用过程中的能耗。

3．低碳控制单元的通路和出入口

界面划分了单元的内部和外部，而出入口是进出这个单元的开口部分，是连续空间的划分点。出入口以空间的连续性为前提，沿通路设置，使空间单元依次出现，营造出整体的空间印象。通路则是连接这些空间的纽带，是连续的、线状的，是人与物在空间之间流通的通道。不同级别和特性的空间相互串联交叉，形成了空间的主次，并使得通路也有了主次之分，出现了主要通路和次要通路。在这种意义上，通路连接了空间，也具有像界面一样隔断空间的作用，尤其是在城市或村镇空间中的主要道路、河川。

聚落的形态通过长宽比可以分成带状、团状以及带状倾向的团状（图5-5）。这三种形态，都可以归纳为邻里单元沿通路的不同组织方式（表5-3）。在村镇聚落中，有许多不同等级的通路和出入口，其中主要的道路为1～2条，沿地形展开。轴线状村落多为山地村落，大都有一条主要的通路，两个主要的出入口，邻里单元沿主要通路串联形成整体，呈现线形形态。点组状村落多为丘陵地区，社区与周边地块连接通道较多并有纵横系统，且有主次之分，呈现网状形态。团块状村落主要以平原区为主，邻里单元中心式向外拓展，内部道路为外向辐射性层次结构，呈现环状形态。本书将聚落中通向外部的主要道路定义为村落的通路。

聚落的形状特征及通路　　　　　表5-3

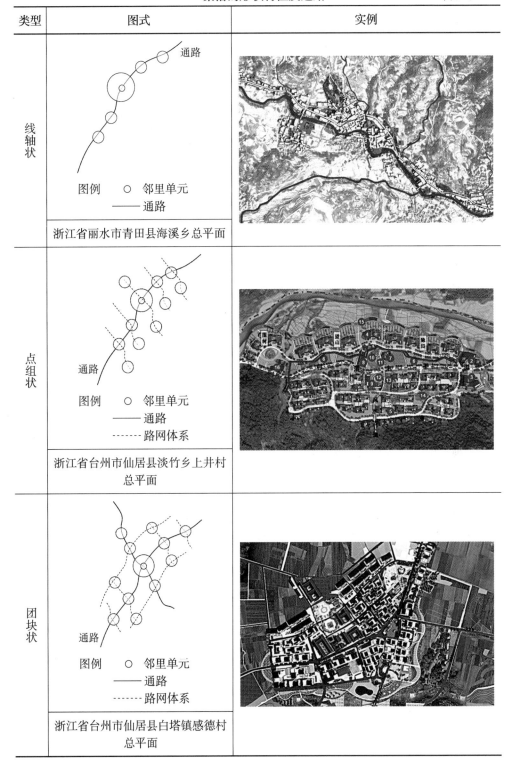

类型	图式	实例
线轴状	图例　○ 邻里单元　—— 通路 浙江省丽水市青田县海溪乡总平面	
点组状	图例　○ 邻里单元　—— 通路　----- 路网体系 浙江省台州市仙居县淡竹乡上井村总平面	
团块状	图例　○ 邻里单元　—— 通路　------ 路网体系 浙江省台州市仙居县白塔镇感德村总平面	

（来源：作者自绘）

4. 标志物和节点——村镇低碳控制的调节器

标志物是地区、地域或者是某个场所的象征物。在现代城市中，高大的建筑物、纪念碑、尖塔等经常被作为标志物，并且通过这个标志物，影响城市规划的整体（图5-12）。

标志物有很多种不同的形式，并不一定是大尺度的建筑物，一片自然绿地、一座历史建筑等与其他空间形成对比，具有特性的要素，或者对当地居民生活及空间结构产生场力的人文或自然景观亦可以作为标志物。大尺度的建筑物和历史建筑属于人造的标志物，自然绿地、风水等属于自然标志物。很多城市将两者相结合，形成不同形式的标志物，如图5-13所示。

在村镇空间设计中，标志物大都依存于地理单元和地形地貌特点。在村镇空间中，标志物通常有以下几种表现形式：

1) 特有的地形地貌——自然的标志物

与中国传统的风水相似，村镇聚落中特殊的地形地貌，如山地、水系等都将成为影响村镇空间规划的重要因素，是一种标志物。

图5-12 以标志物为基础的欧洲城市规划（来源：Google earth）

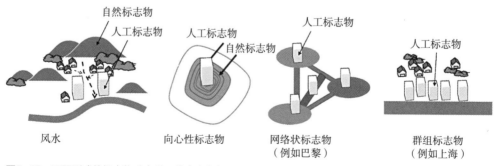

图5-13 不同形式的标志物（来源：作者自绘）

2）公共交流空间

相比城市，村镇生活中的邻里关系更加紧密，有许多自发形成的公共活动，如打牌、聊天等。一个小卖部，一个凉亭，或者是一个自然风光良好的开阔空间都将是村民们固定的活动场所。这些场所对于村民来说具有明显的标识性，因而也是村镇空间中的一种标志物形式。

3）特殊的建筑或建筑形式

一些村子具有特殊的历史背景、文化产业或手工业，在历史的沉淀中，会形成一些特殊的建筑形式或村镇空间形式。这些也是区别于其他空间和一般民居的标志物。

无论是特殊的地形地貌，还是特有的公共空间，又或是一种特殊的建筑形式。这些村镇社区的标志物都与绿地、水体等紧密相连，享有着村镇社区中最好的自然景观资源，碳汇面积大，位置重要，且对村落的影响力大，因而相对于其他的碳要素，它具有标识性，亦是碳循环系统中的标志物，是村落的低碳调节器。

5.2　村镇低碳社区控制单元的节流优化

5.2.1　空间结构与土地利用

1. 以公共交通优先的空间结构

以公共交通为导向的发展模式以及所形成的村落空间结构是为了营造基于步行、低速交通工具（自行车）和公共交通的村落空间。这种村落的空间结构，主要通过影响交通出行（移动碳源）和建筑密度分布（固定碳源）实现低碳。

村镇相比城市，建筑密度低、距离远，交通的碳排放主要是指村与村之间的出行所产生的碳排放，以公共交通为导向的空间结构是指几个自然村与中心村之间形成的结构，其概念可归纳如图5-14所示。公共交通在村镇社区中主要指连接村与村、村与镇之间的公交车线路。

村落的空间设计是形成以公共交通为导向的发展模式的根本所在和运行保证，具体的低碳策略包括以下四个方面：

1）近邻居住，其核心内容是"聚居"，主要是指居住建筑向中心村或几个特定的自然村集聚的过程。通过社区空间设计改变社区结构、土地利用模式，系统地发展公共设施、产业和商业。

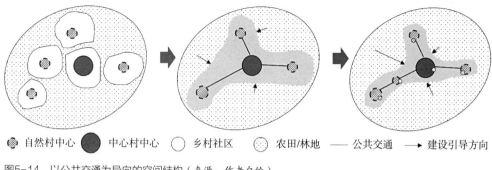

◎ 自然村中心　● 中心村中心　○ 乡村社区　◌ 农田/林地　—— 公共交通　→ 建设引导方向

图5-14　以公共交通为导向的空间结构（来源：作者自绘）

引导居住建筑在原有建成区进行建设，有机更新。

浙江地区的村镇在经历了城镇化建设之后，面临着长期滞留人口"疏化"，住宅"空废化"等问题。尤其是对于一些空置时间久的住房，有必要进行整合和重构，以实现村镇的低碳可持续发展。村镇建设的本身就是一个社区空间完善"小城镇——中心村——基层村（自然村）"的三级村镇空间等级体系的集约化过程。因此新农村建设的过程，总体来说是一个自然村逐渐部分地向中心村聚居的过程，增加土地利用的效率，促进相关配套设施的发展。其更新模式主要有三种：择地重建、新旧混合以及更新扩展模式①。

从低碳的视角来看，应当尽可能在原有的建成区中进行建设，尽可能保留农田、林地和水地。因此在更新模式的选择上应当按照更新扩展模式、新旧混合模式、择地重建的优先顺位。应当以中心村作为核心，结合上一级村域规划，选择主要的公共交通线路，并遵循自然村向中心村迁并的基本原则，引导住宅沿公共交通干线集聚。因此对于中心村和自然村应有不同的低碳空间策略：

中心村：中心村是聚居的主要方向，即空间结构中的聚居核心。在既定的村域规划的基础上，根据中心村规模的变化选择更新方式。应首先选择更新扩展模式以及新旧混合模式，并引导新建建筑沿公共交通方向发展。如果中心村的规模发生剧烈的变化，或受到地形的限制，无法在原有的场地上进行扩展，只能通过新建的模式来实现。在这种情况下，新建的场地应沿公共交通布置，并尽可能保留场地原有的植被和生物。按照规模，结合其他功能的配置形成村域空间结构中的聚居核心。

自然村：自然村在集聚化的过程中，按照既定的村域规划，有保留和迁并两种。保留的自然村，应该判断建筑的新旧程度，拆除"过老"建筑，整理破碎空间，将新建筑

① 林涛. 浙北乡村集聚化及其聚落空间演进模式研究［D］. 杭州：浙江大学，2012.

沿公共交通系统有机更新，与中心村形成沿公共交通布置的"核心—次核心"结构。迁并的自然村，应当逐渐拆除"空废化"或老旧建筑，在中心村或者保留的自然村置换，迁村还田。

2）形成促进步行、低速交通工具（自行车）和公共交通的村落空间。

根据步行/低速交通工具的可达性要求，确定街区尺度，并合理规划公共交通站点。

在近邻住区理论中，人到公交站点的合理步行时间约为10min，按照人平均步行速度0.8m/s计算，距离400～600m为宜。山地村落有一定的坡度，所以距离应适当缩短为200～300m。村镇社区中的公共交通是指连接各村或者是镇与村之间的公交车，线路通常沿主要道路即通路沿线布置。

提倡以步行和低速交通为导向的村落空间结构，与社区的尺度、形状以及其与通路之间的关系相关。村镇按照形态为团状、带状和带状倾向的团状。团状的村落，长轴与短轴的距离接近（图5-15），在一般情况下，可沿公共交通线路布置1～2个核心。带状倾向的团状，以及带状的村镇社区，通路一般沿长轴展开。规模较大的村落，长轴较长，应当沿公共交通线路设置2～3个核心，这种情况下有一个站点为主要核心，其余的为次核心。步行带的设计应该与这些核心相结合设计，或者是在步行可达的范围内，并与公交站点形成连贯性的衔接。

在2018年完成综合环境整治工程的浙江省湖州市安吉县梅溪镇荆湾村社区，是典型的水网平原型村落组团，村庄社区整体呈现一心、一环、两横、两纵、多片的格局，原有社区交通多随田园水系和房屋布局自然形成，缺乏层次组织。整治规划以公交优先为导向，将0.62km的村庄连接线作为区域公交线、1.2km的防洪圩堤设置成机动车外环

社区空间结构　　　　　　　　　　　交通系统层次结构

图5-15　公共交通优先的村镇社区空间规划（来源：作者自绘）

线，社区内部全长1.06km的邻里道路经过消除堵点、断头路完成了内部步行为主的网络系统。整体规划遵循外部公交优先原则，将公交站点、环村机动环线和社区内部开放路网分层级设置，有效结合土地利用格局，形成公共交通下合理的出行服务距离，降低路径消耗。

3）提供"机步转换+材质适宜"的低碳灵活交通。

促进步行和低速交通的社区空间设计除了合适的尺度与公交站点配置以外，还应当保证低速交通设计采用灵活组配、选材节约的低碳原则，以安全性和舒适性引导人们选择步行的交通方式。其应遵循以下的设计导则：

（1）村镇社区空间的主要车行道路的两侧及内部道路系统应设置步行系统，如在浙江省丽水市缙云县大洋镇社区的绿道设计中，将社区内部通行的机动车、农用车道路与绿道步行体系相互结合，采用并行复线的方式形成可供功能类型选择的出行方式（图5-16）。

（2）在空间节点的设计上，应当根据生产、生活、休闲等通行目的的变化，提供机动与步行之间的多路线转换选择（机动车线路和步行线路），并提供一定的公共区域进行集散缓冲，保证其连接的顺畅。

（3）低速交通材质的适宜性。根据机动与步行的通行对象和用途差异，采用复线形式进行适宜性的材质划分，以大洋镇社区绿道为例，机动段采用当地细石铺设满足农用和家用小型车辆临时通行，步行段采用透水彩色沥青进行柔性设计，既满足少量且必要性的机动车可达性，又保证绿道休闲运动的舒适性。二者组配快速透水、易于维护，具有较低的环境影响。

图5-16　机动与步行灵活转换的低速绿道交通体系设计（缙云县大洋镇）（来源：作者自绘）

4）限制私家车出行为目标的空间设计。

限制私家车，尤其是外来车辆的行驶条件并运用合理的停车方式，比如运用集中式停车的设计方法，限制外来的私家车进入社区。浙江省湖州市安吉县山川乡高家堂村低碳社区设计中，设计者在步行体系的入口及公交站点的周围设置了集中停车场，以减少进入社区的机动车（图5-17）。

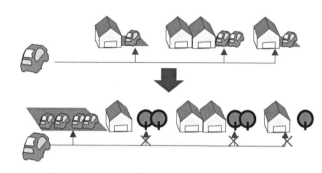

集中停车的模式

村口设置　　　　　　　　　　　在步行系统或公建核心设置

高家堂村设计案例

图5-17　村镇社区组团外部集中停车设计（来源：作者自绘）

2. 低碳土地利用模式

1）混合居住

在公共交通的站点引导公共设施的建设，并引导商业和产业在主要通路（公共交通）沿线发展。

低碳的土地利用模式的核心是"混居"，即土地的混合使用。混合居住是通过将商业、就业及公共设施等生活所需的功能聚集到步行的范围以内，促进人们选择步行的出行方式，减少移动碳源的碳排放（图5-18）。另外不同的建筑功能有不同的能源消费模式，如图5-19所示。

住宅建筑的用能高峰出现在晚上，商业、办公、学校的用能高峰在白天。如果这个地区采用集中供能的能源供给方式，并采用能源共享的用能模式，混合居住的土地利用模式还能够使得整个地区在各个时间段的用能实现平均化。平稳的能源消费可以提高用能效率，增加设备及其他基础设施的使用寿命，减少固定碳源的碳排放。在能耗增加的情况下，混合功能以及区域能源系统的共用还可以减少设备或能源供给的能量，使设备和基础设施的更新实现最小化。

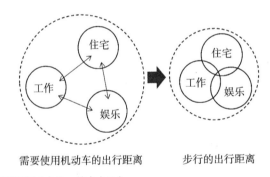

图5-18 混合居住与交通出行（来源：作者自绘）

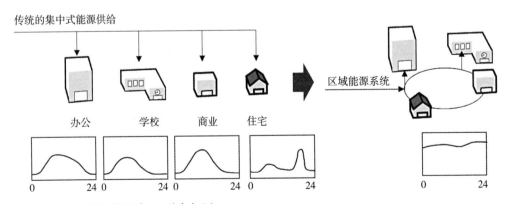

图5-19 混合居住与用能（来源：作者自绘）

村镇空间的公共设施种类较少，主要有卫生站、学校以及村委会（等政府机构）。这些公共设施一般都集中在中心村。对于择地重建的中心村，应引导这些公共设施在公交站点周围建设。对于采用更新扩展模式、新旧混合模式的中心村，应当结合现有道路体系和公交线路，合理设置公交站点（图5-20）。

村镇空间中的商业和产业与城市社区中的在类型和规模上都有区别，通常与住宅相混合，如沿街的小卖零售，又或者是相连而成的商业街。产业大多是手工业、加工业和旅游业（农家乐）。这些产业和商业散落在各个基层村与中心村中，在中心村的比重较大。商业和产业对于交通运输的依赖性大，因引导其在主要的通路沿线分布以减少运输的距离，减少移动碳源的碳排放。同时，电力和天然气的主要管线一般沿主要道路的两侧分布，这些建筑功能在通路两侧集中，有利于分布式能源导入和能源共享模式的推行（图5-21）。

2）土地的高效利用

在规划中根据公共交通站点的设置情况，确定社区的边界，引导建筑有效集中。

人口和建筑的增多，会占用更多的田地和林地，导致生态的破坏，碳排放量的增加。与城市蔓延扩张相反，村镇的滞留人口逐渐减少，高龄化现象严重，处于紧缩的状

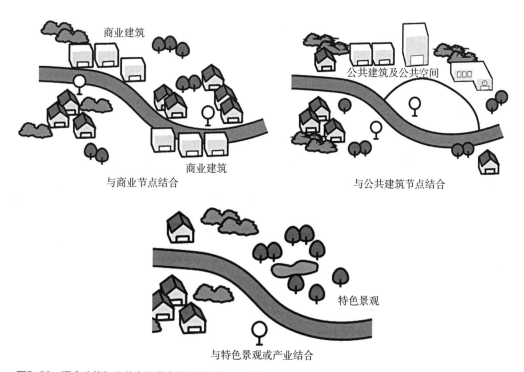

图5-20　混合功能与公共交通节点的设置（来源：作者自绘）

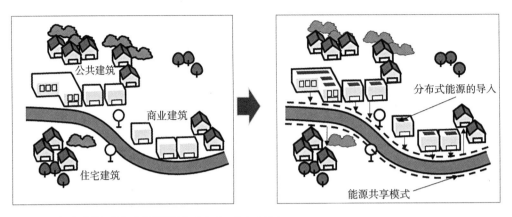

图5-21 混合功能与分布式能源的导入（来源：作者自绘）

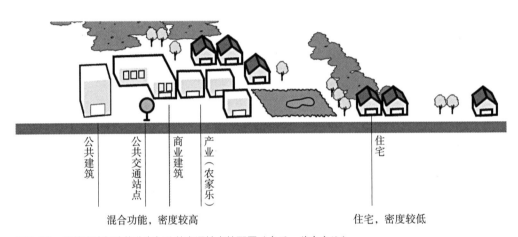

图5-22 建筑密度与功能分布与公共交通站点的配置（来源：作者自绘）

态。在以公共交通为主导的村镇社区中，土地的高效利用，是指尽可能对空间进行整理，有机更新，增加社区的密度，释放更多的碳汇空间以实现低碳。

同时，对于建筑用能来说，高密度的地区有利于高效能源系统的导入和其高效运行，从而减少固定碳源的碳排放。因此村镇的规划中应该根据公共交通站点的位置，确定社区的边界，引导建筑有效集中（图5-22）。

5.2.2 村镇建筑的低碳策略

建筑产生的初衷是为了遮风避雨，减少外界环境的影响和室内环境的变动。因此建筑使用了大量的能源用于空调、照明、电器和热水等，用于营建良好的居住环境。然而这些设备在运行的同时又释放大量的热量到建筑中，增加了空调设备的能耗。在这样相互影响的关系中，合理的建筑设计能够创造良性的能源与环境的关系，实现建筑用能的低碳化。一般建筑的节能设计应当首先从控制建筑的热负荷开始，包括以下三个步骤：

（1）控制建筑的热负荷。建筑能耗中一半以上用于空调设备，其负荷包括设备耗热，围护结构从外界的得热以及室内的使用者以及设备的散热。其中围护结构负荷占的比例最大。因此建筑的低碳化应该首先从加强建筑围护结构，包括屋顶和墙的热性能，减少外界环境波动对建筑的影响，降低建筑的热负荷，从而减少空调设备的能耗，实现固定碳源的减排。

（2）采用被动式设计手法。被动式设计手法是不通过特殊的机械设备，充分利用自然，调节室内环境，减少空调设备的用能，实现建筑的低碳。即通过建筑的空间设计手法实现节能减排。这种手法可以减少外界环境对内部环境影响的同时，也能减少设备本身的散热，是可持续设计的有效部分。

（3）采用高效的设备，例如高效的空调、照明、家用电器以及热水供应设备，可以提高能源利用的效率。在使用者用能不变的情况下，降低一次能源的消耗，实现减排。

目前的美丽城镇建设主要把重心放在村镇民居建设以及村容村貌上，而对住宅的物理环境舒适度却少有考虑。随着村镇经济的发展，村镇建筑的采暖、空调、通风和照明等建筑能耗也在逐年增加。然而即使在村镇新建的公共建筑中也极少考虑节能减排要求，更不用说大量的既有的村镇住宅。

村镇建筑以住宅建筑居多，大多属于自建建筑，建造技术落后，缺乏节能减排意识，这为建筑节能减排的推行带来巨大的阻碍。此外，村镇居民对于生活质量的追求，并自行安设制冷和取暖设备，导致住宅能耗增加。

虽然村镇建筑的总能耗呈现增加趋势，但是单位面积的建筑能耗，相比城市而言，尚处于较低水平[①]。一味地套用城市的"高技派"，必然会使得村镇建筑的低碳之路受阻。

结合村镇住宅空间特质、社会经济条件和营建技术特点等特殊性，其节能减排的步骤应当与一般的建筑有所区别。村镇建筑的节能低碳应该遵循以被动式建筑设计手法为主、以主动式设计手法为辅，依靠空间策略的调控为主、依赖设备调节为辅的基本原则。村镇建筑的低碳策略可以概括为以空间形态与构造设计控制建筑的热负荷，灵活利用热性能的空间构成以减少使用空间时的设备能耗（以牺牲一部分不适用的空间的舒适

---

① 刘彤，王美燕，黄胜兰. 处于村镇旅游发育阶段的农村建筑能耗调查——以浙江安吉里庚村为例 [J]. 浙江建筑，2016（7）：55-59.

度为前提），以及高效设备（适宜技术）导入这三个步骤。其中前两者属于被动式的手法，而后者属于主动式的手法。

1．空间形态与构造设计对建筑热负荷的控制

浙江地区属于夏热冬冷高湿地区，建筑的能耗需要考虑夏季制冷、冬季采暖，以及除湿，相对其他地区来说能耗较高，节能策略复杂。因此单体建筑以及建筑组合，即邻里单元的空间形态与构造设计中应该充分考虑到这些要素，创造良好的基础条件。这是减少固定碳源最基本的空间策略。它主要包括规划布局、建筑形态和围护结构的构造设计几个方面。

1）规划布局

规划布局包括建筑的规划布局，以及邻里单元的规划布局两个空间尺度上的空间策略，其内容主要有选址、朝向、间距。

建筑的间距要满足这个地区的日照和通风要求[①]。建筑朝向为正南北向时，新建建筑的正向间距应不小于两侧建筑高度的1.15倍。旧区改造项目不应小于两侧建筑的1.1倍。当建筑存在方位角时，应当按照表5-4的折算来进行调整。

方位角与折减方法　　　　　　　　　　　　　　　　表5-4

方位	0°~15°	15°~30°	30°~45°	45°~60°	>60°
折减	1.0d	0.9d	0.8d	0.9d	0.95d

注：方位角是以正南为0°，偏东或偏西的方位角；d为正南向建筑之间的标准日照距离。
（来源：作者整理）

2）建筑设计

现在的部分新建民居是面子工程，一味地加大建筑的层高、面积，成为高能耗的建筑。因此，从设计之初，在村民自建的过程中建筑的平面、立面和剖面设计就应当考虑以下几个方面：

（1）基本参数的控制

建筑层高：建筑层高不宜过高，建筑层高过高，会造成冬季室内的回风，致使采暖

---

① 中华人民共和国建设部. 镇规划标准：GB 50188—2007［S］. 北京：中国建筑工业出版社，2007.

能耗增大。合理的建筑层高应当控制在2.8～3.0m为宜。

体形系数：应控制建筑的体形系数，控制建筑外围护结构的传热损失，2层以内的建筑应控制在0.8以内，3层或3层以上的建筑应控制在0.6以内[1]。

窗墙比：住宅空调的能耗会随着窗墙比的增加而增加，夏热冬冷地区农宅的南向窗墙比亦小于0.4，其他朝向应小于0.3[2]。

（2）平面和剖面布局

在建筑设计和构造设计中，建筑的布局和朝向设计应当有利于夏季和春秋季节的自然通风，诱导气流，促进自然通风（表5-5）。

平剖面设计的低碳化　　　　表5-5

要素	基本图示	
通风	平面设计	
	剖面设计	
采光		
热控制		

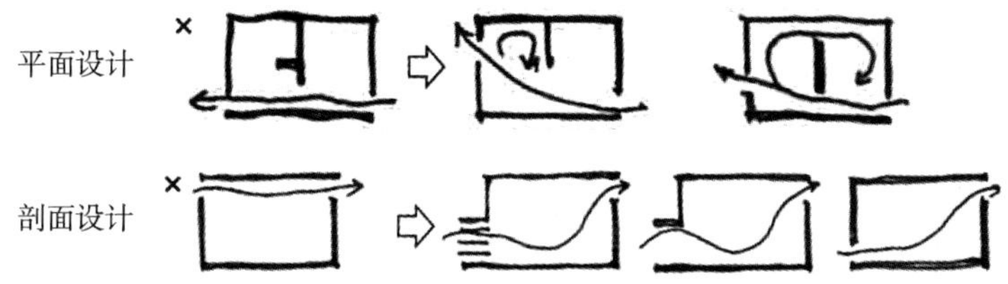

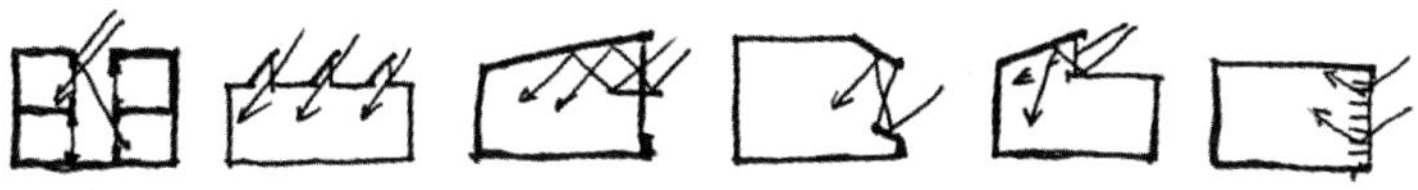

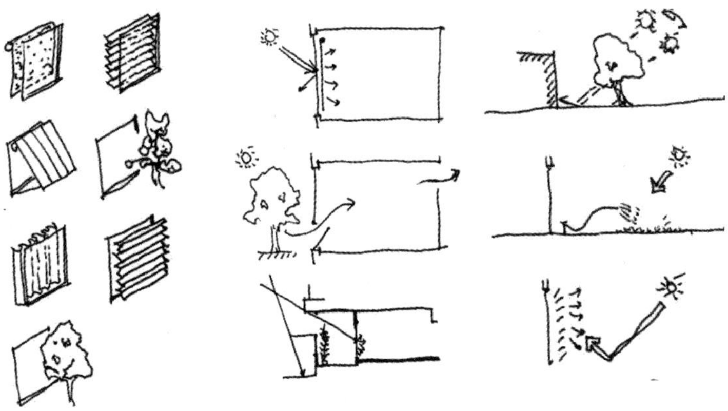

（来源：作者整理）

① 中华人民共和国住房和城乡建设部. 农村居住建筑节能设计标准 GB/T 50824—2013［S］. 北京：中国建筑工业出版社，2013.

② 徐雯. 基于灰色关联分析的农宅节能潜力评价——以夏热冬冷地区为例［J］. 建筑节能，2016（6）：39-42.

（3）围护结构的构造设计

建筑的围护结构，包括墙、屋顶和地面等，是建筑室内环境与室外环境的界面。良好的围护结构的热性能是指其具有较小的传热系数（K），能够阻止室内和室外的热交换，起到保温隔热的效果，以减少设备的能耗。在一般的设计中，建筑围护结构的热性能是通过构造设计来实现的，即控制围护结构的传热系数。在《农村居住建筑节能设计标准》GB/T 50824—2013中也对其设计值给出了基本要求：外墙K≤1.0，外窗K≤2.8，外门K≤3.0，平屋顶K≤1.0，坡屋顶K≤1.5。

在此基础上，相关研究者对浙江省安吉地区的部分农居进行实测和模拟，以分析围护结构的各种节能措施对能耗的影响效果。研究表明，在围护结构中，墙体的热性能对节能的影响最大，在其他构造不变的情况下，合理的墙体构造设计能够使空调的能耗减少20%左右（相对于现有农村住宅的现状）[1]。因此，在无法顾及所有构造细节时，村镇住宅应首先以墙体的节能设计为主。

2．利用热性能的空间构成

1）利用缓冲空间改变结构的热性能

（1）缓冲空间的应用

建筑的气候缓冲空间是建筑内部空间与外部环境之间的过渡空间，是指通过营造建筑实体的空间组合和建筑界面之间的夹层空间等设计手法在建筑与周围的环境之间，建立一个缓冲区域，促进建筑外部与内部的气候要素交流，满足舒适度的要求[2]。

村镇建筑的能耗，尤其是空调能耗，很大程度上取决于围护结构的热性能。村镇住宅大多属于自建住宅，缺乏设计人员的指导，建造技术也比较落后，缺乏细节的设计，往往很难对围护结构的构造进行控制。反之，相对城市住宅，村镇住宅建筑的占地面积大，建筑面积较为宽裕，辅助空间的面积、数量、种类都较多。如果在村镇住宅的设计中巧妙地将这些辅助空间作为主要生活空间的缓冲空间，可以减少外界气候对主要生活空间的干扰，降低居住空间的空调能耗。

村镇住宅中的缓冲空间有坡屋顶内的储藏空间，封闭的阳台以及建筑底层的车库或

---

① WANG M. Research on energy saving and indoor thermal environmental improvement of rural residential buildings in Zhejiang, China［D］. Kitakyushu：The University of Kitakyushu，2016.

② 郑晓贺. 当代建筑中生态缓冲空间解析［D］. 南京：东南大学，2010.

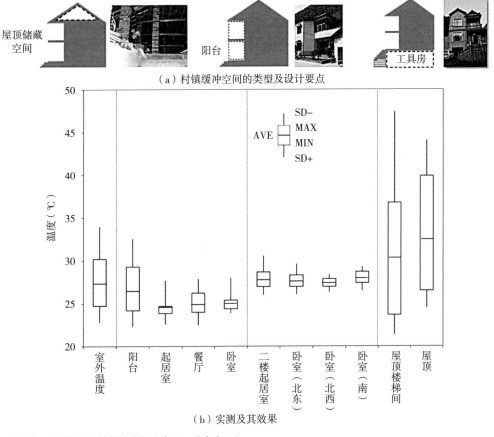

（a）村镇缓冲空间的类型及设计要点

（b）实测及其效果

图5-23 村镇住宅中的缓冲空间（来源：作者自绘）

者工具房。本书作者团队在夏季对部分农宅进行了实测。实测结果（图5-23）显示，在夏季正午炎热的气候条件下，缓冲空间中的温度要高于主要生活空间中的温度。换言之，缓冲空间取代了主要生活空间与自然的直接接触，起到了调节室内环境的效果，并将最终实现建筑能耗的低碳。

（2）适应性"移居"

缓冲空间是利用辅助空间改变建筑的热性能。现代的村镇建筑，家庭的滞留人口要远远少于常住人口，因此可以通过构造不同热性能的空间，并将其良好地结合在一起，以移动的生活模式来实现节能（表5-6）。例如在夏季的白天使用热容量大、太阳得热率小、封闭类的房间，在夜晚使用热容量小、开放类的空间；在冬季白天使用热容量大、太阳得热率大、封闭的房间，在冬季夜晚使用热容量大、封闭的房间。

建筑的热性能可以从建筑本身、内部要素和外部要素三个方面分成几种不同的空间性能，见表5-6。

不同热性能的空间类型　　　　　　　　　　　表5-6

影响因素		热性能空间类型
建筑物	气密性、热容量、开口面积	热容量大的空间——热容量小的空间； 太阳得热率大的房间——得热率小的房间； 封闭类的空间——开放类的空间
内部空间	生活活动、使用时间	白天使用的空间——晚上使用的空间
外部环境	选址条件、方位和风速	阳光充足的空间——阳光少的空间； 迎风的空间——背风的空间

（来源：作者整理）

另外，在特殊的热性能的空间里，有一种空间就是带玻璃的空间。一方面玻璃可以透射所有的可见光，因其具有不透射长波长红外线的特点，能吸收阳光并能产生温室效应；另一方面，它具有良好的散热性能，在没有阳光的时候，能迅速恢复到与外界温度相同。

2）利用热性能的空间构成

空间实与虚的调控——院子和墙：

村镇住宅建筑中的实体空间，通常可以作为热容较大的空间。其热容的大小还可以通过建筑墙体的材质来调节，充分运用那个地方的材料（如厚重的石材）或者是传统材质（如夯土墙）等围合而成的空间是热容量大的空间，竹子、木材等围合而成的空间是热容量小的空间。热容量大的空间和热容量小的空间都属于实空间。虚空间是指由院墙围合而成的院子。村镇建筑中的院子，包括前院、后院和中庭等。实空间和虚空间相互嵌套、并列或是上下邻接，并通过可变的界面进行配合，可以实现这两种不同热性能空间的融合（图5-24），以适应空间气候变化。

重视通风的空间（外） + 保温热容大的空间（内） 遮挡阳光的辐射，缓和昼夜的变化	重视采光的空间（外） + 热容大的空间（内） 利用阳光蓄热注意外墙的适应性和遮阳，防止夏季过热	开放型+封闭型 夏季白天使用开放型冬季晚上使用封闭型	低保温+高保温 夏季白天使用高保温房间，晚上使用低保温房间 在冬季白天将低保温房间作为采光室，夜间将高保温房间作为主卧室	开放型+封闭型 低保温+高保温 夏季时夜间利用上层房间白天利用下层房间 冬季将上层房间作为采光间，白天利用上层房间，晚上利用下层房间

图5-24　不同热性能空间的组合利用（来源：作者自绘）

3．高效设备的导入

随着村镇生活水平的提高，家电设备大量进入村镇家庭。村镇住户中主要的设备包括：炊事用具及热水能耗，建筑照明能耗和空调能耗。其中照明和空调使用电能，炊事和热水主要使用天然气和煤。在几种能耗中，照明占家庭用能的比例最大，是村镇建筑中用电的主要形式，然而只有15%左右的家庭选择节能灯，其余85%仍然使用效率低下的白炽灯，这部分的节能潜力很大[①]。另外空调设备的家庭占有率约为每户1.18台，数量不多。浙江地区的村镇，夏季主要依靠自然通风等手段，使用频率也不高，因此这部分能耗与城市相比并不大。但是村镇住宅的空调能效等级很低，因此也具有很大的节能减排潜力。

村镇建筑的能耗相比城市要小得多，且受经济条件的限制，造价低，因此高价的低碳技术无法在农村推行。根据各种低碳技术的低碳成本，村镇应该选择适合于其生活和经济条件的低碳技术。应该选择低碳的照明系统，如LED照明等低投入、高使用率的灯具。空调设备、炊事设备以及热水供应设备等选择和安装时尽量选择能耗低、效率高的电器。

5.2.3 交通体系的低碳化

交通系统的碳排放主要指汽车以及机动车的碳排放，由交通量、出行距离和CO_2排放强度决定。因此，交通体系的低碳化的措施可以概括为以下三个方面：

（1）减少所需要的出行距离。例如通过"聚居"和"混合"来缩短出行的距离，创造一个良好的步行环境。

（2）减少交通量。促进公共交通系统的建设，并改善其与其他交通之间转换的连贯性。

（3）减少交通工具的碳排放强度。包括改善路况以减少车在路上行驶的时间以及使用低碳的交通工具。

---

① 周晓慧，周孝清，马俊丽. 广东省农村居住建筑能耗现状调查及节能潜力分析［J］. 建筑科学，2011（2）：43-47.

1. 步行与低速交通体系的可达性和便利化

1）步行体系的可达性

在合理的村落尺度和空间设计的基础之上，通过道路体系的设计，增加步行体系的便利化也是促进步行的有效手段。

建筑立面面向步行体系，使步行体系和建筑主体的入口之间有很好的联系。

如在浙江省舟山市朱家尖滨海民宿村落，将宅前屋后的庭院和场地扩大，形成串接的步行连续空间，开放且具有一定的经营性功能，这种步行体系同时依托社区内机动车线路进行平行设置，最大限度利用道路，节约集约用地。与此同时，两边建筑的主入口，结合院墙，与步行体系交织在一起，使得每家每户通过步行的方式都能够以捷径方式到达自己的入户空间（图5-25）。

2）步行体系的系统化和便利化

（1）步行体系具有良好的连通性，并且尽量与机动车道分离。

在城市街区中，创造连续的步行系统并不难。然而，村镇社区是建立在破碎的地理单元之上，受到了地理条件的限制。因此在设计中，应当充分梳理现状，规划连续的步行体系，使其贯穿到整个村庄的规划之中。同时尽可能做到步行系统与机动车道的分离，为步行系统创造良好的步行环境。如果在主要干道的两边无法与车行系统完全分离，可以结合道路形状和尺度等物理特性，干扰机动车的行驶，减慢其在社区中的行驶速度，优先为步行者提供良好的步行体系。

例如浙江省安吉县梅溪镇荆湾村社区，是外部苕溪和内部塘相结合的水网型村落。社区空间被内外水系围合和分割成多个片段。在新村综合环境整治规划设计中，设计者梳理了水体景观，使破碎的水塘相互连通，并形成贯穿整个社区之中的步行体系。这个

图5-25 舟山朱家尖滨海民宿社区步行界面与建筑入口融合规划（来源：作者自绘）

沿水体景观布置的步行体系与苕溪防洪堤上的机动车道分离，保证了步行空间的安全性和舒适性。在浙江省青田县仁庄镇仁庄村传统村落整治与再开发建设中，设计师将原有的建筑质量较差、风貌不协调的建筑拆除，重新打通和织补网络环通的步行体系，将机动环线设置在外围，既有多出入口连接机动道的便利，又降低了机动环线行驶速度，保证了内部步行的舒适与安全。外环系统缩短了机动线路，同时也降低了建设资源消耗和尾气排放，有利于社区碳环境的优化（图5-26）。

（2）步行系统的网络化与系统化。

现有的村镇，住宅相对分散，即使有步行系统也呈零散的片段状态。这样不连贯的步行系统，无法促使步行环境的形成。因此，应该提高步行系统的密度，将步行道路连

荆湾村综合环境整治规划与水景观交通系统设计

仁庄村内外机步分离交通系统规划设计

图5-26　机步交通系统的规划调整（来源：作者自绘）

接成一个整体，形成系统。如果原有的聚落中具有商业或除居住以外的其他功能，应发展居住区的步行系统，使其与商业的部分相连接，并预留足够的空间，构造步行空间的网络。如在浙江省丽水市遂昌县金竹镇茶竹岭社区规划中，设计者将步行体系的网络植入现有的零散村落当中，将停车与村口商业集市结合，内部道路通过盘旋上下的步行系统，依托山体高差连接所有点状邻里组团，使乡村旅游和民众在往返宅、屋、院、场过程中，最大限度地结合梯田景观形成错落有机的绿色社区核心。系统化的步行网络遵循低碳化的资源节约原则，将陡坡捷径和平缓环线相互结合，既提升村民出入的便利，又增加了社区生产、生活通路共享界面的复合利用效率（图5-27）。

2．提高公共交通系统

1）公共交通的便捷性

推行以公共交通为主要出行方式的社区规划，首先应当保证公共交通站点的数量以及公共站点的覆盖范围，使尽可能多的村民能够方便地使用公共交通系统。公共交通的

图5-27　功能环线与出行捷径相结合的步行系统规划（茶竹岭社区）（来源：作者自绘）

站点通常结合公共建筑组团、商业组团，以及特色的景点或产业等布置。在村镇中，尽管地理要素的制约，村镇的规模条件等会导致村镇道路体系以及具体公共交通线路的设计发生变化，但是一般村镇都具有一条主要的通路。这条主要通路连接各级村落，并且形成联系城市与村镇之间的交通骨架。村镇沿这条主要通路的两侧分布，衍生并形成一个又一个的聚居点。

村镇公共交通的规划中需考虑由各级通路形成的网络层次和串联在通路上的各个村镇节点。在村镇中，一般将村委会、产业园区及经济开发区、学校和旅游资源点等作为交通路网的节点[①]。

在规划设计中，通过引导村镇社区的空间布点以及公共设施的布局，提高公共交通资源的覆盖率，使社区大部分的住户都能够便利地使用公共交通系统。另外，通过推行以公交为先导的发展方式，引导城乡空间布局的优化调整，有机更新。

2）设置丰富多样的公共交通工具

村镇的公共交通目前只有在村与村之间以及村镇之间的公交车，或者是镇与城市之间的长途汽车这几种方式。然而随着轨道交通在城市的发展和延伸，城乡一体化进程的加速，村镇也应该结合其经济条件，站在与城市接轨的视角上，发展多层级，多种类的公共交通体系。包括轨道交通在内，主要的公共交通工具有普通公交、快速公交（BRT）、轻轨（LRT）和地铁等。

依照村镇现有的人口和规模，无论是承载数量还是从初始投资额，并不具备引入轨道交通的条件。因此以普通公交配合快速公交体系的混合公共交通体系是符合村镇现状的公共交通系统。快速公交系统一般使用特殊的车辆，在专用的车道中行驶。它与轻轨和其他轨道交通不同的是不需要铺设轨道，只利用现有的道路体系，因此造价低，比较适合于具有人口增长可能但尚未成熟的区域，符合村镇的现状。通过快速公交体系的建立，引导人们使用公共交通。另外通过导入公共交通系统，使更多的村民选择在村子里居住，增加居民或者游客的数量，改变城乡现状人口比例和格局，为发展轻轨交通创造条件。

在规模较大、产业集中的中心村以及旅游资源丰富的自然村应当积极推进快速公交。而在一般的自然村，其人口条件尚未达到发展快速公交的程度，应当在完善现有公

---

① 刘梦淼，李铁柱. 新型农村社区背景下城乡公交规划研究 [J]. 现代城市研究，2016（3）：34-39.

交体系、丰富公交线路的同时，引入和完善多种公交系统，并与快速公交系统以及步行或慢行空间之间相互衔接。另外，在一般的自然村中，可以推行汽车共享等特殊的公共交通模式，形成村镇多样的公共交通体系。

3）增加各级公共交通之间的衔接

各级公交组织的连贯性，换乘节点以及其周围的空间组织会影响和决定人们是否使用公共交通系统。村镇社区中公共交通的节点可以分成村镇驻地、行政中心村、自然村，以及特殊资源点这几个层级（表5-7）。

村镇公共交通系统的等级分类　　　　　　表5-7

分类	特征	公交系统的类型	功能布局特点
村镇驻地/中心村	邻近集镇，基础设施好	BRT、长途汽车、普通公交	医院、学校、政府、商业、医院等多种功能，并具有一定的规模；沿节点或主要通路两侧展开
自然村	邻近公路，基础设施一般	普通公交，自行车租赁等	商业沿节点展开
特色社区（产业/旅游资源点）	具有良好的历史、文化、自然资源或产业资源	BRT、长途汽车、普通公交、自行车租赁等	办公、旅馆、特色商业，沿节点或主要干道展开

（来源：作者整理）

在空间布局上，首先根据以公交为主导的发展模式，在公共交通节点以及其周围地区提供多样化的功能，满足村镇生活的需求。不同层级的节点，规模及功能组织不同，相互补充和强化，形成村镇社区整体的公共交通体系，如图5-28所示。

其次，应当合理地规划停车体系。在中心村、村镇驻地内应限制停车场，设立集中停车场，并配合低速交通工具的设置等，引导并鼓励人们以步行加公共交通作为主要的出行模式，例如增加自行车租赁等服务，不仅为村镇居民也为外来人口或游客等提供步行或低速交通工具（图5-29）。

3．推行低碳交通工具

在部分村镇空间，先导性地推行适宜于村镇生活的低碳交通工具。

减少移动碳源碳排放的另一种有效方式，是将现有的以汽油作为主要燃料的机动车转换成为低碳型车辆。这样在出行次数、出行距离等条件不变的情况下，通过减少机动

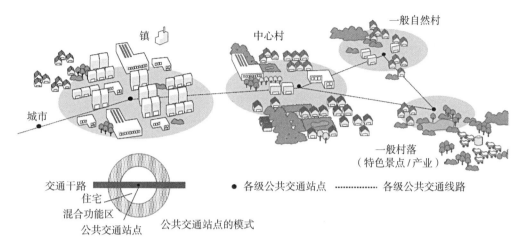

图5-28　村镇社区的公共交通模式图（来源：作者自绘）

图5-29　村镇社区的公共交通与步行/低速交通的衔接（来源：作者自绘）

车的碳排放强度减少移动碳源的碳排放。现在技术比较成熟的低碳型交通工具有混合动力汽车、电动汽车、电动摩托车等。其中，电动汽车及电动摩托车根据其使用的一次能源的不同，可以实现零排放。虽然对于降低碳排放有明显的效果，但是电动车导入的必要条件是充电设备的全面导入。这在现在的村镇，甚至是城市都还无法完全实现。因此电动摩托车、电动自行车等是适合于村镇的低碳交通工具。有利于推行低碳交通工具的空间策略主要包括：在公共交通站点设置相应的充电设备；通过在部分旅游资源或自然资源丰富的地区限制一般机动车，设置低碳型交通工具专用车道等措施，鼓励低碳交通的推行。

　　另外，电动汽车虽然在短时间内无法在村镇大规模推行，但是在特定的区域中，例如在一些以旅游为主的村落，或者在景色特别的地段，这些区域的面积有限、线路固定的前提下，可以根据实际的需要设置充电设备。由于电动车的环境性能优越，可以在以农家乐等旅游业作为支柱产业的村镇试点。

5.3 村镇低碳社区控制单元的开源驱动

5.3.1 区域能源系统概念及适宜技术

1. 区域能源系统的概念

在村镇中，家庭能源需求主要是由供热和供电两个方面构成。由于村镇的密度较低，村与村之间的距离较大，因此在能源供给过程中的能耗更大。参考低碳城市能源供给方面的研究[①]，低碳能源的目标是减少需求，使用低碳能源以及分散产能。其中属于供给端策略的包括使用低碳能源以及分散产能。与空间序列相对应，低碳能源供给系统也包括村域、村落以及建筑层面。村落层面的能源系统构筑，又称为区域能源系统，是低碳能源系统在基层的实践载体[②]，其核心内容包括分散产能和低碳能源的利用。

分散产能，即分布式能源系统与传统的集中式能源系统相对应，它是一种"自下而上"的能源系统。这种能源供给源在用户端，因此能源输送距离短，可以有效减少能源输送过程中的损失。另外，还能够有效地利用潜藏在场地周围的各种可再生能源、未利用能源，循环利用废弃物等，实现能源的低碳化。

虽然分布式能源系统具有低碳的优越性，但是其存在于用户端，因此单体建筑在使用分布式能源系统时会存在能源系统占地面积大、初始投资高等问题。另外单体建筑的建筑用能密度、负荷率以及各个时间段电力和热的消费比例都会影响分布式能源效率，限制了分布式能源系统在单栋建筑中的应用。由几栋建筑或者一个社区共同导入分布式能源系统，即区域能源系统概念是解决上述问题，促进分布式能源系统导入的途径。几栋建筑或者一个社区的建筑形成自己的供电和供热系统，建筑的密度可以增大，从而提高能源利用效率。同时利用不同建筑能耗峰值的时间差，实现系统整体电力消费的平均化，以及利用不同建筑之间不同的热电比形成相互利用废热的能源共享模式，实现综合效率的最大化。

区域能源系统可以分成独立式和非独立式两种（图5-30）。独立式的区域能源系统是建立在能源自给自足的假设下，与现有的能源系统隔离，完全利用可再生能源、未利用能源等分布式能源来满足能源的需求。这种模式造价高，可再生能源的波动性大，所

---

① 龙惟定，白玮，梁浩，等. 低碳城市的能源系统 [J]. 暖通空调，2009（8）：79-84，127.
② 宣蔚，郑炘. 低碳能源系统与城市规划一体化的理论构建 [J]. 规划师，2014（11）：82-86.

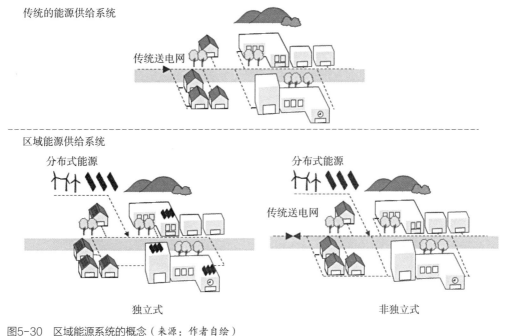

图5-30　区域能源系统的概念（来源：作者自绘）

以需要多种能源或者蓄能设备来保证能源供给的稳定性，适用于现在尚未通电，距离主要村落和能源基础设施较远的独立村落。

非独立式的系统是在与现有的能源系统有能源流动的前提之下，通过现有的能源系统网络与外界相连。这种系统有些是在保留现有系统的情况下，再建立一个新的网络，有些是利用现有的网络，形成回路。可再生能源等分布式能源首先在区域能源系统的网络之内利用，当能源剩余时，可返回传统电力向其他地区供能。建立一个新的网络时，新的网络与原有网络形成能源供给双重网络，稳定性高，但是造价一般比较高。使用原有的电力网络形成区域能源系统的方式具有很强的经济可行性，但是在与现有网络的兼容性上需要特别的技术支持并且以有效地控制能源需求为前提。对于大部分的村镇社区，从经济可行性方面考虑，非独立式的小型即部分的区域能源系统是一种可行的方式。

2．以邻里单元为基础的村镇区域能源系统

1）在社区空间设计中，渐进式导入分布式能源系统，减少能源传输中的损失

相比城市社区，村镇社区能耗消费的强度低、密度小，建筑较为分散，建造时间也不同，因此无法像城市那样在大片区域形成区域能源系统。村镇社区中分布式能源系统

图5-31 以邻里单元为基础的区域能源系统的模式（资料来源：作者自绘）

的导入需要在调查研究村镇能耗的基础上，根据新宅建设以及公共建筑情况，以邻里单元为基础，渐进式导入。其模式主要有两种（图5-31）：

（1）在紧凑布局的村镇结构下，以公共建筑、商业建筑和产业建筑的建设等为契机，导入具有一定规模的能源系统，并与相邻的住宅邻里单元进行能源共享。

公共建筑、商业建筑和产业建筑等，能耗较高，规模较大，造价相对住宅建筑要高出许多。因此以这些建筑的更新为契机，导入新型的区域能源设备，并对周围地区进行能源供给。以具有一定规模、高效率的能源供给设备代替周围建筑原有的陈旧设备。这样不仅能实现新建建筑的低碳，还能带动周围建筑实现整体低碳。

（2）以住宅更新为契机，根据需求端的负荷特点，导入能源共用模式。

住宅的能耗较低，在村镇住宅建筑中导入分布式能源系统的经济可行性不强。因此以住宅更新为契机，在邻近建筑甚至在邻里单元中引入能源共用的模式，如热水共用，能源共享，这种方式可以选用高效的热水设备，甚至是太阳能热水器，代替原有的低效率的热水设备。

2）促进能源的循环利用，提高综合效率

公共建筑、商业建筑和产业建筑，能耗较高，可以在这些建筑中导入热电联产，或者其他废热利用等设备，在产电的同时能够回收废热，为建筑提供热水和空调用能。当这些建筑能耗负荷的热电比和热电联产设备的性能相吻合时，系统能够实现比较高的能源综合利用效率。公共建筑、商业建筑一般在白天使用，且用能的峰值出现在中午，夜间的能耗几乎为零。另外，公共建筑和商业建筑对电能的需求较大，几乎没有热水的负荷。住宅或者是经营农家乐的家庭则主要在夜间用能，且峰值出现在18时到21时之间，有相对较高的热水负荷。在以混合功能配置为基础的村落内，如果能有效利用公共建筑、商业建筑与住宅建筑在用能时间以及用能模式上的互补，将其有效混合，可以实现最佳的能源利用效率（图5-32、图5-33）。有研究表明，在以住宅为主的社区中，以邻里单元为基础的区域能源系统模式下，非住宅的比例在10%左右时，系统的效率最佳[①]。

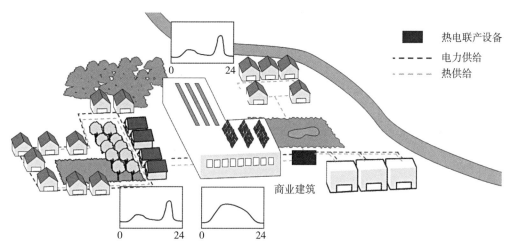

图5-32　混合功能模式下的区域能源系统概念（来源：作者自绘）

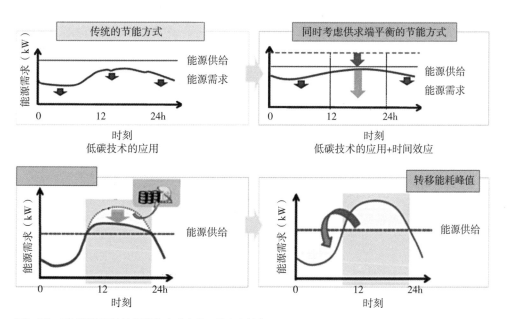

图5-33　区域能源系统的低碳效应（来源：作者自绘）

① FAN L，GAO W，WANG Z，Integrated assessment of CHP system under different management options for cooperative housing block in low-carbon demonstration community ［J］. Lowland technology international，2014（2）：103-116.

但是中小型的热电联产设备的驱动以管道供给的天然气为主，且对天然气压力有一定的要求，因此只在部分已经实现天然气供给及符合利用条件的村落中才能实现。

3）促进多种能源的利用

区域能源系统的导入是为了更好地应用各种分布式能源，以需求端能源需要来决定供给端的能源供给。可再生能源属于清洁能源，碳排放几乎为零。热电联产系统大多数使用天然气等清洁能源作为一次能，碳排放率要远远小于传统的电力。虽然可再生能源、新能源等在环境性能上具有明显的优越性。但是其发电量不稳定，投资费用高，蓄电设备的费用更高。尤其是太阳能等，受到天气和气候以及技术条件的影响，发电量很不稳定。因此，区域能源系统应该多种能源并用，在传统的电力的基础上，综合使用包括热电联产，以及可再生能源、未利用能源在内的多种能源。设计时应该首先评估各种能源的供电能力，配置各种能源的容量，提高其环境性能的同时也注重经济性和能源供给的稳定性。在村镇社区中，可以采用以传统的电力作为基础，适当配合其他能源的区域式能源系统（图5-34）。

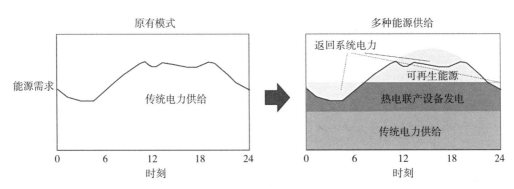

图5-34 多种能源的供给模式（来源：作者自绘）

5.3.2 可再生能源与未利用能源的导入

1. 太阳能的利用

浙江地区，属于太阳能可利用地区之一。太阳能在村镇住宅中的运用主要包括太阳能热水系统、太阳灶和太阳房[1]，其中太阳能热水器在浙江地区的村镇中应用尤为

---

[1] 唐泉，宣蔚. 可再生能源在新农村住宅中的技术运用［J］. 安徽农业科学，2012（5）：2862-2863，2976.

广泛。然而这些热水器的安装缺乏与建筑设计的有效结合，破坏了整体的村镇景观（图5-35）。有利于太阳能利用的空间策略是指村镇建筑设计、邻里单元组团设计和社区空间设计中应该有效地与太阳能利用相结合，为太阳能的获取和利用创造有利条件，形成技术和建筑设计的一体化。

1）建筑及邻里单元的空间设计有效地结合太阳能的光热利用和光电利用

太阳能可以转化成热和电两种能源形式。浙江地区的村镇，太阳能的光热利用技术主要有太阳能热水器和太阳房。太阳能热水器属于主动式的太阳热利用技术，技术最成熟，产业化程度最高。太阳房是一种被动式的太阳能热利用的手法，目前已经被广泛地应用到农作物的培育中。因此，在低碳的建筑空间布局中，应当将太阳能房的设计原理与建筑的功能布局有效结合，以被动式的手法加强建筑的冬季采暖。同时，将太阳能热水器的安置与建筑的形体设计有效结合，同时满足生活热水以及冬季采暖的要求。

太阳能发电在建筑单体设计中就是将太阳能光伏板的安置与建筑的屋顶或者立面的设计协调统一，并考虑到建筑的结构承重、线路布局以及安装维护等。

以图5-36中浙江省安吉县的村镇住宅设计为例，利用太阳采暖时屋顶的最佳角度是当地纬度加15°，安吉县的纬度在30°左右，因此，屋顶最佳太阳能利用角度应当为45°左右。设计中以"倒坡屋顶"的形式代替了传统的双坡屋顶，可以将太阳能热水器、太阳能光电板隐藏在建筑的内立面，不破坏建筑的外观。另外，在建筑的南向，加上了阳光间（太阳房），以被动式的手法实现冬季的建筑采暖。

在邻里单元的空间设计中，可以结合地形和用户状况，在基于邻里单元为基础的区域能源系统概念下，以公共建筑建造和住宅建筑更新为契机，运用在邻里单元内的集中式热水供应系统（图5-37）。通过能源共享的模式，进一步提高系统的整体效率，降低设备的初始投资。

图5-35　太阳能利用现状（来源：作者自摄）

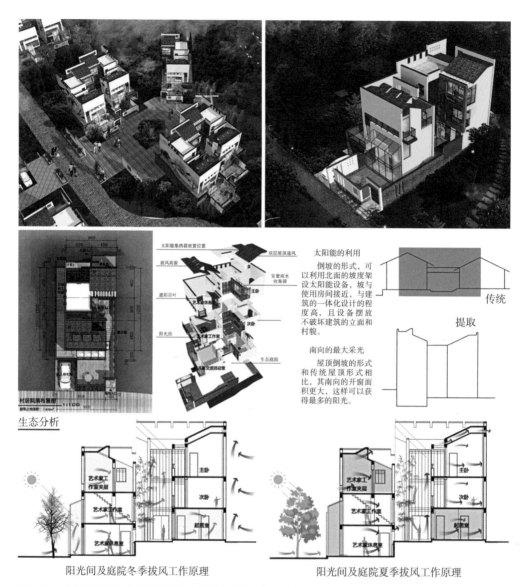

图5-36 太阳能利用结合建筑设计的住宅设计实例（来源：作者自绘）

2）社区空间设计与太阳能光电系统

在社区的空间设计中，应当在开阔并且阳光充足的地方建设太阳能农场，将其产的电能并入区域能源系统，对全村进行供电。但是太阳能农场的投资大，产电量大，对于经济条件有限、能耗不高的村镇，其经济可行性不大。反观城市社区，其用地紧张，能耗高，有用电的需求，却没有投资建设的场地。因此，可以建立城乡能源联合建设的模式。由城市的用户投资在村镇建设太阳能农场，其发电量一部分供应村镇，剩余的部分返回传统电网，供应城市的电力需求（图5-38）。

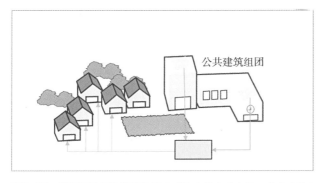

图5-37 以邻里单元为基础的集中式热水供应（来源：作者自绘）

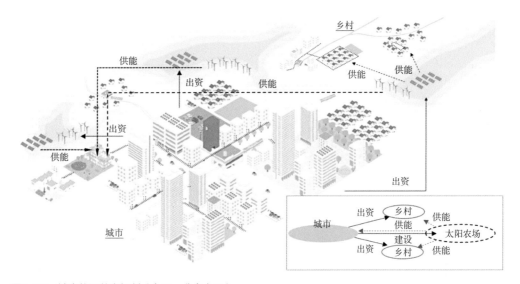

图5-38 城乡能源共赢机制（来源：作者自绘）

2. 生物质能的利用

目前，中国村镇生活中的能源中有很大一部分来自秸秆、薪柴等生物能源，大约占中国农村总能耗的1/3，占生活能源消费的1/2①。生物质能的应用有两种基本方式：传统的直接燃烧方式以及生物能的清洁使用（如沼气和生物质能发电）。其中，以传统的生物质能利用为主。传统的利用方式的利用效率低，会产生大量的环境污染。因此低碳空间策略即要通过空间设计与生物能技术相结合，引导村民实现生物能的清洁使用。

---

① 陈艳，朱雅丽. 中国农村居民可再生能源生活消费的碳排放评估［J］. 中国人口·资源与环境，2011（9）：88-92.

生物能的清洁使用主要有两种：一种是利用热化学反应，利用生物质能产生的热；另一种是利用生物化学技术，即利用沼气，用焚烧的方式发电并将有机固体废弃物作为土壤肥料。

在新村镇的建筑和邻里单元的设计中，可以利用建筑的庭院或者是邻里单元的公共空间设置沼气池，实现沼气的一体化利用。相关研究显示，一口容积为8m³左右的沼气池可以满足3~4口人的农户一家人的电和热的消耗。

另外，在社区范围内，尤其是中心村，也可以结合区域能源系统，建立具有一定规模的垃圾发电站。在空间设计上，要在邻里单元、社区、村镇各级设立废弃物的分类回收点，并与区域能源系统有效地结合（图5-39）。

3. 水资源的利用

村镇内的生活用水量并不大，其中有很大的一部分用来冲洗卫生间或者是浇灌农田或花园。这部分用水中的50%左右可以通过雨水及中水的利用来实现[①]。村镇社区单元面积相对城市社区具有更多的露天面积比例，场地水环境和水路径是对水资源调控的重点。

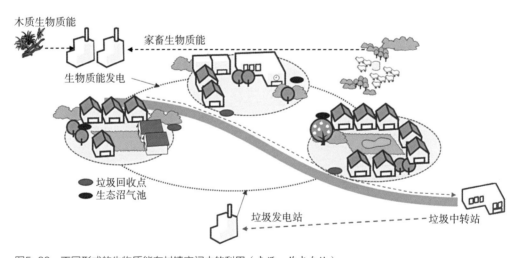

图5-39 不同形式的生物质能在村镇空间中的利用（来源：作者自绘）

---

① 唐泉，宣蔚. 可再生能源在新农村住宅中的技术运用［J］. 安徽农业科学，2012，40（5）：2862-2863，2976.

水资源的循环利用可以从村镇和邻里单元两个层面来实现。在村镇层面上，主要是指与景观设计相结合的雨水利用。利用现有的河道、水塘和沼泽等增加雨水的蓄水量。如在浙江省安吉县梅溪镇荆湾村的海绵社区设计中，将现有的河道、内塘进行整理，不仅为当地居民提供了高品质水环境的公共交流的场所，为乡村旅游提供了四季变化的滨水景观。改造后的河道和内塘在雨水季节成为调控水量的天然海绵蓄水池（图5-40）。

邻里单元和建筑单体中的水循环利用是指通过对邻里单元和建筑单体的形态控制，将雨水导入回收利用系统。村镇住宅建筑较城市建筑而言造价低，因此投资大的雨水回收及中水利用系统的经济可行性较低。利用建筑屋顶、庭院、花园的设计实现的雨水回收系统具有很大的应用前景（图5-41）。

另外，以邻里单元的更新为契机，结合景观设计，在邻里单元的公共空间中设置雨水收集系统。村镇的生态环境优越，雨水经过简单过滤，甚至不加处理便可以使用。村镇生活的用水量相对城市生活来说要小得多，在雨量丰富的季节，仅雨水收集便可自给自足。另外，洗衣、洗澡和洗碗等产生的废水，经过简单的生化处理后可以用于厕所冲洗、自留地的浇灌等。低碳视角下的村镇社区水资源利用与处理，可以形成分类、分区、分时的组合化海绵体系（图5-42）。

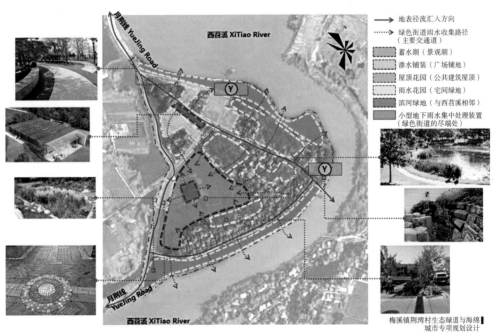

图5-40　荆湾村社区海绵景观改造（来源：作者自绘）

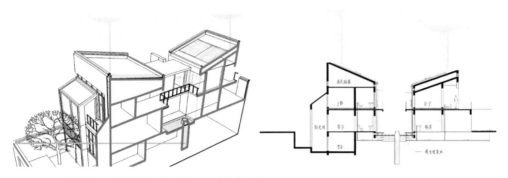

图5-41 建筑空间设计与雨水回收（来源：作者自绘）

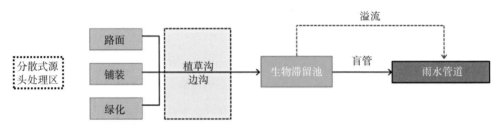

路面、铺装、绿化雨水经植草沟或边沟收集转输后，进入雨水滞留器（过量雨水溢流进入市政管道），经过净化处理后的通过雨水管道排入河道。

屋面雨水进行初期雨水弃流后收集进入雨水蓄水池，经过净化处理后进行储存，以供景观补水及绿化浇洒。

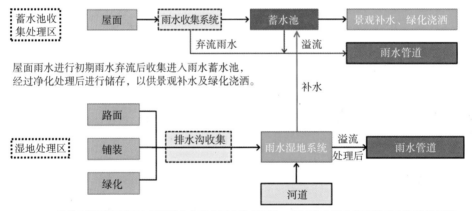

道路和硬质地面雨水经管道收集进入雨水处理系统，经过净化后收集至景观水池以供利用。

图5-42 村镇社区单元的水资源海绵利用系统（来源：作者自绘）

5.4 村镇低碳社区控制单元的增汇调节

村镇空间中的碳汇有两种形式，直接碳汇和间接碳汇。村镇的生活生产在社区空间中产生的碳，将在自然或人工的环境中被固定、吸收与降解，这是直接碳汇。另外，建筑的屋顶绿化、垂直绿化、邻里单元中的绿地空间、社区中的绿地，以及保留的农田和水体，可以起到调节微气候环境，减少碳排放的作用。

村镇空间设计增汇的低碳策略体现在建筑及邻里单元的空间设计策略和村镇的空间设计策略这两个层面的内容。在建筑及邻里单元中通过空间设计的手法，保留场地中的绿地、植被、水体，并与被动式建筑设计的手法相结合调节室内和邻里单元内的微气候环境。在村落层面中，尽可能保留绿地、农田和水系，首先从数量上保证其对碳的固定与吸收效果，其次通过整体形态关系的把握，结合当地的自然条件、地形地貌使其发挥最大效能，调节社区的气候环境，起到节能减碳的作用。另外，合理的社区绿地系统设计，能够引导人们的出行方式，以步行代替车行，起到节运减碳的效果。

5.4.1　村镇生态系统的保留

利用树木遮挡太阳的直射并利用规划形态形成风道，是改善室内外气候条件最经济和普遍的方法。然而，由于村镇空间周围存在着大量林地、农田等自然植被，在村镇的营建过程中经常忽略场地内部的绿化、生态斑块和水系等。取而代之的是如城市一般的水泥马路，完全磨平了原有的地形，改变了其地质地貌的条件。建设后的新村，或是模仿城市的绿化，或是忽略绿化，在丧失了村镇特色环境的同时，也破坏了村镇原有的生态体系，破坏了存在于这个生态体系里的物种（图5-43）。住宅建筑、公共空间和景观体系是新农村建设中的主要内容，以下将通过这三个方面来阐述村镇社区的空间设计策略以及村镇生态系统的保留。

在城市社区中，绿地系统等是最重要的碳汇。然而相比人工的绿地系统，自然的完整的生态系统的碳汇能力要远远大于绿地。村镇社区存在于广域的自然环境之中，生态系统物种丰富，系统完整。因此在村镇社区中，增加碳汇能力的空间设计策略，首先应当是在建筑与邻里单元的选址以及场地的建设中最大限度地保留原有的生态系统。在城市中，增加碳汇提倡的是"种树"，而在村镇，增加碳汇提倡的是"种房子"，即在最大限度保留原有生态系统的前提下建造房屋。

1. 建筑用地中的生态保留

1）单体建筑以及邻里单元的建筑空间组合，应有效地结合地形，不破坏场地的特性，以及水系、山地等自然环境。

在建筑、邻里单元建设时，其选址首先应该遵循紧凑发展的模式，尽量避免建成区域的扩大，尽可能地保留原有的生态系统（图5-44）。

2）对农田、林地以及水塘的保留。

村镇中的碳汇系统包括农田、林地和水体。然而除了大面积农田、水系和林地以外，更多的是以小型的生态斑块的形式散落在村落之中。快速的新农村建设中往往采取

破坏原有植被及道路

忽略原有地形地貌

破坏原有水体界面的景观

图5-43　忽略现有生态的村镇建设（来源：作者自摄）

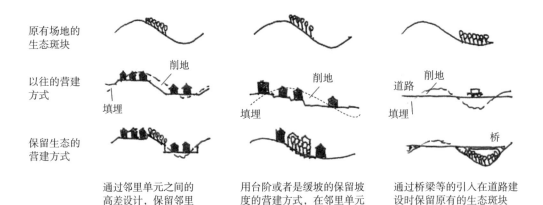

图5-44　保留生态的场地营建方式（来源：作者自绘）

"填水挖山"的方式，破坏原有生态系统，大大削弱了村镇环境的碳汇能力。因此，低碳的村镇空间规划设计策略是要将这些破碎的生态斑块进行整理，形成连续的系统，促进物质与能量流动，使生态功能得到最大的发挥。

以浙江省台州市仙居县淡竹乡上井村田园景观轴规划设计为例（图5-45），设计将原有零散破碎的村庄内部小块农田，通过带状的串接和用地调整，形成一个绿色核心轴带，成为社区共享的田园空间，提高村庄内部通风廊道、雨水调节和热环境改善的重要生态功能。村庄内部建筑组团通过绿色轴带进行有机分散组织，既形成良好的错落有致的村落风貌，又有利于乡村邻里结合微环境的林地、景田和水塘，开展农旅、民宿等多种业态，让低碳环境效益转化成生态经济效益。

3）建筑及邻里单元的布局应当充分考虑并有效利用地形地貌以创造良好的微气候环境。

地形是自然风土形成的形态，对村镇社区的小气候有很大的影响，是一种低碳的潜在力量。日照时间、太阳辐射量、风向、风速和气温分布等都会随地形的变化而变化。

（1）日照：传统聚落的分布受日照的影响很大，一般住宅建筑都集中在日照时间长、太阳辐射强度大的区域。夏季的太阳角度高，因此无论坡度的朝向如何，阳光的直射量都相差不大，但是在冬季，在坡度为30°的北坡面上完全没有日照，而在南坡面的坡度为60°左右时，太阳的辐射量最大[1]。因此在做新的社区规划时，因对地形、日照

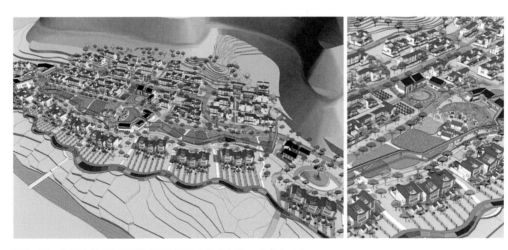

图5-45　台州上井社区田园景观轴规划方案（来源：作者自绘）

---

① 彰国社，任子明，庞玮，等. 国外建筑设计详图图集 13：被动式太阳能建筑设计［M］. 北京：中国建筑工业出版社，2004.

及太阳辐射进行研究，选择合适的建筑及邻里单元场地。

（2）风：在山地村落中，山谷风是影响微气候环境的重要因素。风总是沿着山谷而吹，但是风的方向会因为时间不同而有差异（图5-46）。

（3）水体：在平原水乡型村落与山地形村落中都存在着不同形式和不同大小的水体。水体对于建筑及社区的微气候环境的调节作用，要以季节性的风作为前提条件。水体对于微气候环境的调节作用包括水的热容量、蒸发潜热和热扩散。水的热容量相比其他物质要大，因此降温和升温比别的物体慢，能起到调节温度的作用。蒸发散热是指水体表面的蒸腾作用会带走潜热，从而降低这部分水面的温度。热扩散是通过水体表面的水与下层的水进行混合与热交换，从而实现不容易冷也不容易热的特性，再加上风环境的影响可以加强水体对气候调节的作用（图5-47）。

为了通过这三种效应实现水体对微气候的调节作用，应当在设计中注意风向的影响，水体的面积与深度，保证水体的流量和水质以及光的反射作用（图5-48）。

2．公共空间——可呼吸的界面设计

村镇社区中的公共空间包括线状、点状和面状三种空间形式。低碳空间设计策略主要通过对界面的控制来实现生态的保留。

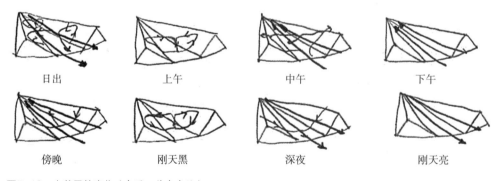

| 日出 | 上午 | 中午 | 下午 |

| 傍晚 | 刚天黑 | 深夜 | 刚天亮 |

图5-46 山谷风的变化（来源：作者自绘）

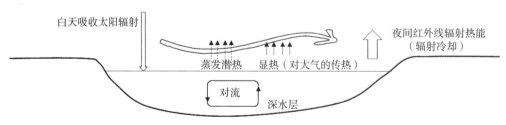

图5-47 水体对于微气候环境的调节作用（来源：作者自绘）

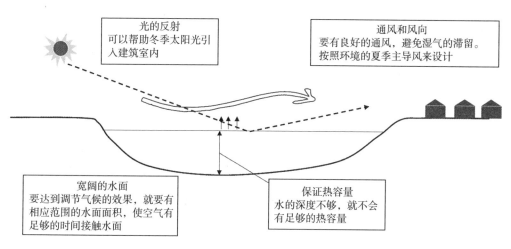

图5-48　水体气候调节作用的设计要项（来源：作者自绘）

　　线状空间包括道路空间和水系空间，是村镇社区中的生态廊道，因此保留其生态系统的自然性与完整性才能保证村镇社区生态系统整体机能的有效发挥。线状的空间包含三个界面，下界面以及围合两侧的侧界面。道路空间的下垫面即道路的表面，而侧界面则是由两侧建筑或者是院墙围合的。在现有村镇道路空间的设计中，由于机动车数量的增多，道路的下垫面按机动车行驶的标准进行硬化处理，变成了清一色的水泥路面。另外，在建筑设计上套用城市的模式及材质，破坏了村镇原有的由建筑和院墙构成的虚实相间的界面。村镇社区中的水体有水塘、小溪及水渠。在村镇建设中，或是将其填埋，被建筑用地所替代，或是以硬化的河岸、水渠代替原有的界面。

　　点状空间是指村镇社区中的节点设计，包括村口、景观小品（廊、棚架、亭），以及建筑和道路之间的过渡空间。节点是低碳控制单元中的低碳调节器，与线状空间相结合，成为生物物种的栖息地。面状空间在村镇中是指扩大了的点状空间，具有一定规模的公共聚集地。

　　无论是线状、点状空间还是面状空间，现在的许多村镇设计中都模仿城市的设计，致使界面硬化。这些硬化的界面破坏了原有的生态界面，破坏了物种的生存环境。在空间设计中，应当以可呼吸的界面，具有地方特色的材质，使对生态系统和原有物种的扰动最小化（表5-8）。

可呼吸的界面设计　　　　　　　　　　　　　　　　　　　表5-8

（来源：作者整理）

5.4.2　建筑空间与邻里单元中的碳汇

村镇建成区的扩张，道路的硬化，河道的改变等土地利用方式的变化是影响村镇碳汇的最主要因素。混凝土的建筑，水泥的路面取代了原有的土地、农田、水田、水塘和小溪，这些被硬化的界面吸收并储存了太阳中的热量，使建成区域的温度升高，引起了村镇空间的热环境变化，产生了和城市一样的温室效应以及气候变暖的现象。尽管这种变化并不能立刻被人体所感知，但是其对于村镇环境，甚至是整体环境的影响却不可忽略。

村镇的建设以住宅建筑为主。因此为了缓解气候变暖和环境变化，碳汇系统的导入应当首先从住宅建筑开始，尤其是以住宅建筑更新、扩张或者重建为契机，增加环境基础设施，即碳汇体系的导入。通过在营建过程中导入的树木或植被调节建筑室内环境以及小气候环境的舒适度，减少建筑能耗，同时增加固碳的直接碳汇效果。

1. 屋顶绿化及垂直绿化

村镇的营建过程往往以有机更新的模式为主，即在原有的建成区中新建或重建建筑。这样的更新模式会增加原有场地的建筑密度，不利于绿化空间的导入。屋顶绿化和垂直绿化可以在这种建筑较为密集的区域中增加自然下垫面。这些绿化的界面一方面通过蒸腾作用和光合作用影响碳元素的转换，另一方面通过绿化中的蓄水介质的整体热容量对室内和室外小气候环境进行调节。

在浙江地区的夏季气候条件下，绿化的表面温度与硬化路面的表面温度相差10℃左右。相关研究表明，屋顶绿化和地面绿化对环境的调节作用十分相似，可以代替地面绿化，实现碳汇补偿①（图5-49）。

在乡村社区实践中，浙江省湖州市安吉县梅溪镇三山村社区中心改造针对原有建筑进行表皮重塑，采用垂直绿化构架体系对原有西晒强烈的主立面进行低碳处理。通过加厚龙骨尺寸增加西晒能量的遮挡，同时采用当地花卉产业进行绿化上墙的柔性立面改

图5-49　三山村局部红外热像法测绿化的效果（来源：作者自摄）

---

① 郑星，杨真静，刘葆华，等. 红外热像法研究屋顶绿化对热环境的影响［J］. 光谱学与光谱分析，2013（6）：1491-1495.

造，加上立面幕墙处理，使得原有建筑墙体处于南北向通风廊道腔体中，在实际使用中为各主要功能房间提供了较好的夏季遮阳和空调节能效果（图5-50）。

除了一般的屋顶绿化以外，还有轻绿化屋顶以及蓄水绿化屋顶。蓄水绿化屋顶或者是含水土层较厚的绿化屋顶，由于其热容较大，对于环境的调节作用较好，但是由于屋顶的荷载大，对于结构要求较高，造价高，施工复杂，维护也不方便。因此，仅限于能耗较大、施工较好的公共建筑。对于普通的村镇住宅，利用普通的屋顶绿化，对由住宅建造引起的碳汇损失做一定的补偿即可（图5-51）。

如果绿化屋顶施工困难难以推广的情况下，可以结合村镇的特点，利用一些爬藤植物，采用建筑垂直绿化的形式。以垂直绿化实现碳汇的保障。另外，落叶性植物夏季遮挡辐射，冬季透射阳光的特点可以用于冬冷夏热地区的绿化改造。

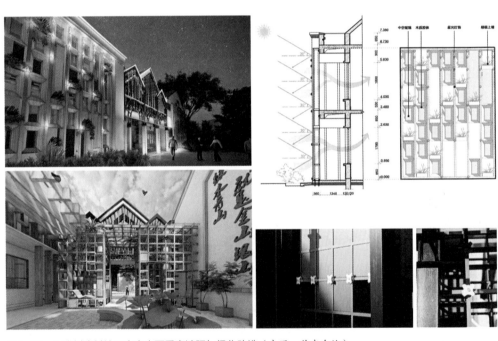

图5-50　三山村乡村社区中心立面垂直遮阳与绿化改造（来源：作者自绘）

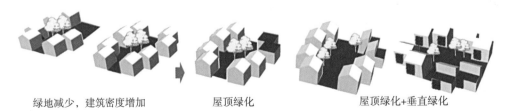

绿地减少，建筑密度增加　　　　　屋顶绿化　　　　　屋顶绿化+垂直绿化

图5-51　屋顶绿化及垂直绿化（来源：作者自绘）

2. 植物的利用

结合村镇社区绿化的特点，通过空间设计的手法，有效控制植物与建筑之间的关系，利用植物创造舒适的建筑室内外及邻里单元的微气候环境。

浙江地区的气候是夏季高温高湿，因此为了在夏季营造出舒适的村镇社区环境，一般的方法是充分利用包括树木在内的植物。建筑室外环境的热舒适度常常用体感温度来衡量，体感温度与太阳辐射、气温、湿度和风速有关。因此树木对于微气候的调节也主要从以下几个方面来实现。

1）树与太阳辐射

植物在其生长过程中需要吸收太阳的辐射，是天然的太阳辐射集热器以及遮挡太阳的有效工具。因此，在树荫下人们会觉得舒服。在被动式太阳能利用的设计中，常常在建筑的南向种上高大的落叶树，夏季以茂盛的树荫遮挡太阳辐射，冬季在落叶之后阳光可以进入室内。另外，在长江三角洲地区，东面和西面的日晒也很强烈，需要结合树木来遮挡。在村镇建筑中，可以结合竹林或者是爬山虎一类的爬藤植物来实现。在场地局限，没有空间种植树木的情况下，可以利用地方材料等对东西侧墙进行遮挡。例如在浙江省湖州市安吉县示范村无蚊村的小学改造设计中，设计者利用当地的竹子作为墙体的贴面材料，从图5-52中可以看出，竹材的表面温度比内部墙体的表面位图要高大约10℃，贴面材料的利用可达到遮阳隔热的效果。

图5-52 竹片墙的效果（来源：作者自摄）

2）树与风的控制

树木还可以通过调节气流、风速和湿度来调节微气候环境的舒适度。一方面，树木要起到挡风的效果，防止强风导致的细缝风的侵入，同时减少建筑的热损失；另一方面，树木及其他灌木与建筑之间不同的位置关系可以改变风向，使建筑室内和室外的通风条件得到改善，通过制造空气流动形成舒适的室内外微气候环境（图5-53）。树木对空气具有一定的过滤作用，可以清除空气中的悬浮物质，使穿过树木进入室内的空气变得清新。

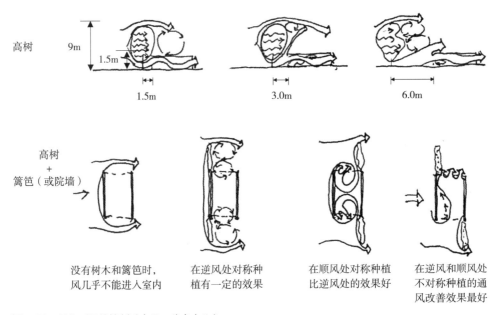

图5-53 植物对风的控制（来源：作者自绘）

5.4.3 村镇空间的碳汇体系

社区层面上的村镇碳汇体系通过直接碳汇和间接碳汇这两种碳汇途径实现低碳的效应。因此空间设计策略也可以从这两个方面来阐述：一方面，村镇社区的空间设计应结合场地中的原有绿地和水体，设计位于不同空间层级的碳汇体系，以保证碳汇量；另一方面，在社区整体的碳汇体系设计上从结构上减低碳排放要保证村镇社区原有生态系统的功能完整性，并结合地形气候特点，实现对小气候的调节，降低能源的消耗从而实现低碳。另外，合理的碳汇体系结构，能够提供舒适的户外环境，尤其是在村镇生活中促使人们从室内走向室外，以改变人们的生活习惯来降低能源的消耗。

村镇社区的人口密度、建筑密度低，自然资源丰富，因此碳排放率要远远小于城市。因此与城市相比其类型、功能和布局上都具有特殊性[①]。

1. 村镇空间碳汇体系的构成

在城市社区中，热岛效应、大气污染等环境问题日趋严重，因此对于碳汇系统，主要是指城市绿地系统的面积要求较高，通常用城市绿地覆盖率来评价。其形式以各种大小的公园为主。相比较而言，村镇的碳汇体系更贴近于生产与生活，如自家后院的自留地，村口的一棵古树，孩子们嬉戏的一片果树林等，并不像城市的碳汇系统一样复杂，在兼顾碳汇作用的同时，更具有生活气息，是生活空间的一个部分。与特别设计的城市综合性公园、社区公园不同，村镇社区的碳汇空间应当以自然形成的空间为主，其设计策略应当结合村镇的人居单元和地理单元的特点，将村镇的碳汇空间贯穿到景观体系的设计中。

与公共空间相结合，贯穿于村镇景观体系中碳汇体系由道路、步行空间、自然形成的广场以及开敞空间构成（图5-54）。

（1）道路体系。道路体系是指机动车通行的道路，主要有村镇公路和村道。大多数情况下，村镇公路和村道穿越村镇社区，社区沿道路的两侧发展。道路串联起周围的山林、农田、池塘和村庄，景色优美而富于变化，是村镇社区最主要的生态廊道。城市的

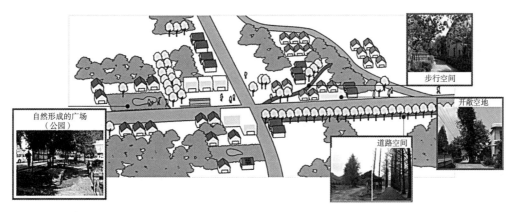

图5-54　村镇公共空间与景观体系（来源：作者自绘）

---

① 徐宁宁. 低碳背景下小城镇规划适应性方法研究［D］. 天津：河北工业大学，2012.

道路绿化是连续的绿化带，而村镇社区的道路绿化体系应该在充分利用现有植被形成连续廊道的前提下，在景观元素发生变化的同时，留下视觉廊道。

（2）步行空间。为步行空间提供良好的绿化体系，在实现碳汇的同时，也能够为居民和旅游者提供良好的步行环境，以步行取代车行。

（3）自然形成的广场与开敞空间。结合商店、村口、大树等地带设置广场（自然形成），并结合小学、政府办公楼等设置开敞空间。现在许多的新农村建设中为了发展旅游，这些空间大多被硬化，尺度大且空旷。硬质的场地下垫面也会吸收太阳辐射而升温，影响小环境的舒适度，从而进一步导致能源消耗的增加。这些广场与开敞空间应当结合地方特色，种植适量的植被，使这些景观上的节点成为碳汇体系中的低碳调节器。

道路体系和步行空间是线，广场与开敞空间是点与面。村镇的碳汇体系应当是点线面结合的体系。这个点线面相结合的设计，与村镇整体风环境设计相结合，能起到调节微气候环境的作用。另外，这些绿化系统还起到固碳和吸碳的作用，其固碳的能力应该满足村镇社区现有的碳排放容量。

2. 村镇碳汇体系的结构

1）碳汇体系的结构有利于生态系统的功能完整和良好的小气候环境

村镇的碳汇体系除了在面积上满足固碳和吸碳的效果外，需要在整体结构设计上保证其生态功能的完整性（图5-55）。

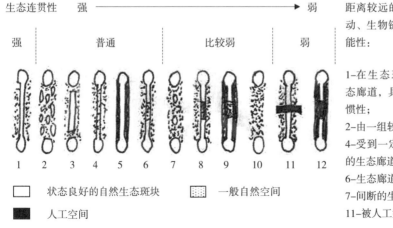

图5-55　碳汇结构体系与生态功能的保留（来源：作者整理）

（来源：FORMAN R T T. Land mosaics: The ecology of landscapes and regions [M]. Cambridge: Cambridge University Press, 1995: 201. ）

2）碳汇体系调节小气候环境

合理的碳汇体系结构设计，可以调节社区小气候环境，培养人们室外活动的习惯，减少建筑能耗。

树木能够遮挡太阳辐射，能够调节气流，有改善社区环境舒适度的效果。在整体设计上其结构应具有自然性、均衡性和网络性。概括地说是结合自然地理单元的现状特点，以小而多均衡布局的形式布置，点，面（广场和开敞空间）与线（道路与步行体系）结合形成网络体系。点状的空间中通过绿化、保水性的地面材料等，形成凉爽的微气候，使冷的空气在这些区域内滞留，成为社区中的低温区。同样，通过种植高大树木形成绿荫步行道，以及透水性材料的步行道，可以在夏季创造出凉爽的线状空间，这些线状空间顺应主风向布置，形成风廊。滞留在低温区内的冷空气，通过风道带到社区的整个空间，起到调节社区小气候的作用（图5-56）。

在绿色的景观体系调节下形成的舒适的社区小气候环境，可以改变居民的生活习惯，增加室外活动的时间，从而进一步减少建筑的能耗（图5-57）。相比城市社区，村镇社区的村民更喜欢户外活动，相互之间的交流更加频繁，因此低碳的效果会更加明显。

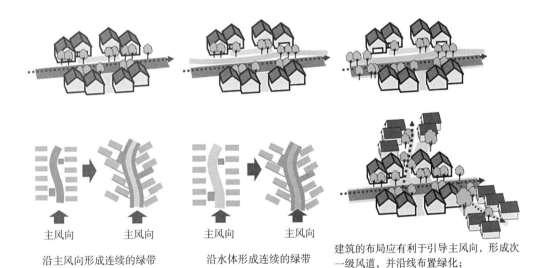

主风向　　主风向　　　　主风向　　主风向

沿主风向形成连续的绿带　　沿水体形成连续的绿带　　建筑的布局应有利于引导主风向，形成次一级风道，并沿线布置绿化；
沿主要风道及次一级风道设置步行系统，并使用透水性材料铺装

图5-56　绿化体系结构与小环境气候调节（来源：作者自绘）

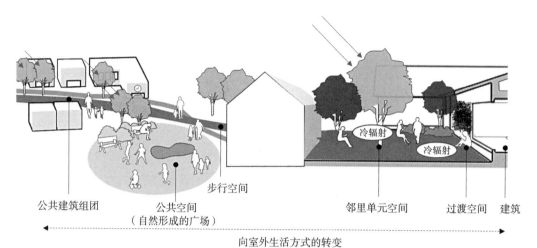

图5-57　绿化体系结构与室外生活方式的形成（来源：作者自绘）

第 6 章

村镇低碳社区
营建方法路径

6.1 村镇低碳社区建构路径

6.1.1 低碳空间设计的政策导向

1. 村镇营建体系

1) 原生的村镇营建体系

与传统建筑、地域建筑一脉相承的原生态的村镇营建体系是居住者基于对当地的自然条件、地理环境的认知，在文化、社会、经济以及技术条件下，经过长期的实践积累形成的。因此，村镇建筑形式和由其自发组合而形成的村落形态，以及其形成、衍生、发展的过程是居住者、建设者对环境系统的感知、调节、自适应和反馈的过程。在原生的村镇营建体系中，作为建造主体的居住者将在长期生活中积累下来的空间"词汇"，在一定的场域中形成了原生的村镇营建体系的空间句法。这种由居住者自己的"语言"构成的自下而上的营建体系，充分体现了经济可行、开源节流、循环再生的原生态低碳营建机制与技术体系①。

然而，这种在长期稳定而封闭的村镇"语境"中形成的原生的"低碳语言"无法适应现代语境的突变，无法满足居住者对于现代生活质量的追求。在快速城市化的过程中，这种缺乏现代技术科学指导的粗放型营建体系往往会导致高碳。

2) 新村镇营建体系

在新农村建设过程中由政府主导的新村镇营建强调追求与城市看齐的生活标准和居住质量。营建的主体从居住者转向专业的建筑师、规划师和建造团队。营建体系更接近于城市建筑，是一种自上而下的过程。尽管新村镇营建体系借鉴了现代城市建筑营建体系的科学性、技术性与系统性，但营建的过程忽略了居住者的参与，也忽略了建筑与周边环境的关系以及人与自然的共生关系。这种以牺牲自然环境和资源换取生活舒适性的营建方式，必将随着建设量的增加、生活水平的提高，走入高碳的模式。对于村镇，这

---

① 王竹，魏秦. 多维视野下地区建筑营建体系的认知与诠释 [J]. 西部人居环境学刊，2015，30（3）：1-5.

些应用于城市建筑营建体系中的"外来语"应当在村镇的语境中进行转译，方可成为可持续的体系。

3）低碳村镇营建体系

低碳村镇营建体系是建立在研究团队长期理论研究和大量实地调查的基础上，挖掘原生村镇营建体系中朴素的生态语汇，梳理村镇的语境（包括自然、社会、文化和技术等），以村镇碳循环系统的良性循环为原则，追求对环境负荷的最小化以及生活质量的最优化的营建活动。以空间设计策略为手法，以建筑单体、邻里单元、村落、村域构成的空间序列为载体，实现生命全周期的低碳可持续发展。

2．低碳空间设计的政策导向与主要内容

本章将以日本的低碳实践为借鉴，通过整理行动导则和具体目标来总结村镇低碳空间的设计目标、实施程序和主要策略。

这部分研究将基于以下前提：

（1）低碳是一个全球化的环境问题，在联合国的可持续发展目标和巴黎协定之后，低碳已经成为全球共同的目标，因而在对低碳问题的认识上具有共通性。

（2）在亚洲地区，日本是低碳实践的先行者，具有丰富的经验和先进的技术，并且与长江三角洲地区具有相似的气候条件，因而在技术上具有借鉴的价值。

（3）亚太经合组织低碳示范城市项目中日本的低碳技术，在包括中国、泰国、印尼等发展中国家得到推广和应用，具有一定的普适性。

（4）浙江地区的村镇经济发达，与城市甚至是国外的接触频繁，联系紧密，居民对环境和居住条件的要求较高。另外，长三角地区的村镇中，由于年轻人进城打工的比例大，出现留守人口高龄化的特征，这与日本等发达国家的村镇地区有着类似的社会年龄结构，为适宜的低碳技术的导入提供了可能性。

（5）浙江地区的村镇，自然资源丰富，风景优美，是城市居民休闲度假的去处，农家乐成为重要的支柱产业。在这些村子里，对于环境和资源的保护不仅是当地居民的需求，很多已列入当地的规划中，得到了政府的支持，为低碳技术的引入提供了政策保障。

3．低碳社会相关法律形成的过程

从1990年以前的能源政策，到《地球温暖化防止行动计划》《环境基本法》《地球温

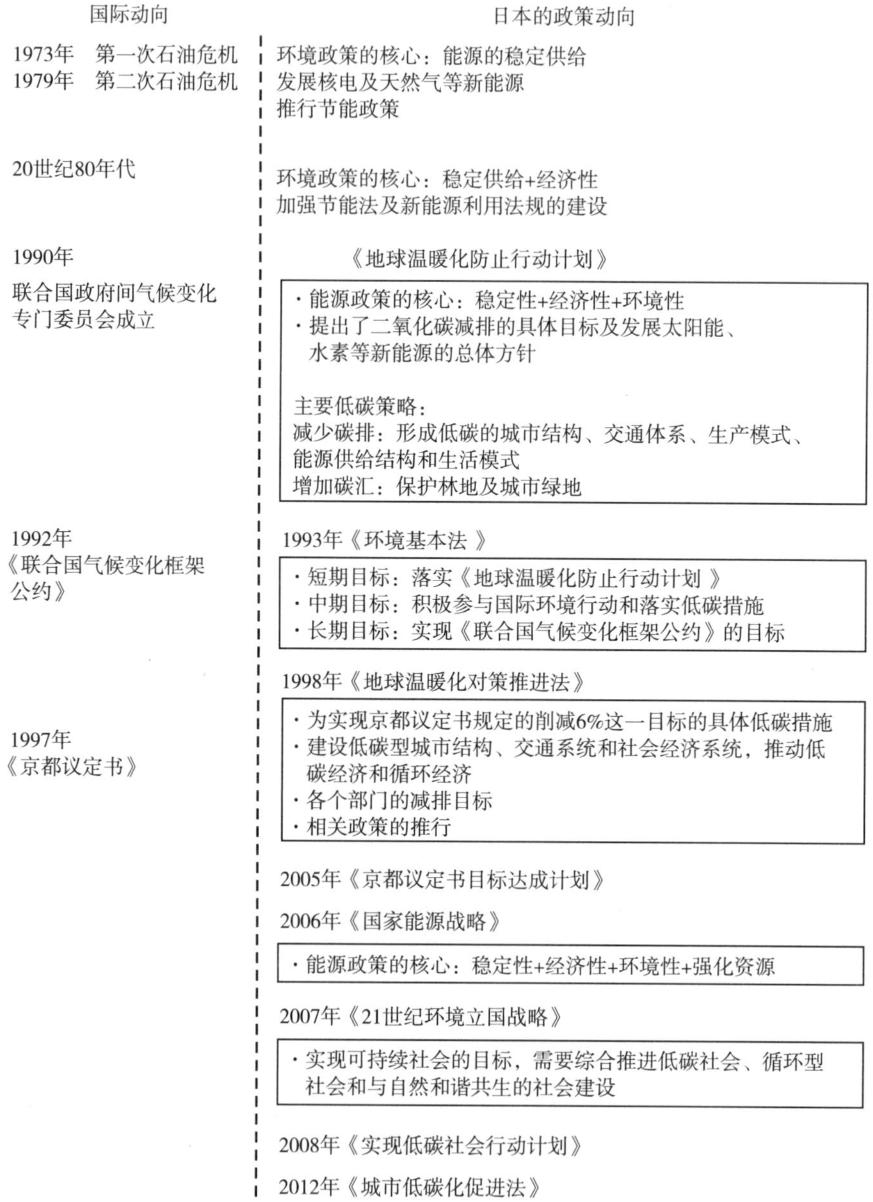

国际动向   日本的政策动向

1973年 第一次石油危机 ┊ 环境政策的核心：能源的稳定供给
1979年 第二次石油危机 ┊ 发展核电及天然气等新能源
                    ┊ 推行节能政策

20世纪80年代   ┊ 环境政策的核心：稳定供给+经济性
                    ┊ 加强节能法及新能源利用法规的建设

1990年   《地球温暖化防止行动计划》
联合国政府间气候变化
专门委员会成立

> ・能源政策的核心：稳定性+经济性+环境性
> ・提出了二氧化碳减排的具体目标及发展太阳能、
>   水素等新能源的总体方针
>
> 主要低碳策略：
> 减少碳排：形成低碳的城市结构、交通体系、生产模式、
> 能源供给结构和生活模式
> 增加碳汇：保护林地及城市绿地

1992年   1993年《环境基本法》
《联合国气候变化框架
公约》

> ・短期目标：落实《地球温暖化防止行动计划》
> ・中期目标：积极参与国际环境行动和落实低碳措施
> ・长期目标：实现《联合国气候变化框架公约》的目标

                    1998年《地球温暖化对策推进法》

1997年

> ・为实现京都议定书规定的削减6%这一目标的具体低碳措施
> ・建设低碳型城市结构、交通系统和社会经济系统，推动低
>   碳经济和循环经济

《京都议定书》

> ・各个部门的减排目标
> ・相关政策的推行

                    2005年《京都议定书目标达成计划》

                    2006年《国家能源战略》

> ・能源政策的核心：稳定性+经济性+环境性+强化资源

                    2007年《21世纪环境立国战略》

> ・实现可持续社会的目标，需要综合推进低碳社会、循环型
>   社会和与自然和谐共生的社会建设

                    2008年《实现低碳社会行动计划》

                    2012年《城市低碳化促进法》

图6-1 日本环境政策的变迁

（来源：Ministry of the Environment Government of Japan. Japan Environment Quarterly (JEQ) [EB/OL]. https://www.env.go.jp/en/index.html.）

暖化对策推进法》《国家能源战略》（图6-1），日本能源政策的变迁以及对村镇社区低碳建设的启示可以概括为以下几个方面：

1）兼顾地区经济发展与环境的可持续发展

从日本能源政策发展的过程来看，其能源政策关注能源供给的自立性、环境性和经济性，也注重能源供给的多样性、稳定性和安全性。从人居环境的系统整体看，村镇社区和城市社区与发电厂等能源供给端之间距离远，能源供给的基础设施比较薄弱，因此村镇社区的系统也具有独立性的特点。另外，村镇的经济条件相对落后，在能耗增长的情况下相对独立的系统条件，兼顾经济性、环境性，以地区发展为前提的总目标是可以借鉴的。

2）以低碳为契机，调整和建设城市基础设施

在具体目标方面，低碳应当是一个各个部门共同参与的过程，具有多元化的特点。除了关注能源，低碳还包括城市规划、道路及交通体系规划、建筑基础设施规划等多个方面，是一个在能源的供给端和能源使用端同时作用的综合性系统。在社会人口结构向高龄少子化发展的社会大背景下，低碳的过程亦是各个部分基础设施调整和再生的契机。以低碳为导向的城市规划，带动交通体系、建筑体系、能源供给体系以及环境基础设施的重整，实现社会系统整体的最佳化。

从碳循环体系出发，村镇社区的低碳构成应当是包括村镇空间结构、交通体系、能源系统以及环境基础设施等各个部门的技术集成。在村镇基础设施落后、留守人口年龄结构变化的背景下，以低碳为契机，调整和整合村镇社区各项基础设施机能，并使其在整体系统下实现最优发展是村镇社区低碳的目标。

3）低碳目标与低碳技术的适应性

日本的低碳目标可以适用于建筑密度高，人口多，能源消耗和碳排放集中的中心区域，也可应用于密度较低，人口少，能耗和碳排放都相对分散的村镇。在总体与具体低碳目标下，低碳技术的涵盖面广，既包括从城市规划、建筑设计、交通规划、环境规划等入手的空间设计策略，也包括从能源供给和利用角度出发的可再生能源、新能源技术的开发、区域能源利用及分布式能源技术。在各项技术的开发和适应性应用过程中，以整体的目标体系为导向，从地区性质和特点出发，在考虑低碳效果的同时，也注重技术的经济性和地区适应性。

浙江地区的村镇，地理特性，气候条件，人文、社会和经济特性都存在着差异，因此村镇社区的低碳目标体系和技术导则应该具有适应性。在总体的目标条件下，以综合性的技术体系，经过适应性判别，在不同特性的村镇设计中衍生。

另外，浙江地区虽然属于经济较发达地区，与其他地区的村镇相比有一定的经济优势，但是仍然弱于城市，因而低碳技术的选择和应用应当综合考虑其环境性、经济性和地区适用性。

4.《城市低碳化促进法》

日本国土交通省于2012年9月颁布了《城市低碳化促进法》(都市の低炭素化の促進に関する法律),于同年12月4日开始施行。其目的是以城市规划和空间设计的手法实现低碳可持续发展。明确了城市规划是实现低碳可持续发展的途径和具体目标,其中与社区空间相关的包括以下6个方面(图6-2):

1)城市功能的紧凑布局和集约发展

形成城市发展中的中心和次中心(集约的发展模式),并在这些中心点形成多种建筑功能的紧凑布局。这项措施主要包括三个目标:

(1)在住宅的周围,即步行范围内集中提供工作场所、商业设施、医疗设施和教育文化设施等日常生活必需的设施,形成紧凑的生活圈,提倡步行,减少机动车的使用,同时减少随之产生的碳排放。

(2)这样紧凑的生活圈可以促使人们形成步行习惯,同时促进公共交通的利用。

(3)在建筑功能向这些中心点集中的过程中,促使老旧建筑的重建和有机更新,使

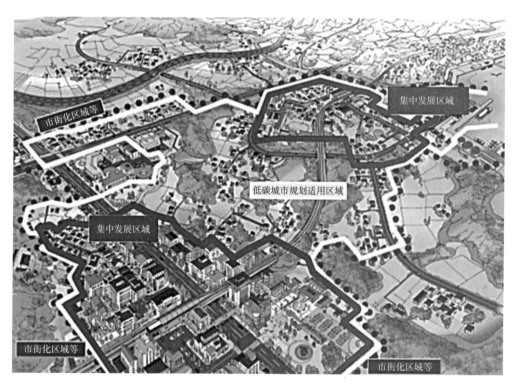

图6-2　低碳规划适用区域(来源:日本可持续建筑协会,建筑环境节能机构. CASEBEE-街区建筑环境综合性能评价系统评价手册(2014年版)[Z]. 2014.)

建筑从高能耗的老建筑转向节能性能高的新建筑。

2）促进公共交通的利用

公共交通和私家车相比，碳排放量少，相同的出行公交车对环境产生的影响大约为私家车的30%，轨道交通约为私家车的11%。因此，促进公共交通是城市空间设计低碳化的有效途径。此外，公共交通枢纽是紧凑城市的核心，是确保中心区可达性的重要因素。其目标包括：

（1）公共交通节点的连贯性设计。

（2）提高轨道交通以及公交车体系的便利性。

（3）加强交通体系和土地利用的一体化设计，增加公共交通的利用程度。

3）城市绿地的保留和加强城市绿地的建设

（1）与紧凑城市的设计相结合，增加城市的绿地面积。

（2）从缓解城市热岛效应、调节环境微气候的角度，在建设和开发中保留和有效规划城市绿地。

（3）与绿地维护、城市绿化带修剪相结合，有效利用生物质能（通过燃烧废弃的树枝）。

4）在公园等公共设施，积极利用城市生活污水中废热的热能，太阳能和其他可再生或未利用能源

（1）有效地利用公共建筑或公共空间、绿地，未利用能源（如污水管道的热利用）、可再生能源（如太阳能板）和其他分布式能源（如热电联产设备）。

（2）从城市污水管网中获取并有效地利用城市污水中的热能。

（3）与土地利用规划相结合，加强城市热利用的管网设计，有效推动地区内热的共同利用。

5）提高建筑的能源利用效率，以减少CO_2的排放

（1）根据居民的生活和活动规律，有效减少既有建筑的能耗和碳排放。

（2）积极导入低碳设计，控制新建建筑的能耗。

6）利用低碳交通工具（汽车、摩托车或者自行车）以及减少交通行进过程中的碳排放；与紧凑城市的规划相结合，导入多样化的低碳交通工具

城市低碳化的过程，即是这些目标在各个城市特点下使用和整合的过程。

5.《城市低碳化促进法》在亚洲其他国家的整合——亚太经合组织低碳城市（Low Carbon Model Town）概念

亚太经合组织低碳示范城市项目是在发展中国家推广日本的低碳政策与技术。换言之，是《城市低碳化促进法》在各个国家自然、文化、经济、技术和社会条件下的整合，对低碳在长三角村镇社区的展开具有借鉴作用。

1）低碳城市（Low Carbon Model Town）概念的特性

（1）普适性：本概念适用于整个新城的建设，也适用于城市的部分改造。"Town"在本概念中，定义为城市的一部分，可以是一个大城市，一个地区，一个村庄，也可以是一个街区。

（2）地域性：正因为本概念具有普适性的特点，可以应用于城市、地区、村庄，因此具有不同的人口数量、人口密度、经济条件和基础设施。此外不同的地区具有不同的土地利用条件，不同的实施主体及政府参与程度，因而技术特性也不同。在适用本概念时，应当从分析地域特性入手，选择适宜的技术。

（3）技术性：本概念对低碳城市的基本概念做出定义的同时，还明确了不同类型特点的城市、地区、村庄、街区实现低碳的途径。其中，包括与能耗等相关的直接影响碳排放的技术，以及其他非直接影响碳排放的技术。

（4）动态性：随着低碳示范城市项目的不断展开，其实践经验和低碳策略将不断增补到"低碳城市"概念的修订版中。因此，低碳城市的概念、目标及相关策略将随着时间推移，环境问题的变化，技术的革新进行调整和更新。

2）《低碳城市概念》的内容——发达国家经验在发展中国家的整合过程

《低碳城市概念》给出了低碳城市的概念、设计程序、基本策略和评价标准。

（1）"Town"的概念

与日本《城市低碳化促进法》的适用范围不同，亚太经合组织低碳示范城市（Low Carbon Model Town）中的"Town"是指城市的一部分，可以是一个大城市，一个小城镇，也可以是一个以农业为主的村庄或者是以旅游业为主的岛屿。"District"是"Town"的一部分，可以是一个CBD，也可以是一个住宅区或者是离城市较远的以农业为主的街区等。低碳示范城市项目就是要通过可行性研究及实践，建立不同地区的低碳目标、技术路线和策略（图6-3）。这些地区人口、规模、建筑密度、经济状况、气候条件、基础设施条件及土地利用构成都不相同（表6-1）。

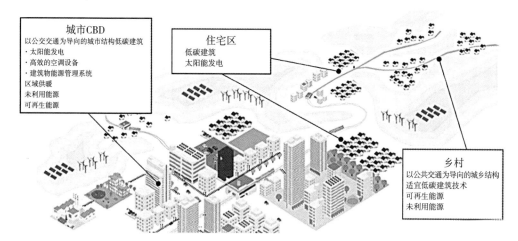

图6-3　不同类型的低碳城市以及相应技术（来源：APEC Low-Carbon Model Town（LCMT）project[EB/OL].https://aperc.or.jp/publications/reports/lcmt.html.作者改绘）

亚太经合组织低碳示范城市实践　　　　　　　　　　　　表6-1

类型		项目	经济体	人口
城市（中央商务区）	第一期	天津于家堡中央商业区	中国	500000
城市（商业/工业区）	第三期	岘港	越南	1000000
城市（住宅区）	第四期	利马	秘鲁	350000
	第五期	比通	印尼	247405
村镇	第二期	苏梅岛	泰国	53990

（来源：APEC Low-Carbon Model Town（LCMT）project [EB/OL]. https://aperc.or.jp/publications/reports/lcmt. html. 作者整理）

从上面的分类可以看出，日本的低碳政策不仅适用于高人口密度、建筑密度的城市中心，同样适合于低密度的村镇。在基本的目标体系下，不同性质的社区需要不同的技术体系。

（2）设计程序

在亚太经合组织低碳示范城市的概念中，将低碳城市设计的主要程序分成了4个阶段（图6-4）：

第一个阶段是形成低碳规划的纲要。这个阶段需要在国家和地方低碳政策的基础上，结合现有的城市规划，选择低碳城市的实践对象，并掌握研究对象的特征和类型

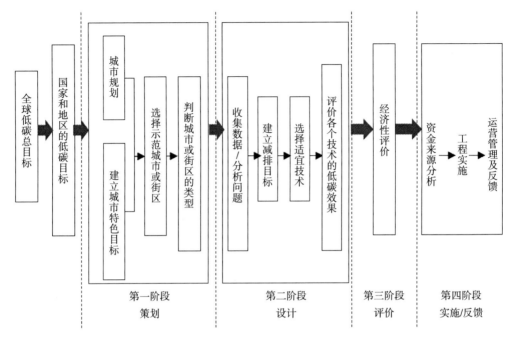

图6-4　城市低碳设计程序（来源：作者整理）

（与表6-1的类型相对应）。低碳设计不能只关注低碳，应当尊重这个地区的整体规划和经济发展计划，实现可持续的发展。

第二个阶段是制定低碳发展计划的具体计划，包括碳排放相关数据的收集，问题分析，制定减碳目标，选择低碳策略和评价等。

第三个阶段是低碳策略的经济性评价。主要是针对选择的低碳策略进行经济性的评价，决定其实施的优先性。

第四个阶段是实施计划，包括筹措资金、设计实施计划、落实方案、管理运营和反馈。

由低碳示范城市实践中城市低碳设计的程序可以得出，要将日本的低碳经验基本目标应用到不同的国家和地区时，需要在对国家和地区的自然、经济、文化、政治条件充分研究的基础上，经过策划、设计、评价、实施和反馈的过程。

（3）基本策略

与《城市低碳化促进法》的具体目标相似，亚太经合组织低碳示范城市在此基础上，结合不同城市的实情，给出了低碳的基本策略（图6-5）。这些基本策略以能源为侧重点，可以分为两类：与能源直接相关的策略和与能源间接相关的其他环境性策略。

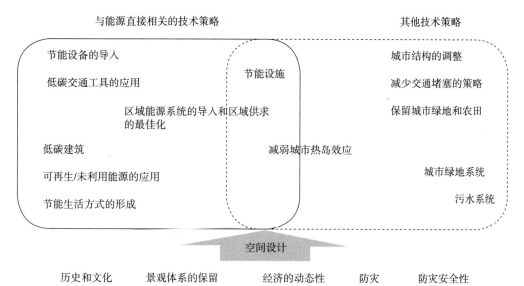

图6-5 低碳的基本策略（来源：The Concept of Low-Carbon Town in the APEC Region, Sixth Edition（November 2016）[EB/OL].https://aperc.or.jp/publications/reports/lcmt.html. 作者绘制）

在与能源直接相关的策略中，有在能源消费侧的策略，如使用高效的节能设备，建筑节能技术，使用低碳的交通工具，提倡低碳生活模式等；有能源供给侧的策略，主要是指有效使用未利用和可再生能源。

与能源间接相关的其他环境策略，主要指城市结构的转变，有效的交通系统设计，保留绿地和农田，防止城市热岛效应，城市绿化的形成以及水处理系统的布置。

影响这些策略的要素包括历史和文化，景观体系，经济性和安全性等。

6.1.2 低碳与村镇空间设计的整合——目标与程序

1. 目标

从日本的实践以及其在亚洲地区的展开，可以归纳出村镇低碳城市空间设计的目标，包括总体目标、具体目标以及量化目标。

1）总体目标

日本以街区为单位，从低碳街区的实践开始逐步发展扩大，并推动整个城市向低碳社会转变。

高龄少子的社会结构，能源紧缺，过度依赖私家车出行等背景下，日本的低碳城市规划法的目标是以城市规划为手段，创造适宜于老人生活居住并有利于小孩成长的城市环境；推广零能建筑和住宅，导入分布式能源及蓄电池以实现自给自足，可靠安全的能源供给条件；拥有丰富的绿地空间；实现市民、企业和政府共同描绘的未来理想城市蓝图。

除了日本以外的亚洲城市，特别是发展中国家，如泰国、印尼等普遍存在着社会的老龄化现象加剧、人口增加、私家车数量增加、交通问题严重、能耗不断增加、资源短缺等现象。因此，其目标与日本的低碳城市法的主要目标相似。

在中国的村镇，老年人口比重已经超过18.3%，其中65岁以上的人口占9.6%，可以说相对于城市，中国村镇已经进入老龄化社会。另外，农村留守儿童占总儿童数的28.9%[1]，因此通过空间设计的手法为村中留守的老人和小孩创造良好的居住、生活环境，实现低碳建筑、低碳交通、低碳能源，保留并创造符合村镇特色的绿色空间，形成自下而上、政府支持的运营体系是村镇低碳的总体目标。

2）具体目标

具体目标是指为了实现总体目标制定的具体途径。亚太经合组织的低碳实践中，将低碳的策略分为直接影响能源的策略以及间接影响能源的策略。结合城市低碳化促进法，可以得出低碳的途径主要可以分为三种：

（1）控制能源消费端的能源需求，如推行低碳建筑，使用低碳交通手段等。

（2）利用可再生能源和未利用能源等新能源来替代传统的能源，在能耗不变的情况下实现低碳。

（3）在建设中保留绿地，合理绿化，增加绿地对碳的吸收固定作用的同时，减缓建设带来的热岛效应。

以上三种村镇低碳的途径可以概括为如下具体目标：

（1）通过减少能源的消耗，包括建筑能耗、能源供给能耗以及交通出行的能耗等在需求端（用户端）的低碳设计策略，包括：

①低碳建筑；

②低碳城市结构和土地利用；

③低碳道路结构和交通体系。

（2）在能耗需求不变的情况下，在能源的供给端使用清洁能源等低碳设计策略，包括：

---

① 盛文明. 浅谈我国农村人口年龄结构问题及对策［J］. 赤子：中旬，2013（7）：174.

①分布式能源系统概念及适宜技术的导入；

②促进未利用能源的导入；

③促进可再生能源的导入。

（3）增加环境基础设施的碳汇，包括保护自然的环境基础设施，促进人工环境基础设施以及通过空间设计手法有效利用环境基础设施等，如绿地系统的合理化设计。

3）量化目标

（1）基本内容

量化目标，即定量地衡量实施措施所带来的低碳效果，主要包括三个方面：

①城市结构布局和交通的减排效果；

②能源利用及能源供给过程的减排效果；

③绿地的直接碳汇和间接碳汇的固碳及吸碳效果。

（2）量化指标

实施措施的低碳效果量化，即措施实施前后的比较，可以通过以下几个指标来衡量：

①年间CO_2减排的绝对值变化量度

年间CO_2减排的绝对值变化量度，是一个表征实施的各种措施减排的绝对值，通常用年间CO_2减排量来度量：

$$\Delta C = C_{BAU} - \sum {}^{i} C' \qquad （6-1）$$

式中，C_{BAU}表示没有实施措施之前的年间CO_2排放量。BAU，即business as usual，是指没有实施任何措施，碳排放量随时间的变化。它是一个动态的指标，不是一个常量，是现有状态随时间的变量。即使在没有实施任何低碳策略的情况下，人口和建筑等随时间的变化而发生变化（图6-6），从而引起CO_2排放量的变化。

②减排的密度

绝对值的度量不能够过滤村落规模的影响，因此除了绝对值之外，还可以用减排的密度来度量。年间CO_2减排的密度的度量方式见表6-2。

③CO_2消减率

减碳的绝对值和密度值都无法排除控制单元原有碳排放对低碳效果度量的影响，因而提出用CO_2消减率R_C（%）来度量：

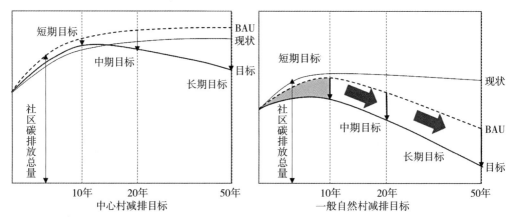

图6-6　量化指标概念（来源：作者自绘）

年间CO₂减排的密度　　　　　　　　　　　　　表6-2

量化指标	计算方式	备注
单位建筑面积CO₂减排量（$\overline{\Delta C}$）	$\overline{\Delta C} = \Delta C / A$	A，GDP，P分别为低碳控制单元建筑面积、GDP和人口数。这三个指标分别排除了建筑规模、经济条件和人口规模对评价结果的影响
单位GDP CO₂减排量	$\overline{\Delta C} = \Delta C / GDP$	
人均CO₂减排量	$\overline{\Delta C} = \Delta C / P$	

（来源：作者整理）

$$R_C = \frac{C_{BAU} - \sum^i C'}{C_{BAU}} \qquad (6\text{-}2)$$

（3）动态量化

　　村镇社区的低碳伴随着村镇社区集聚化的过程，是一个动态的概念。因此对于低碳效果的量化也是一个动态的，随时间的迁移并伴随着人口及建设用地集聚的概念[①]。在村镇集聚化的过程中，以其集聚的方向性可以分成中心村和一般自然村。在一般情况下，村镇的集聚化是指村镇的人口以及住宅建筑向中心村的集聚。因此在中长期的规划中，中心村的人口和建筑密度将逐渐增加，一般自然村则呈现逐渐减少的趋势。在没有任何低碳空间设计及策略的情况下，碳排放随时间的变化是村镇社区的现状趋势。在中心村，即使在没有任何空间策略作用的情况下，一般自然村的人口也会向中心村缓慢集聚，再加上生活水平的提高以及用能的增加，整体碳排放将呈现逐渐增长的趋势。在一

———————————————

① 林涛．浙北乡村集聚化及其聚落空间演进模式研究［D］．杭州：浙江大学，2012．

般自然村，近期会随着生活水平的提高而使碳排放增加，但是从长期看，随着人口的逐渐减少，碳排放水平将维持在一定现状水平。在没有任何低碳空间设计以及低碳措施时，碳排放与村域规划相结合的变化过程是BAU（Business As Usual），村镇碳排放将随规划人口的增长而呈现增长的趋势，一般自然村随着规划人口的减少，呈现下降趋势。村镇社区的低碳目标是低碳空间设计策略和低碳技术与村域规划有效结合的过程，可以分成短期目标、中期目标和长期目标。

短期（10年）：在短期计划中，在把握村域规划具体内容和集聚过程的基础上，以中心村和自然村有机更新为契机，选择适宜的空间设计策略和低碳技术。短期内的低碳目标值，是这些具体策略减排效果的叠加。在村落中，是指建筑能耗的减排量、交通系统的减排量以及自然增汇量的叠加。

中期（20年）：在中期计划中，村域规划中会给出村域的整体发展方向，包括特色村庄的建设，产业的发展，中心区域以及发展轴线的形成等。因此，中期的低碳目标，应当是建立在村域规划的发展方向上，结合村域空间结构的调整，实现进一步的低碳。同时，中期的目标还应当反映在短期规划中实施的各项空间设计策略以及技术随时间变化的效应。

长期（50年）：长期的村域规划往往体现了一级村镇规划，省乃至国家对于村镇发展的总体目标，村镇未来的理想蓝图和可持续发展的整体战略。因此长期的低碳目标是指对与可持续发展的整体战略相一致的低碳空间设计策略进行定性的整理，并形成相关的政策导向。

2．主要程序

1）村镇低碳空间设计的核心任务

传统的村镇空间没有设计的理论指导，是一个随时间、空间有机生长的过程。然而新村镇的建设如同城市空间设计一样，是一个多主体参与的复杂过程。在这个过程中参与的主体包括居住者、管理者、设计者和建设者。管理者关注的是开发以及村镇整体品牌的提升，居住者关注的是居住环境以及生活成本，设计者和建设者关注的是建造实施的本身，以及实施后的居住环境[1]。虽然各方主体的关注点和侧重点不同，但其本质，

---

① 唐燕．理性规划思潮影响下的城市设计运作程序［C］// 中国城市规划学会．规划50年——2006中国城市规划年会论文集（下册）．2006：7.

即空间设计的核心任务是明确的，即确保空间的质量，而优化的设计程序是提升设计方案质量（使空间满足各主体的要求）的必然选择[①]。

低碳空间设计亦是如此，优化的低碳空间设计程序能够有效地与城市空间设计相结合，实现村镇低碳空间设计的核心任务，即在确保甚至提高居民居住空间生活质量、舒适度和满意度的同时，降低碳排放，增加空间的环境性，实现可持续的发展。

2）村镇低碳空间设计的特性

（1）循环性

低碳空间设计的过程与城市设计一样具有循环性。早期的城市设计理想规划模型包括界定问题、制定目标、生成对比方案、方案性评价、选择方案和实施方案，是一个单项的过程。这个模型缺少了实施后检验的过程，因而评价就成了其最核心的内容。与此相对应，为了适应城市设计中循环性的特点，提出了PDCA循环模型。它强调了对于问题和方案的持续修正，体现了城市设计的不断反复的过程。为了将这种城市设计的手法引入环境设计中，有学者在PDCA循环模型基础上，提出了以环境评价推动的生态城市设计程序[②]。研究认为城市设计是一个连续的评价、决策、再评价、再决策的过程。其肯定了评价在城市设计中的重要地位，同时也强调了评价结果及实践结果对城市设计的反馈和调整。在这个模型中，城市的环境评价有两种：一种是设计前的评价，主要是指对基地环境的调查和评价；另一种是对于建成环境的使用情况进行评价，主要是指使用计算机模拟对设计方案进行比较和反馈，以优化设计和指导环境设计。但是这个程序中，强调了客观评价的作用，而忽视了空间设计的对象，即空间使用者在方案实施后对空间设计的反馈和调整作用。

村镇以住宅建筑为主，因此生活在其中的居民是社区空间的使用者、评价者，更是设计者。村镇低碳空间设计过程应该在循环设计的过程中，在评价的验证过程和居住者评价的双重调整下的最优化过程（图6-7）。

（2）整合性

村镇低碳空间设计具有整合性。村镇低碳空间设计的过程，应当是一个基于村镇规划设计，上与区域规划，下与建筑设计相互关联的过程。这种影响不仅包括自上而下的

---

① 宋代风，王竹. 可持续更新背景下的瑞士城市设计程序——以苏黎世西区为例 [J]. 建筑与文化，2012（12）：103-105.

② 林姚宇，陈国生. FRP 论结合生态的城市设计：概念、价值、方法和成果 [J]. 东南大学学报：自然科学版，2005（S1）：205-213.

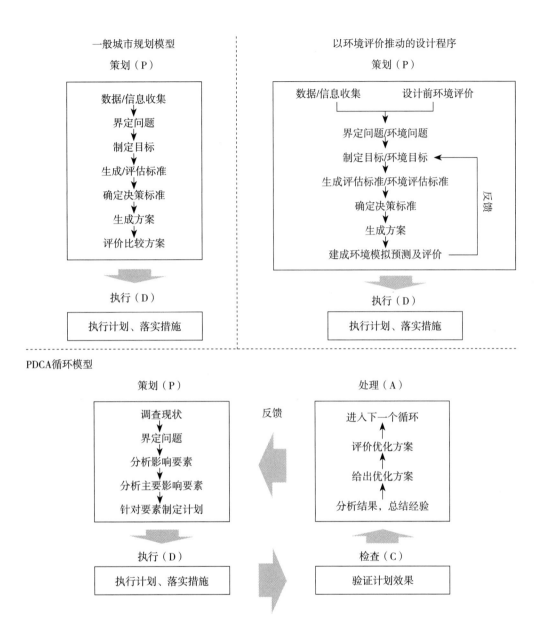

图6-7　城市设计过程（来源：作者自绘）

作用，同时也包括了自下而上的反馈作用。因此，村镇低碳空间设计实际是各级规划和设计的整合过程。

（3）在低碳评价引导下的设计过程

村镇低碳空间设计是一个以低碳评价推动的设计过程。其效果需要定性和定量的分析。这个评价从内容上包括控制单元内部生活环境的质量，对外部环境的影响，对社会和经济的影响。

3）村镇低碳空间设计的整体运作程序

在以上理论的基础上，本书提出基于PDCA模式的村镇低碳空间设计的程序框架，如图6-8所示。它由前期策划、执行、检查和优化四个部分构成。

（1）前期策划

前期策划是一个基于低碳评价的空间设计优化过程。它应当从区域甚至是国家的村镇低碳的相关政策研究出发，包括低碳整体规划、空间设计组织以及评价三个部分组成。

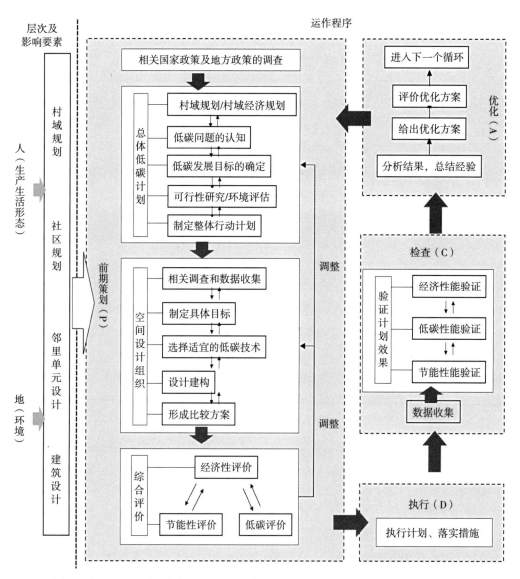

图6-8 村镇低碳空间设计整体运作程序（来源：作者自绘）

①整体规划

在充分理解国家及地方相关政策的基础上，制定社区的整体低碳发展计划。这个计划要从上一级的村域规划和村域经济发展计划出发，在充分调研的基础上发现问题并制定低碳发展的总体目标。进行可行性研究和设计前环境评估，从而得出行动计划。整体发展计划的可行性研究与评价不仅针对低碳的整体目标和低碳效果，还需要综合考量总体计划是否符合地区的经济发展。

②空间设计

空间设计组织是村镇空间形成的关键步骤，它包括以下具体步骤：

• 在低碳整体规划的基础上，收集数据进行调查研究。数据的收集包括设计相关的线状空间形态，能源供给基础设施，土地利用，道路空间和环境基础设施以及影响设计的地理、气候和社会等基本要素。其中能源供给基础设施包括需要端能源消费，即电力、天然气或者是热的消费情况以及供给端的能源供给形式，基础设施和能源供给结构。除了现有的传统能源之外，还包括对可再生能源以及未利用能源利用潜力的分析和评估。

• 根据现状调查分析的结果，判断依据低碳整体发展目标，制定具体的目标，包括定性和定量的目标。

• 在具体目标的基础上，选择适宜的低碳技术，建构设计框架，形成比较方案。

③评价

评价过程是在前期策划阶段对设计进行调整的工具。这里主要指依靠模拟对设计进行预测和定性定量分析。除了对低碳效果进行评价以外，还要综合评价整体能源使用的状况，即节能性，以及方案的经济性。综合评价的结果将反馈到总体低碳规划和空间设计组织中，对方案和设计进行优化与调整，以最优的设计状态进入执行的过程。

（2）执行

是指落实前期策划中制定的最佳空间设计方案。除了建设者以外，村镇低碳空间的落实需要与居住者协调。因此这个部分的关键是如何在村镇的语境中形成优化的体制，进行各方协调并落实低碳方案。

（3）检查

检查在这里是指对已经得到落实的空间设计进行跟踪和验证，判断各项措施的运行是否达到设计的目标值。

（4）优化

根据验证的结果，对系统的设计及运行状况进行总结，给出优化的方案，对总体目标、具体目标、导入措施和运行方式进行合理的优化。

本书将着眼点放在前期规划的设计策略与评价方法建构上。

3．村镇社区的类型和低碳策略

村镇社区的类型是选择低碳策略的基础，将影响各种低碳策略导入的可能性和效果。

从低碳的角度，村镇社区的特点包括以下内容：

1）气候条件：包括日照（日射量）、温度、湿度、风向和风速。

2）地理条件：分为平原水乡和山地丘陵。

3）村镇结构与密度：在结构上，可以分为带状、带状倾向的团状和团状。根据密度可以分为低密度、中密度和高密度。

4）行政级别：在行政级别上可以分为中心村和自然村。中心村有村委会、小学等公共设施，而在自然村中只有少量的商业设施。

5）村镇基础设施建设的完备与否。

村镇社区的特点见表6-3。

村镇社区的类型   表6-3

乡村类型			特点		
行政类型	形状	地形	规模（建筑目睹）	功能	基础设施
中心村	带状 带状倾向的团状 团状	平原水乡 山地丘陵	>0.4	复合功能	完善
自然村			<0.4	以住宅为主	有限

（来源：作者整理）

村镇社区的碳循环体系可以概括为图6-9。人类活动以及地理环境特性是影响村镇低碳碳循环系统稳定和平衡的外力，其影响的途径主要有三个方面（图6-9）：

1）在需求端能源需求量不变的情况下，在能源的供给端利用可再生能源、未利用能源等新能源和清洁能源，即开源。

2）在需求端，通过能源的高效利用减少能源的消耗，即节流。

3）增加植物和水体吸收固定碳元素的能力来实现低碳，即增汇。

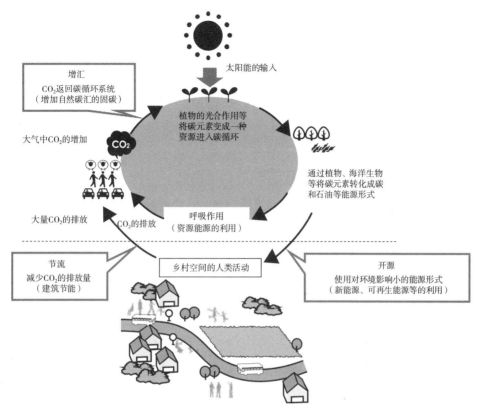

图6-9　村落空间的碳循环体系（来源：作者自绘）

6.1.3　地区化低碳社区发展融合

本书基于发达村镇社区产业分类，总结归纳出各发达村镇社区的低碳化营建所属类型及典型特征，探寻不同产业类型下发达村镇低碳社区的关键因素及设计要点，进行发达村镇社区低碳营建评价，制定产业划分下各村镇社区的低碳营建模式，进行土地集约利用、生产资源整合、产业能级提升等策略改善，从而总结出发达村镇社区低碳化营建策略与管理内容。主要目标是为规范发达村镇低碳社区营建工作，促进资源节约型、环境友好型新农村建设，平衡城乡二元结构，稳固发达村镇社区的经济、社会建设，改善村镇社区人居环境，提高土地利用效率。

6.1.4　精明性低碳社区营建框架

发达村镇社区的可持续营建不应局限于单一的形象改善，而应基于当地资源、文化特色，根据符合当地居民生产、生活习惯进行低碳导控。故根据前文发达村镇社区的产业类型与碳排放特征，以多元治理方式为导控手段，提出以下不同产业类型下的低碳导控策略：

（1）旅居休闲型村镇社区：以自然循环和调节为主要策略，因为此类村镇社区对低碳敏感度较高，以丰富的自然资源为其产业基础，可通过将村镇内部循环与自然循环相结合的调节方式进行低碳导控。

（2）工业加工型村镇社区：以建造与开发先导为低碳导控策略，因为此类村镇社区对低碳敏感度较低且以第二产业为主导，故可通过对可利用的宅屋院墙、山林水草田等可建设用地进行再开发、利用，提高资源的使用效率进而加以低碳导控。此类型是通过增加村镇社区的集体收益，间接转换高碳建造模式的方式。

（3）商品贸易型村镇社区：多采用行为导控与平衡的策略，适用于以三产贸易型为主、具有对低碳中等敏感特征的村镇社区，可通过如行动措施的规范、制度的引领与低碳基础配套设施引入等手段进行导控，进而最高效地提高减碳效率。

因低碳导控策略形式较为多元，需根据当地特色及产业类型进行具体导控，故低碳社区整体应从政策、产业、资源、空间等四个管控要素进行导控，通过社区、组团、单体三个尺度层级的图则进行低碳化营建。结合前文内容，本书所研究营建总则框架如图6-10所示。

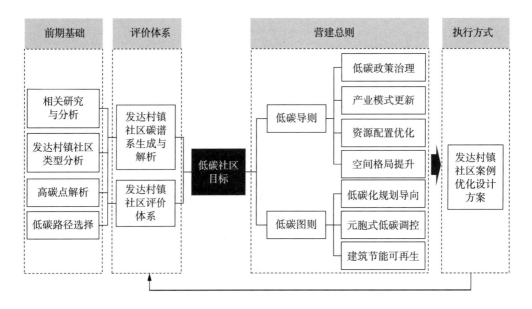

图6-10 发达村镇低碳社区营建总则框架（来源：作者自绘）

6.2　村镇低碳社区营建体系

本次研究主要根据村镇规划设计和低碳社区建设指南为指导进行编制，强调低碳村镇社区建设应包括低碳规划、低碳建设、低碳管理及低碳生活四大方面。故本书为全面对发达村镇社区进行低碳化营建，从宏观、中观、微观层面对发达村镇低碳社区营建进行指导，结合前文发达村镇的碳要素构成，从政策治理、产业模式、资源能源、空间格局四要素入手进行分析导控，实现发达村镇社区低碳化营建的总体目标（图6-11）。

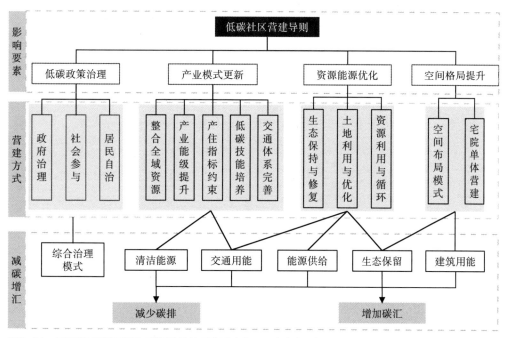

图6-11　低碳社区营建导则与碳调控的关系模型（来源：作者自绘）

6.2.1　低碳政策治理

因我国疆土辽阔、地形多变产生了多类型的村镇，决定了村镇的低碳化发展是存在多样性的。故同一化的政策治理已不能满足当前差异化的低碳社区发展需求，若以标准化政策治理会产生"两张皮现象"，即政策执行过程中出现操作断层或推诿现象，非普适性的政策治理模式已不适用于推广实施。适宜的政策治理应以当地生产、生态资源为基础，故通过调查研究对现有低碳治理模式进行反馈、修正，形成符合当地特色的低碳政策治理模式。

在发达村镇低碳社区营建中，单一的政策指导对村镇社区可持续营建会存在一定的片面性且实操性较低。作为构成发达村镇社区的三大主体，政府、企业、居民应形成多元化主体治理模式，通过自上而下的政策实践与自下而上的民主探索相辅相成的村镇治理模式来推动，形成政府治理、社会参与和居民共治的合作模式[①]。

1．政府治理

国家区域：强化低碳指标约束。推行并完善《低碳社区试点建设指南》（发改办气候〔2015〕362号），强化基层政府低碳意识，将低碳考核指标落到实处；提高低碳产业优惠，如施行减免低碳产业税收或向其提供低碳补贴等政策措施；扩大碳排放动态监管，根据地域碳排放总量及其生态环境承载量，构建全域碳排放监测平台，实行全方位监测管理；创新低碳行为导引，下发"煤改气"、新能源使用等政策导则，完善能源技术指标，倡导推行新型低碳行为准则。

村镇基层：健全多元化治理机制。针对差异化的村镇规模、产业特色、空间特征等，实行多元主体共同治理举措，制定适宜的低碳化营建策略，完善低碳化自治模式。由外及内激活村镇治理力量，提倡以村镇为主体进行低碳制度创新并进行实践。如浙江省台州市仙居县淡竹乡推行"三绿"模式，即绿色治理、绿色公约及绿色货币，其中绿色货币现已在仙居县进行推广使用，通过人们的绿色行为换取与人民币等额的绿币，绿币可进行等额兑换或货物购买。

2．社会参与

社区利用非政府组织（Non-Governmental Organizations，NGO）搭建交流合作平台，与高校、企业、低碳创新技术部门等进行交流，对发达村镇低碳社区政策、资金、技术等营建内容提出修改建议或指导意见，从而对低碳社区营建模式进行调整；研究利用BOT、PPP、特许经营等新型融资模式，探索碳排放市场支持低碳村镇社区的有效模式[②]，以便后续进行投资引进，唤起社会各阶层对发达村镇低碳社区营建的热忱。

---

① 张新文，张国磊. 社会主要矛盾转化、乡村治理转型与乡村振兴［J］. 西北农林科技大学学报（社会科学版），2018，18（3）：63-71.
② 刘慧敏. 西北欠发达地区低碳乡村社区规划研究［D］. 西安：西安建筑科技大学，2016.

社区或村镇之间可建立帮扶站或流通站，形成"闲物循环系统"，可增加物品使用频率减少资源浪费，实现原始的"抱布贸丝"。在此基础上，帮扶站或流通站内还应进行每月物品更新，增加帮扶站或流通站的使用频率，以便达到绿色化发展的要求。

3．群众自治

发达村镇低碳社区营建的首要目标是培养群众参与的低碳意识，通过低碳宣传等方式向居民普及低碳知识，促进居民逐渐形成低碳意识。在此基础上，村委会等组织可制定相关低碳奖惩机制或建立低碳组织机构，加快居民低碳行为由被动转变为主动。

群众自治体系建立的首要任务是召集志愿者或基层工作人员，通过他们的宣传普及，增加低碳知识普及率。群众自治体系成立后期可考虑设立奖励机制，鼓励当地居民参与组织机构，如浙江省台州市仙居县白塔镇圳口村垃圾分类网格化管理（图6-12），按月发放奖励鼓励当地妇女设立垃圾监管组，对垃圾分类情况进行监督。一系列低碳行为管理准则的诞生，强化调动在地居民的参与积极性，增加居民低碳行为的延续性。

4．综合治理模式

为进一步提高低碳社区营建的实施效率，引入"互联网+"手段——APP推广使用，提高网络传媒增加低碳知识的普及率。

结合浙江省台州市仙居县淡竹乡下叶村的实地调研、访谈，笔者了解"三绿"模式实施中出现的问题与改善建议，在仙居县相关APP的基础上进行改善。本书考虑通过APP的运营，将政府、企业、群众均作为使用者，建立互联网平台进行检测、约束及奖励，方便游客、居民及村委等使用。故参考仙居县相关APP中绿币兑换机制，增加APP使用人群等方式进行优化处理，即最终考虑运用绿色货币兑换及"2+X"的绿色积分机

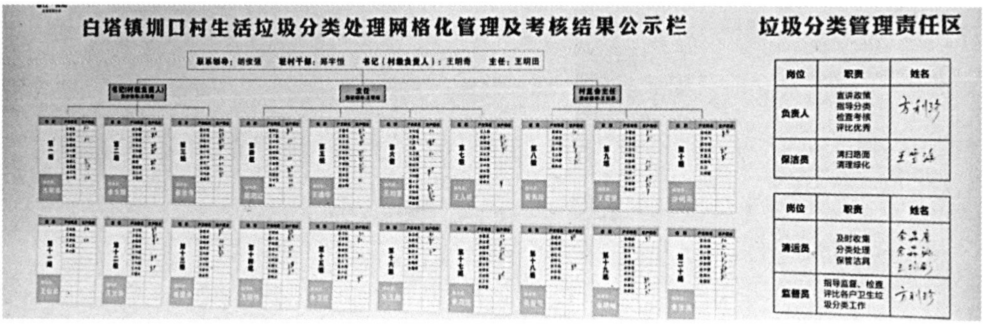

图6-12　白塔镇圳口村垃圾分类网格化管理（来源：圳口村）

制等措施对居民行为进行绿色约束。绿色货币币值参考仙居县APP内容及上叶村"绿色生活清单",设定一款APP名为"绿A",通过APP平台测定绿色行为,以便人们获得不同额度的绿币(表6-4)。其中,1绿币相当于人民币1元,评判通过绿A上步数测定、拍照扫码等方式,并可在绿A上进行兑换商品或现金。

<table>
<tr><td colspan="3" align="center">绿币换取清单</td><td align="right">表6-4</td></tr>
<tr><td></td><td colspan="2" align="center">绿色行为</td><td align="center">绿币币额</td></tr>
<tr><td rowspan="3">居民绿色出行</td><td colspan="2">步行(每累计6万步)</td><td align="center">1绿币</td></tr>
<tr><td colspan="2">公交车(每乘坐15次)</td><td align="center">1绿币</td></tr>
<tr><td colspan="2">公共自行车(累计骑行30次)</td><td align="center">1绿币</td></tr>
<tr><td>居民使用无磷用品</td><td colspan="2">采用无磷沐浴露、洗发水及洗衣液等洗涤用品</td><td align="center">2绿币</td></tr>
<tr><td rowspan="7">外来游客绿色行为</td><td colspan="2">住宿参与垃圾分类</td><td align="center">2绿币</td></tr>
<tr><td colspan="2">退房时清理垃圾</td><td align="center">5绿币</td></tr>
<tr><td colspan="2">不使用一次性洗漱用品</td><td align="center">2绿币</td></tr>
<tr><td colspan="2">乘坐公共交通工具到目的地</td><td align="center">5绿币</td></tr>
<tr><td colspan="2">不吸烟</td><td align="center">2绿币</td></tr>
<tr><td colspan="2">不剩饭剩菜</td><td align="center">5绿币</td></tr>
<tr><td colspan="2">野外活动后垃圾带回并分类处理</td><td align="center">5绿币</td></tr>
</table>

(来源:作者整理)

在APP平台基础上,为了加强对居民的绿色行为积极性的调动与监督,政府部门可利用"绿A"平台及其定位功能,对每次的检查结果进行评分上传,并在地图上进行标注,绿币获取情况可作为后续评判绿色化发展的依据,对各户进行评级,在后续评级时可增设一定的物质奖励。其中,由于发达村镇社区多以经营性产业为主,故增设X项对不同产业商户进行评分,如民宿产业可根据其绿币发放情况判断其是否宣传到位,进行加减分等(表6-5)。

后续可根据此评分细则对农户或商户的等级判定,如评为"一星农户""三星农户"或"一星商家""三星商家"等,可对低碳社区的营建起到监督、督促的作用。此APP的使用,亦可以提供相关数据供政府部门使用(图6-13)。

绿色农户、商户评分细则　　　　　　　　　　表6-5

2+X	村委	居民	评分细则	X	
				民宿	商贸
加减分项	抽查垃圾分类情况	根据绿币获得数量（W_1为绿币量，个/月）	$W_1 \geq 20$，100分 $20 > W_1 \geq 15$，80分 $15 > W_1 \geq 10$，60分 $10 > W_1 \geq 5$，40分 $5 > W_1 > 0$，20分 $W_1 = 0$，0分	无磷洗涤用品提供	物品交换频率
		低碳宣传参与情况（W_2为参与次数，次/月）	$W_2 \geq 5$，100分 $5 > W_2 \geq 4$，80分 $4 > W_2 \geq 3$，60分 $3 > W_2 \geq 2$，40分 $2 > W_2 \geq 1$，20分 $W_2 = 0$，0分		
	门前屋后整洁情况	低碳组织抽查情况（W_3不整洁次数，次/月）	$W_3 \geq 5$，-100分 $5 > W_3 \geq 4$，-80分 $4 > W_3 \geq 3$，-60分 $3 > W_3 \geq 2$，-40分 $2 > W_3 \geq 1$，-20分 $W_3 = 0$，0分	绿币发放情况	
		以物易物流通站参与情况（W_4为参与次数，次/月）	$W_4 \geq 5$，100分 $5 > W_4 \geq 4$，80分 $4 > W_4 \geq 3$，60分 $3 > W_4 \geq 2$，40分 $2 > W_4 \geq 1$，20分 $W_4 = 0$，0分		

（来源：作者整理）

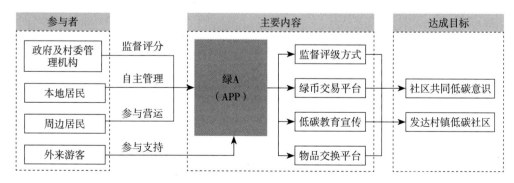

图6-13　绿色APP平台构建内容（来源：作者自绘）

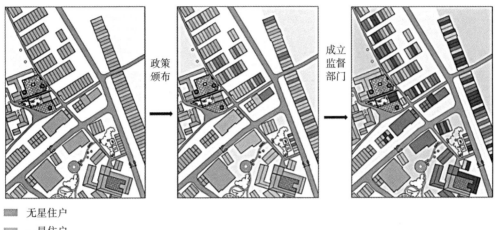

政策
颁布

成立
监督
部门

<table>
<tr><td>▨</td><td>无星住户</td></tr>
<tr><td>▨</td><td>一星住户</td></tr>
<tr><td>▨</td><td>二星住户</td></tr>
<tr><td>▨</td><td>三星住户</td></tr>
</table>

图6-14　绿色农户星级图示化（来源：作者自绘）

通过APP的宣传及政策导控，通过使用定位系统可在地图上直接注明各户的评级情况，达到监管、减少碳排放量的目的（图6-14）。

6.2.2　产业模式更新

发达村镇社区是具有一定产业基础或生产、生态资源，以产业发展为导向的村镇社区。但在村镇建设过程中出现了两大问题：

（1）当地企业为增加经济效益会忽略生态，造成生产经济资源浪费或破坏；

（2）由于村镇社区自身开发的局限性，在资源有限的情况下，村镇社区之间会产生"僧多粥少"、恶性竞争等情况出现，容易造成资源浪费。

发达村镇社区为实现自然、生产资源最大化利用，应以全域视角进行资源整合，在此基础上进行产业结构提升，形成各村镇社区的特色产业及核心竞争力，提高居民的经济、生活水平，培育并吸引更多高技术人才。故本书通过整合全域资源、产业能级提升、产住指标约束及新型人才培育四个方面，进行产业模式更新导控。

1. 整合全域资源

早在2004年，为保障耕地面积并约束建设开发区的无限扩张，国务院便颁布"土地增减挂钩""撤村并居"相关政策，即将若干拟整理复垦为耕地的农村建设用地地块（即拆旧地块）和拟用于城镇建设的地块（即建新地块）等共同组成建新拆旧项目区（以下简称项目区），以促进农村土地集约化发展。为减少土地和生产资源浪费，在"撤村并居"行动开展前期，可通过资源平台的建立与整合，对村镇整体或城镇整体进行功能调研，将各个村镇社区的主营业务罗列，在满足导控细则的前提下，再根据当地资源与产业关系进行资源链接，实现GDP持续增长（表6-6）。

整合全域资源导控细则　　　　　　　　　　表6-6

控制指标	导控细则	低碳绩效
机制创新	①土地流转方面，土地的规划整理为后续工业园区建设创造基础，并可建设完备的配套设施进行资源共享； ②招商引资方面，以"绿色、有机、创意"等理念为基础，引进科技含量高、示范带动强、产业发展前景好的产业项目，限制污染产业进驻； ③监督检查方面，设立碳排放检测机构，可对企业进行统一的碳排放统计进而进行控制	①流转后的土地与新型产业植入，可建设产业园区，推动产业向低碳、循环方面发展； ②通过均衡调配可增加内部资源利用效率，减少资源浪费产生的碳排放量
资源链接	①发挥平台和产业优势，全力推进绿色经济发展； ②盘活并升级低效用地和不达标企业，提高土地资源要素配置效率和产出效益	

（来源：根据2019年仙居台湾农民创业园发展综述（2019）、2018年南通市市委十二届七次全会文件整理）

2．产业能级提升

面对高能耗、高污染、高消费等问题，发达村镇社区亟须进行产业能级提升，应遵循生产标准化、经营集团化、产业融合化、产品品牌化、实施智慧化、创新协同化的发展理念，主要通过以下两方面进行实现：

（1）注重产业技改，可提高产品生产效率并减少资源使用；

（2）优化产业结构，可实现资源多级循环利用，减少对生态环境的干扰与破坏（表6-7）。

3．产住指标约束

产业集聚不仅推动社区经济发展，也可减少工作的通勤距离，故可控制产业集聚度，以此形成低碳社区。以旅居型社区为例，其内部从事餐饮、住宿等商业的农户不应超过总数的40%，否则会造成产业链中断；剩下60%可从事手工艺、种植、加工等工

产业能级提升导控细则

表6-7

控制指标		导控细则	低碳绩效
能源替代		①推广天然气、沼气等清洁能源的使用，提高可再生能源替代率； ②开展技术改造，以产品质量、节能降耗、环境保护、改善装备、安全生产等为重点，消除产业发展的薄弱环节和瓶颈制约； ③多元协同的能源供应，由多个单一的供水、供热等方式转变为区域联动的供电供热系统	①清洁能源可减少CO_2排放量，如相同的产热量，使用天然气可减少43.9%的碳排放量； ②在产业制作中可增加产品类型，提高质量，进而可节约能源，降低原材料消耗，提高劳动生产率； ③缩短材料的运输距离，减少交通碳排放； ④培育以低耗少排为特征的绿色产业
优化产业结构	旅居休闲型	立足产业与自然生态相结合，开展"农业+旅游""体育+旅游""教育+旅游"等农商旅研相互融合的旅游模式	
	工业加工型	①对高碳产业进行转型，在产品加工销售阶段进行建链、强链、补链，减少贸易层级，达到效益最大化； ②带动新兴产业的低碳化转型，以智能制造为主攻方向，推动互联网、人工智能等新型技术与加工业相互融合	
	商业贸易型	推动服务业的低碳化发展，引进信息技术和生命科学产业，培育形成一批新的增长极，如实现供应链物流信息共享，增加资源使用效率	

（来源：作者整理）

作，提供食品或商品原材料，因此一个商业农户需要8~10个供应户[①]。参照《低碳社区试点建设指南》（发改办气候〔2015〕362号），产住比例宜为1/3~1/4。

4. 低碳技能培养

在村镇振兴发展背景下，发达村镇社区中技术型、高才能型人才是必不可少的。首先，发达村镇社区引入新型人才，可以激活传统产业、引入外来投资，加快新型低碳产业建设；其次，对社区居民进行职业培训再教育，以便后期形成职住一体型社区。

5. 交通体系完善

公交站点的覆盖率和可达性是影响市民选择公交出行的重要因素。公交站点应位

---

① 陈潇玮. 浙北地区城郊乡村产业与空间一体化模式研究[D]. 杭州：浙江大学，2017.

于居民步行可达范围内，有助于市民选择公交出行；正常人平均步行速度在5~7km/h，步行5~10min到达公交站点是较为理想的步行距离，故居住地与公交站点距离为300~500m较为合适。

1）绿色公交系统

公共交通的推广使用是实现发达村镇社区交通低碳化的有效途径。通过公共交通和私家车的碳排放量对比可知，在相同出行距离下，公交车产生的碳排放量大约为私家车的30%，轨道交通约为私家车的11%。建立公共交通枢纽作为发达村镇社区的绿色出行核心，可减少交通碳源排放（表6-8）。

绿色公交系统导控细则　　　　　　　　表6-8

控制指标	导控细则	低碳绩效	实例
公交系统	①运用清洁能源的公交汽车； ②在各个社区设定公交站点； ③每日3次定点运行的公交线路	减少居民私家车辆的碳排放量，汽车或摩托车碳排放量约为2.35kg CO_2/（人·km），公交车仅为0.02kg CO_2/（人·km）	 浙江省丽水市青田县海溪乡公交站点布局分布

（来源：作者整理）

2）绿色慢行道路

为减少交通碳排放量，可设置绿色慢行道路，以便降低机动车使用频率。合理使用现有道路资源进行绿色慢行道路设计，可降低对环境的破坏（表6-9）。

3）绿色路网优化

完善交通体系可增加道路可达性，减少交通碳排放；规范道路规划可减少土方开挖；采用绿色停车模式可减少对碳汇的破坏（表6-10）。

绿色慢行道路导控细则 表6-9

控制指标	导控细则	低碳绩效	实例
步行系统结构	①与外部机动车系统连接，形成完整交通系统；②利用原有道路系统，减少土方开挖；③结合社区景观以点连接形成线，再形成面	在步行距离500m以内，居民多以步行前往，可减少居民机动车使用，可减少碳排放约2.35kg CO_2/（人·km）	
步行可达性	①户门前连接步行系统；②居民在300~500m的步行范围内可到达公交站点		浙江省安吉县梅溪镇荆湾村

（来源：作者整理）

绿色路网优化导控细则 表6-10

控制指标	导控细则	低碳绩效	实例
路网优化	①原有道路系统进行疏通、连接，减少断头路等路况问题；②新建道路若为山地应沿等高线，采用自由式或鱼骨形路网进行布置	①减少汽车的绕行距离，减少交通碳排放约2.35kg CO_2/kg；②增加自然通风	浙江省湖州市安吉县梅溪镇晓墅社区
停车设计	①采取集中式停车的方式，集中于主干道或设立立体停车、生态停车场的方式；②社区外环道的单行道停车	减少停车对建设用地或碳汇的侵占，提高土地使用效率；如下叶村设置6个集中停车场	浙江省台州市仙居县淡竹乡下叶村

（来源：作者整理）

6.2.3　资源配置优化

落实到村镇的空间载体，发达村镇社区减少碳排放主要通过以下两种方式：其一，增加并保护碳汇，以期维护自然环境自循环及代谢的能力；其二，增加土地使用效率，即在有限的空间上承载更丰富的社会活动。土地作为社会生活的承载体，主要通过生态保持与修复、土地利用与优化、资源利用与循环三方面进行优化。

1．生态保持与修复

1）生态基底延续

生态基底是碳吸收的重要承载体，故应从两方面进行保护：一方面应根据自然地势进行开发建设，可增加社区外部形态与自然环境的接触面从而改善其内部微环境，如减少对原有山形的土方开挖或更改河流航线等行为，减少因不必要的建设开发产生的碳排放；另一方面，对于受自然灾害影响的传统村镇社区，应通过植物栽培、河道梳理等方式，对不利的山形地势进行改善，减少山洪、泥石流等自然灾害对村镇社区的影响，减少自然灾害带来的财产损失等（表6-11）。

生态基底再生导控细则　　　　　　　　　　表6-11

	导控细则	低碳绩效	实例
顺应地形	①尊重原有地形，减少土地开挖；②采用台阶、桥梁等建造方式保证生态环境的完整性；③注重村镇社区与自然环境的共生关系，将外部环境引入社区内，结合原有社区内生态系统构建绿廊、绿道等，减少生态环境破碎度，形成生态系统	①减少交通运输及能源消耗产生的碳排放量；②原始碳汇具有保护性成分碳，固碳能力最强；③形成自然廊道，可输送空气并降低热损耗	 浙江省丽水市青田县舒桥乡

	导控细则	低碳绩效	实例
顺应地形	①尊重原有地形，减少土地开挖； ②采用台阶、桥梁等建造方式保证生态环境的完整性； ③注重村镇社区与自然环境的共生关系，将外部环境引入社区内，结合原有社区内生态系统构建绿廊、绿道等，减少生态环境破碎度，形成生态系统	①减少交通运输及能源消耗产生的碳排放量； ②原始碳汇具有保护性成分碳，固碳能力最强； ③形成自然廊道，可输送空气并降低热损耗	 浙江省台州市仙居县淡竹乡林坑村
不利地形改善	①新建建筑需考虑选址安全问题，避免陡峭山地及低地势的河流等； ②增设陡堤、防护林等，对原有不利的自然环境进行改善	①减少新建建筑时材料使用、运输等活动产生的CO_2； ②增设防护林等可增加碳汇面积，进而提高固碳释氧能力	 浙江省湖州市安吉县梅溪镇荆湾村

（来源：作者整理）

2）绿地系统建设

在城市社区中，绿地系统是最重要的碳汇；与人工的绿地系统相比，自然完整的生态系统的碳汇能力要远大于人工绿地系统。村镇社区存在于广阔的自然环境中，生态系统不仅完整且物种丰富。因此在发达村镇低碳社区的绿地系统修复中，首先是在建筑、邻里单元的选址以及场地的建设中，需最大限度地保留原有的生态系统；其次，引入海绵系统，可减少硬质铺地，进而减少人工建设对自然碳汇的影响（表6-12）。

绿地系统修复导控细则

表6-12

	导控细则	低碳绩效	实例
植被保留与建设	①保留原有植被； ②增加社区内的碳汇资源，可选用本地植物进行景观设计； ③增加社区绿地率，如立体绿化，即屋顶、屋面垂直绿化； ④构建社区内的碳汇系统，可通过绿化空间中点线面空间进行搭建，如道路两侧、河岸两侧以及建筑周边等地区	①若将建设用地转为碳汇，每公顷可减少CO_2排放40.73t/hm²； ②碳汇面积的增加可按减少CO_2的排放量，约0.33t/hm²； ③植物可消耗热量降低周围气温，故可降低建筑能耗5%～20%	 ■ 广场绿地 ■ 山体景观绿地 ■ 入口景观绿地 ■ 滨水绿地 — 沿街绿化 ---- 设计范围线 浙江省丽水市青田县海溪乡
水系改造	①河道两侧以居住建筑为主，驳岸两侧设置安全围栏；一侧居住一侧绿地，局部设置围栏，沿岸栽植水生植物；两侧均为绿地，则以水生植物为主，优化河岸线； ②对堤岸裸露部分覆绿，营造"乔木+灌木+地被+草坪+水生植物"模式的多层次绿化景观	①水体具有降温作用，若水的蒸发面积由20%升至50%，温度可降低3℃； ②水体的自净能力恢复，可减少CO_2排放3.3t/hm²	 浙江省丽水市青田县阜山乡
海绵系统	①采用水资源循环系统，可节约水资源； ②选用透水性铺地进行道路、停车场建设； ③设计生态洼地或道路旁洼地； ④将雨水、中水、污水循环系统引入社区建设，提高水资源利用效率	①降低水资源运输中的能源损耗及CO_2排放； ②采用透水性铺地，在夏季时最多可降温约17℃（柳中明 JW生态工法）； ③通过水资源循环系统，每节约1t水可减少CO_2排放0.91kg	 浙江省湖州市安吉县梅溪镇荆湾村

（来源：作者整理）

2．土地利用与优化

低碳土地利用模式的核心是"混居"，即社区将商业、居住及公共服务设施等功能聚集，有利于居民在适宜的步行范围内抵达功能混合区，可减少交通、能源损耗、污染排放及建筑能耗产生的碳排放量。土地混合使用是提高社区活力及公共设施使用效率的重要方式。

混合式土地利用有以下提高低碳绩效的方式：在空间层面，混合组团可承载大部分的社会活动，提高建筑使用效率；在交通层面，产住组团多集中布置，步行范围内可满足人们日常生活所需，减少交通碳排放量；在能源供给层面，分布式能源系统可减少管道设施的使用材料，减少能源传输损耗、污染排放，有利于能源共享模式、新型能源的推行。

1）集约化发展

通过本书3.1节中社区组团产住范式解析，产住混合度的升高可提高土地使用率，进而减少土地闲置、浪费等问题，降低碳排放量。故结合浙江地区样本案例的高碳问题，通过产业分类进行土地集约化导控（表6-13）。

土地利用高效化导控细则　　　　　　　　　表6-13

控制指标	导控细则	低碳绩效	实例
容积率	若为新建社区，容积率以1.2～3为宜	①减少通勤距离，降低交通碳排放；②容积率增加可减少单位面积建筑能耗，如容积率由1.5提升至5，建筑能耗可减少25%；	
土地紧凑度	根据地理特征采用有机更新模式，以公交站点为中心形成聚居点		浙江省台州市淡竹乡下陈朱村总平面图

续表

控制指标		导控细则	低碳绩效	实例
规划原则	旅居休闲型	将原本散点式产业分布向块状集聚，以片区形式进行规划布置	③建筑集约可减少给水排水管线，减少能源消耗；④混合居住的居民比单一型居民约少45%的交通碳排放量[①]；④提供能源的综合使用效率，从30%可提升至75%～80%	 浙江省舟山市朱家尖白沙岛社区平面图
	工业加工型	减少作坊低小散分布，规划工业集聚点，实行集聚入园发展，并以作坊联立式进行布局		 浙江省金华市磐安县尖山镇乌石村平面图
	商业贸易型	以"底商上住"的开放式社区模式进行统一规划布置，提高土地利用率，布局方式以围合式为主，增加经营面积		

（来源：作者整理）

2）均衡化布局

通过优化道路，合理对村镇社区内公共配套设施进行布局，可减少村民的出行距离和次数，减少通勤的碳排放。如在居住的步行范围内，既可为人们提供上班的办公场所，亦满足人们商业、医疗、教育等日常所需的服务设施，形成紧凑的生活圈（表6-14）。

3. 资源利用与循环

针对当地的生活、生产废料可进行资源再利用，并形成一定的产业链，提高土地、资源的使用效率；有一定的可循环链条和生态基底，可通过生态基底带动自然循环。

---

① 邱红. 以低碳为导向的城市设计策略研究［D］. 哈尔滨：哈尔滨工业大学，2011.

公建配套设施均衡化导控细则　　表6-14

控制指标	导控细则	低碳绩效	实例
公建配套设施	社区内设置医院、学校、超市等满足人们日常所需的功能设施，减少外出交通碳排放	居民每与公共配套设施接近10%，可降低1.8%的私人交通碳排放[①]	
	居民至公共配套设施步行距离宜为400~600m，为10min步行圈		
	公共配套设施应集中布置；可置于主要出入口、村庄中心、新旧村镇结合处，形成放射性布局		浙江省台州市仙居县淡竹乡下叶村

（来源：作者整理）

6.2.4　空间格局提升

在发达村镇社区中，居民或企业为获得更多经济利益开展了大量的社区营建活动，出现了两方面的问题：其一，土地无序扩张，社区内部的空间形态随着土地缩减发生变化，加快了原有低能耗、可持续的传统空间消失，取而代之的是杂乱无序、无计划性的闲置空地；其二，大批量的建筑营造侵占了原有的生态用地，在此营建过程中将产生大量的碳排放量。本书从组团布局形态及宅院单体营建两方面进行低碳调控。

1．空间布局模式

1）布局形态

因村镇社区布局受地理因素的影响较大，应在保证原有场地生态资源的基础上，优化布局形态，以实现土地最大化利用为目标，促进建筑充分适应并利用周边环境，进而减少建筑能耗（表6-15）。

---

① 霍燚，郑思齐，杨赞. 低碳生活的特征探索——基于2009年北京市"家庭能源消耗与居住环境"调查数据的分析［J］. 城市与区域规划研究，2010，3（2）：55-72.

	组团布局形态导控细则	表6-15	
控制指标		导控细则	低碳绩效
平面布局		①以"减碳"与"增汇"为目标进行规划设计； ②适当集中与有机分散相结合的紧凑布局形态	①地形会影响社区内部的日照与通风，进而影响能源使用效率，故应增加日照时间与自然通风，减少建筑能耗； ②布局形态会影响出行距离，减少交通碳排放
布局方式	山地丘陵型	①为减少对山势的破坏，坡度小于25%的宜采用团块状或带状平面布局，坡度大于25%时可采用分级台地式带状组合布局； ②水系村镇应增加与水体的接触面，加强水体对社区内部微环境调节	
	平原盆地型	采用围合式为主的布局方式，因围合式布局可促进居住、产业集聚，便于人们集聚生活进而减少能源输送的损耗	

（来源：作者整理）

2）宅基地控制

《浙江省农村宅基地管理方法》规定每户只能拥有一块宅基地，且耕地面积不超过125m²，其他面积不超过140m²，若在山地内则不超过160m²。为提高土地使用效率，发达村镇社区在进行宅基地新建、社区撤村并居时，根据《低碳社区试点建设指南》（发改办气候〔2015〕362号），村镇社区人均建筑面积应为45~55m²/人。后续低碳社区可以两户拼联为主，辅以少数三户拼联住宅等方式进行规划设计，或采用新型控制方式。如浙江省台州市仙居县淡竹乡上井村采用新型控制方式，将原有两户均为120m²宅基地更新为两户为96m²，其余48m²为两户共享农庄，相比宅基地全部用于房屋建设，此做法可保证48m²的土地，可节约CO₂排放40.73t/hm²（图6-15）。

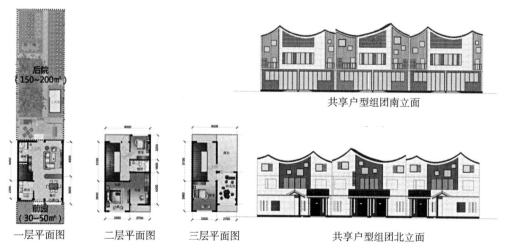

图6-15　上井村共享农庄建筑平面图（来源：作者整理）

3）间距朝向

建筑间距与朝向应满足所在地区的日照通风要求。

2. 宅院单体营建

全球范围内，建筑与交通、工业构成了温室气体的三大主要来源，其中建筑类占比约1/3。通过对建筑全生命周期分析，建筑物在运营过程中产生的碳排放占建筑全生命周期碳排放量的70%～80%，其余为建筑营造产生的碳排放。故下文通过建筑营建、建筑运营对绿色低碳建筑进行导控，以营建与环境融为一体的生态建筑。

1）绿色建筑营建

建筑材料的选择与用量决定了建造过程中CO_2的排放量，故绿色建筑营造应从材料的性能、可循环性、碳排放量等几方面进行考虑；为提高施工效率，改善施工环境，应从施工工艺及运输过程进行改善（表6-16）。

绿色建筑营建导控细则　　　　　　　　　　表6-16

控制指标	导控细则	低碳绩效
建筑材料	①选择高性能材料，如钢筋、混凝土等，减少材料修补，增加建筑使用寿命； ②选用可循环利用材料，如当地材料竹子、石材、夯土等； ③在大量使用建筑材料时，还应考虑其碳排放量	①不同材料产生的碳排放量不同，如新型夯土材料，相同的构成，相比砖混结构材料减少20%的碳排放量； ②简化施工工艺，人员运输单位面积可减少459.94MJ碳排放量，材料运输可减少198.74MJ碳排放量
施工工艺	①简化施工工艺，可选用一体化机械施工； ②选用以当地材料为主的施工材料，减少材料运输	

（来源：作者整理）

2）绿色建筑节能

发达村镇社区降低建筑运营期间的碳排放量可通过以下两方面：其一，提高建筑在使用过程中能源的使用效率，降低因能源消耗产生的碳排放；其二，提高建筑可再生能源的使用比例，清洁能源逐渐替代原始的化石能源。表6-17从空间形态、围护结构及可再生能源使用三方面进行导控。

3）环境共生

发达村镇社区为创造可持续人居环境，应营建与周围环境相融合，符合人们居住需求的住宅（表6-18）。

绿色建筑节能导控细则 表6-17

控制指标	导控细则	低碳绩效
空间形态	①房屋开间与进深不宜过大，开间不宜大于6m，单向采光通风进深≤6m，双向通风进深≤12m； ②体形系数在2层以内的建筑应控制在0.8以内，3层或3层以上的建筑应控制在0.6以内； ③建筑层高应控制在2.8~3.0m； ④外窗可开启面积不应小于外窗面积的30%； ⑤卫生间集中布置，减少资源浪费	①增加建筑自然通风、自然采光，减少建筑热损耗； ②减少噪声或光线遮挡产生的建筑能耗
围护结构	①选用隔热性能较好的围护结构； ②选用外反射、外遮阳及垂直绿化等外隔热措施，且避免对窗口通风的影响； ③围护结构传热系数中，外墙$K≤1.8$，平屋顶$K≤1.0$，坡屋顶$K≤0.8$，外门$K≤3.0$，卧室、起居室的外窗$K≤3.2$，厨房等$K≤4.7$	①围护结构可减少建筑热损耗； ②外遮阳设计可减少建筑热损耗
可再生能源	①村镇社区建筑中应将可再生能源作为热水、供暖及做饭等生活能源； ②邻里单元及村落空间应有效地与太阳能相结合进行设计； ③引入雨污水系统，减少水资源的浪费	①增加新能源的使用，提高能源使用效率，减少CO_2排放； ②雨水循环每公顷可减少CO_2排放3.3t/hm^2

（来源：根据《农村居住建筑节能设计标准》GB/T 50824—2013整理）

建筑环境共生导控细则 表6-18

控制指标	导控细则	低碳绩效
贴合地形	①顺应场地地形地貌、周边植被等自然因素； ②在坡地地貌上，宜采用筑台、二层悬挑、底层架空等方法减少对自然资源的破坏； ③在滨水地貌上，采用底层架空、滨水平台等方式	①增加自然采光面积与通风效率，减少被动式太阳能及机械通风系统的使用； ②生态系统的使用可降低建筑室内温度，进而降低建筑能耗； ③多功能性用房可增加建筑使用效率，降低建筑重建频率
室内外联系	①增加建筑与户外关联，如设置户外的开放平台或空间，增加人们在外部空间活动的空间； ②从植物配置到通风、采光等方面，考虑建筑与室外形成生物循环系统	
住宅可操作性	采用轻质隔墙材料代替实墙将住宅空间分隔，可提高空间使用效率，增加功能更换的可能性	

（来源：作者整理）

6.3 村镇低碳社区地域实证

6.3.1 社区——低碳化规划导向

在社区低碳规划中，优化内部网络设计可增加内部各系统的可达性，降低机动车使用效率和能耗损失；生态网络规划时，注重与区域相结合，引导居民绿色出行方式及路径；完善配套功能，形成高效率社区组团，增加在地就业率；实现功能分级，形成高需求全覆盖的服务设施，减少通勤（图6-16）。

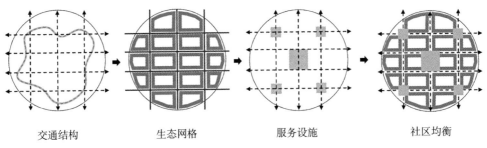

| 交通结构 | 生态网格 | 服务设施 | 社区均衡 |

图6-16 社区低碳布局图示（来源：作者自绘）

1. 绿色交通系统

绿色交通系统的构建主要通过三方面进行（表6-19）：

绿色交通系统构建		表6-19
绿色交通系统构建示例		**低碳绩效**
公共交通体系	以国道为线路　公交线路　通村道路　村镇社区 浙江省台州市仙居县淡竹乡	①利用国道，减少土地开发； ②减少交通碳排放，私家车每公里排放约2.35kgCO_2

续表

绿色交通系统构建示例	低碳绩效

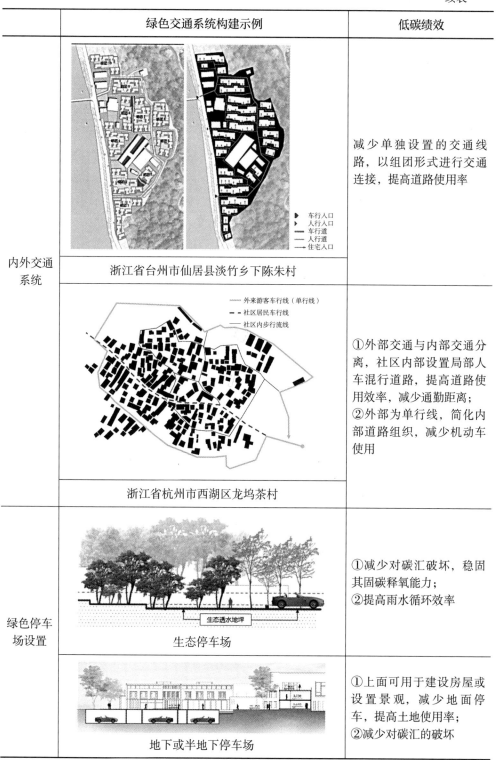

内外交通系统

浙江省台州市仙居县淡竹乡下陈朱村 — 减少单独设置的交通线路,以组团形式进行交通连接,提高道路使用率

浙江省杭州市西湖区龙坞茶村 — ①外部交通与内部交通分离,社区内部设置局部人车混行道路,提高道路使用效率,减少通勤距离;②外部为单行线,简化内部道路组织,减少机动车使用

绿色停车场设置

生态停车场 — ①减少对碳汇破坏,稳固其固碳释氧能力;②提高雨水循环效率

地下或半地下停车场 — ①上面可用于建设房屋或设置景观,减少地面停车,提高土地使用率;②减少对碳汇的破坏

（来源：作者整理）

1）设置公共交通体系，增加村镇社区公共交通的可达性；

2）设置内外便捷的交通体系，减少外部交通对内部的影响；

3）设置半地下或地下绿色停车场，减少对碳汇的破坏。

2. 生态基底重构

发达村镇社区的生态基底低碳化重构，一方面需要增加社区内碳汇，加强对CO_2的分解能力，既可以提高居民生活环境质量，亦增加土地固碳；另一方面，需将社区内散布的碳汇进行串联，形成面积较大的景观用地，增加景观连接度的同时，在社区内部形成生态景观系统（表6-20）。

生态基底重构   表6-20

方法	生态环境塑造图示			低碳绩效
闲置用地更换				增加土地碳汇面积，提高土地使用率
增汇	 庭院布置平面图	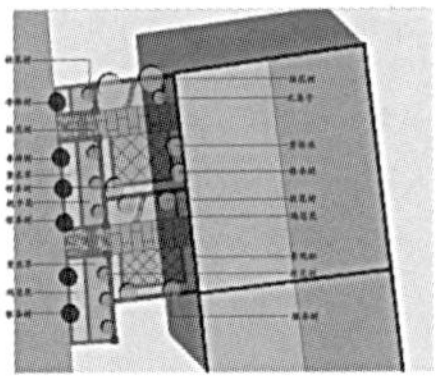 庭院植物配置图	 现状卵石墙面	①增加碳汇节点，形成绿廊，增强自然通风；②运用当地材料可减少运输碳排放
绿地景观系统	 生态水廊道　水旱溪　自然湿地　绿地/植草沟			①提高水体的固碳能力；②改善社区内环境，以便减少建筑能耗

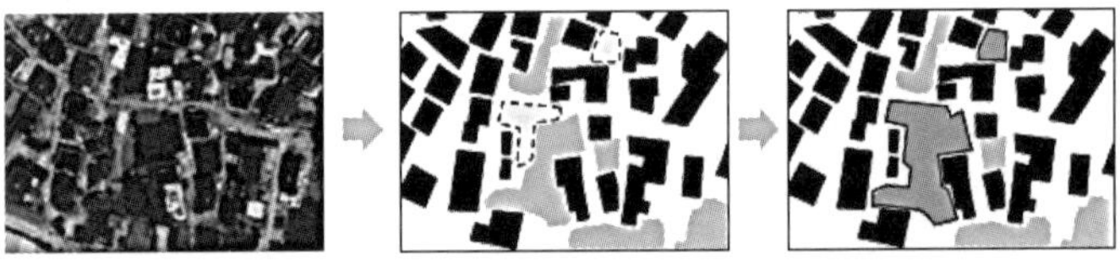

（来源：作者整理）

因现存社区的生态空间多为村镇社区的公共节点，如村口、重要景观节点及前庭后院等过渡景观空间，在此基础上进行填补、连接，以便形成连续性的生态空间；在空间设计时运用当地材料并结合本土文化，强调与自然环境相结合。

3. 服务设施

公共服务设施规模应与社区相适应，与村镇同步规划；集中布置方便居民使用，满足居民交往需求，减少交通损耗。发达村镇社区后期可考虑设置智能化管理系统，通过基础信息收集系统，对社区内各项信息进行收集，分析高碳排放、高能耗的来源及原因，对高碳项目进行实时监管与管制（表6-21）。

公共服务设施 　　　　　　　　　　　　　　　　表6-21

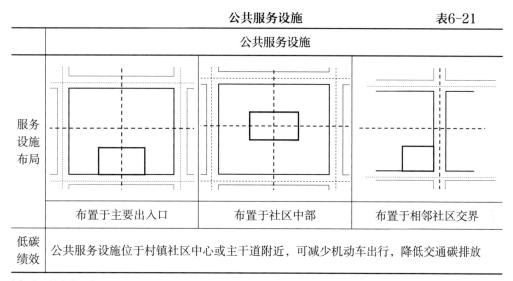

	公共服务设施		
服务设施布局	布置于主要出入口	布置于社区中部	布置于相邻社区交界
低碳绩效	公共服务设施位于村镇社区中心或主干道附近，可减少机动车出行，降低交通碳排放		

（来源：作者整理）

6.3.2 组团——元胞式低碳调控

根据本书3.2节对发达村镇社区碳谱系中高碳点的解析，具有一定产业基础且混合度较高的营建模式是最适宜的。下文通过混合模式、布局形态对社区组团进行导控。

1. 混合居住模式

针对发达村镇社区碳排放主要来源，本书采用产住混合的集约模式实现节能减碳的目标（表6-22）。

混合居住模式　　　　　　　　　　　　　　表6-22

混合居住模式	低碳绩效

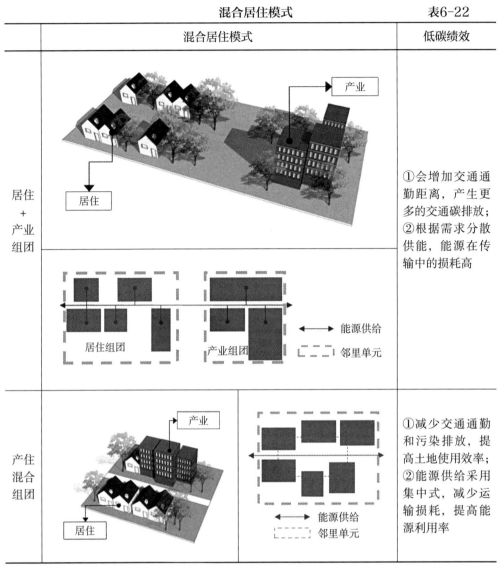

居住
+
产业
组团

①会增加交通通勤距离，产生更多的交通碳排放；
②根据需求分散供能，能源在传输中的损耗高

产住
混合
组团

①减少交通通勤和污染排放，提高土地使用效率；
②能源供给采用集中式，减少运输损耗，提高能源利用率

（来源：作者整理）

　　根据上述分析并结合发达村镇低碳社区最重要的"混合"居住模式，故考虑将产业型社区组团（表6-24），以便形成紧凑的生活圈，减少通勤时间，提高用地效率（表6-23）。

2. 空间布局形态

　　不同的组团布局方式会形成多种空间形态。对不同组团布局方式进行分析，在满足日照要求的情况下，根据农村节能标准中对夏季自然通风的要求进行分析，找出建筑能

不同产业的混合居住模式　　　　　表6-23

	混合居住示例	低碳绩效
旅居型	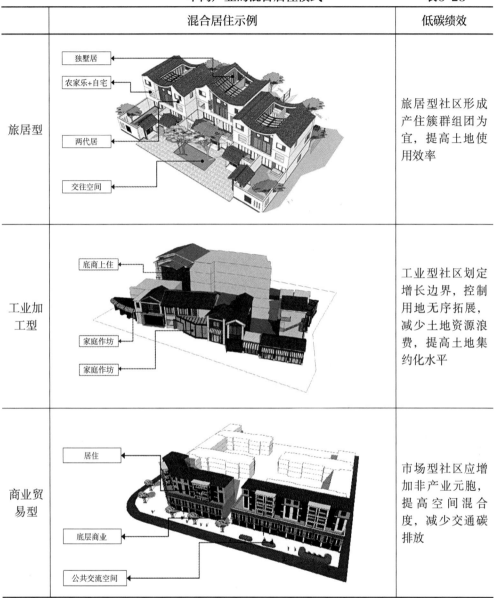 独墅居 农家乐+自宅 两代居 交往空间	旅居型社区形成产住簇群组团为宜，提高土地使用效率
工业加工型	底商上住 家庭作坊 家庭作坊	工业型社区划定增长边界，控制用地无序拓展，减少土地资源浪费，提高土地集约化水平
商业贸易型	居住 底层商业 公共交流空间	市场型社区应增加非产业元胞，提高空间混合度，减少交通碳排放

（来源：作者自绘）

耗最适宜的布局方式。浙江属亚热带季风气候，夏季以东南风为主，用PHOENICS软件进行风环境分析，用天正软件进行日照分析。以主导风向为东南风[①]，结合村镇社区建筑群内的风向，进行分析（表6-24）。

---

① 沈燕. 杨凌地区农村住宅建筑能耗与节能布局研究［D］. 西安：西北农林科技大学，2012.

不同空间布局形态风环境 表6-24

类型	不同空间布局形态风环境
围合式	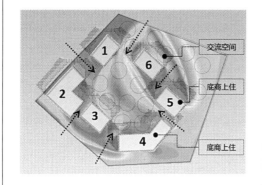 风速分析图 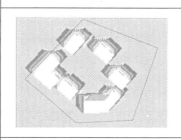日照分析图
	人行高度1.5m处，建筑周围风速小于1m/s的区域面积约占30%，最大风速可达2.3m/s。因围合空间易出现日照、通风问题，不利于节能
散点式	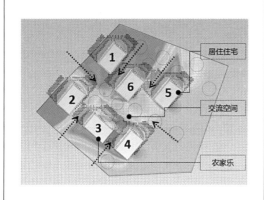 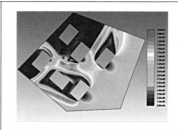风速分析图 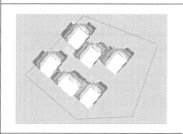日照分析图
	人行高度1.5m处，风速小于1m/s的区域面积约占50%，最大风速可达1.9m/s。但此类型分布散乱，造成一定的土地资源浪费，故不宜设置此类型

续表

类型	不同空间布局形态风环境	
并列式	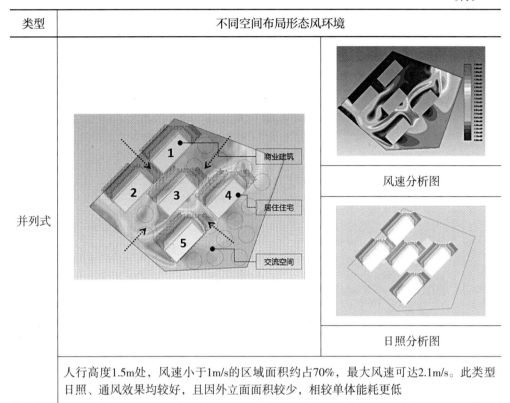	风速分析图
		日照分析图
	人行高度1.5m处，风速小于1m/s的区域面积约占70%，最大风速可达2.1m/s。此类型日照、通风效果均较好，且因外立面面积较少，相较单体能耗更低	

（来源：作者整理）

6.3.3　宅院——建筑节能可再生

分析建筑全生命周期碳排放量，可以看出在碳排放量中建筑运营及建造两方面占比较大，因此，发达村镇进行低碳社区的营建，需考虑降低建筑能耗。本书参考日本环境共生型住宅、SI（Skeleton Infill）体系及欧美零能耗住宅的设计理念，提出两个目标：其一，保护地球环境，减少建筑能耗、废弃物，提高能源使用效率等；其二，与周围环境协调，促进建筑与环境融为一体。

1．建筑低碳化循环技术

从建筑全生命周期考虑，应提高能源使用效率，如在建筑设计阶段，着重考虑通风、热损耗及节能技术等问题（图6-17）。具体方式：其一，利用建筑设计满足自然通风或遮阳等需求，如增设外遮阳，利用烟囱效应进行室内自然通风等；其二，引入太阳

图6-17 建筑低碳化循环技术（来源：作者绘制）

能、雨污水循环等节能技术，提高资源利用效率，减少资源浪费。

1）建筑节能设计

本节主要通过增加腔体空间或遮阳设计等减少建筑能耗。腔体空间在建筑中为动态调节系统，阳光、风等通过此空间与内部环境进行交换。因楼梯间既承载交通功能，又多属于开放空间，可进行腔体空间设计（表6-25）。

2）清洁能源、资源循环再生

水资源循环利用及太阳能清洁能源的使用是营建低碳社区的关键难点。利用太阳能发电替代火力发电，可减少化石能源的使用；水资源循环使用，可减少社区对水资源的需求；生物质能的使用，不仅可提高垃圾、废物的循环利用率，还能给植物提供养分（表6-26）。

建筑节能技术　　　　　　　　　　　　表6-25

建筑节能技术	
腔体空间设计	挑檐遮阳　屋顶绿化	绿化遮阳可有效地降低室内温度,如在墙外设置攀缘植物,可降低10~12℃[1]

（来源：作者整理）

清洁能源循环再生　　　　　　　　　　表6-26

清洁能源循环再生		低碳绩效
太阳能	拔风烟囱　太阳能集热板　压型钢板　阳光房　梧桐　墙体构造　毛石挡土墙　1-1剖透视	①减少建筑热损耗;②太阳能发电可补充区域供暖与能量储存
雨污水循环		①节约1t自来水可减少0.91kgCO₂排放;②收集雨水可节水约30%
生物质能	化粪池中一次倾泻与厌氧分解　污水　化粪池生物循环系统　微生物　植物营养素　净水	①改善土壤内的肥力和碳含量;②生物质能可发电,减少净CO₂的排放

（来源：课题组资料）

---

[1]　李涛. 浙江安吉农村集中居住区住宅的节能设计研究［D］. 南京：东南大学,2006:25.

2．模块化建造方式

为降低建筑的使用能耗，从以下几方面进行考虑：其一，规范化门、窗等零配件，提高资源使用效率；其二，功能布局多样化，可根据需求对空间进行更改，提高建筑可持续性；其三，合理的体形系数及窗墙比，减少热损耗等。

因此，本书为实现多元化村镇社区可持续营建的目标，拟采用建筑产业化的方式，参照浙江传统民居开间的尺度单位，约3300mm×4500mm，采用3600mm为模块单元的尺度标准，根据不同产业需求进行功能排布设计，以此建设不同类型的模块建筑。模块化建筑不仅可减少现场施工造成的水资源污染、空气污染等问题，还可以减少人工搭建，降低施工成本（图6-18、图6-19）。

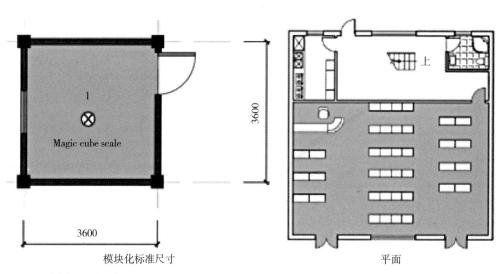

模块化标准尺寸   平面

图6-18 模块化建造（来源：作者绘制）

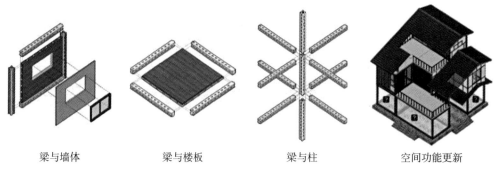

梁与墙体   梁与楼板   梁与柱   空间功能更新

图6-19 装配式建筑（来源：作者绘制）

第 7 章

结 语

1. 结论与创新

随着城镇化进程加快，发达村镇作为经济较为发达且具有一定城市化特征的村镇，产生了更多的高碳问题，如用能模式高碳化、产业结构不均衡、土地资源浪费等。为减轻村镇高碳发展进程中的生态环境压力，本研究拟通过低碳化营建的方式改善村镇社区人居环境。故本研究选取浙江省发达村镇社区典型案例，引入"社区元胞"作为碳要素的基本核算单元，通过量化的方式构建碳图谱、碳谱系，并解析其内在肌理及形成动因以期建立具有针对性、可操作性的低碳社区评价指标体系及营建总则，进而促进发达村镇低碳社区可持续营建。

1）理论推导：发达村镇社区高碳问题的类型化解析

为解决发达村镇社区高碳问题，本研究对不同产业类型的高碳点进行解析。借鉴相关理论研究，结合样本的碳排放统计数据，将产业类型与碳排放强度进行相关性分析。结果表明，不同的产业类型与产住混合程度，单位面积的碳排放量差异明显。如工业加工型社区因生产加工等高能耗产业，较旅居型、贸易型社区碳排放强度高；部分组团因其产业类型不同，虽产住混合度较高，但其碳排放亦呈高碳排现象。故应根据不同产业类型对发达村镇社区高碳问题进行解析，即旅居型社区应减少产业散点式布局，增加产住混合度；工业型社区控制土地边界，强化土地集约化使用；贸易型社区增加居住元胞，提高土地利用率。

2）评价过程：发达村镇低碳社区等级判断机制建立

基于发达村镇社区碳要素解析及产业类型下高碳问题相关性分析，结合现有低碳社区体系进行发达村镇低碳社区评价体系构建：发达村镇低碳社区主要从政策引导、产业调控、空间营造及建筑节能四个影响要素，经过专家筛选得到27项指标。根据指标建立发达村镇低碳社区等级判断体系及细则，可对既有社区进行打分评级，判断此社区是否为低碳社区，并对其低碳程度进行评判，以期科学的提出后续优化改进策略，为营建发达村镇社区低碳可持续性体系做铺垫。

3）体系构建：发达村镇社区低碳可持续性体系营建

发达村镇低碳社区营建是在经济稳固发展的基础上，改善发达村镇社区人居环境，提高土地利用效率，故低碳社区需要以多维要素与多层次并控的低碳化营建总则。首先，本研究提出的营建导则主要有政策、产业、空间及建筑四个要素：①强调多元结合的方式进行低碳化政策治理；②强调产业能级更新及低碳指标约束；③提倡生态空间保护及土地集约利用；④严控建筑布局模式及单体营建方式。其次，低碳社区营建的图则主要从社区、组团及宅院三个层级进行：①社区层面：强调均衡化布局；②组团层面：提倡产住混合模式，减少交通、能源损耗等；③宅院层面：提倡降低建筑能耗，建立环境共生宅。

2．研究创新

1）发达村镇社区类型化解析

根据不同产业类型，针对发达村镇社区的产业和居住组织模式进行类型化的环境应变机制解析。其中我们结合课题组的实证工作，选取在近年新常态经济和社会结构转型下出现的旅居休闲型、商品贸易型等发达村镇社区，进行调研和系统性研究工作，量化大量村镇社区样本的实际碳计量数据，进一步把握能源消耗特征。

2）可量化的低碳指标研究

依托社区元胞为社区基本单元，以人的行为活动为边界及产住功能混合为考察因子，进行碳排放、碳消耗的测算分析。

3．反思与展望

本研究是以浙江省为例，将社区及社区组团作为主要研究对象进行分析，在产住混合模式上除了考虑组团层面的产业与居住的混合，还应对建筑层面的产住混合与碳排放关系进行研究、完善。因各个地区地域、经济水平、产业构成等多方面变量因素存在，故营建导则适用性存在差异，还需根据当地情况进行在地解决。本研究在发达村镇社区的碳元素识别、碳谱系的基础上，结合我国现有评价体系，建构以发达村镇营建低碳社区为目标的评价体系，并提出营建导则。后续研究中应积累更多的实证案例，用于评价体系的定位量化，以期评价结果具有更广泛的适用性。

参考文献

[1] 白帆. 当前中国大力发展循环经济问题研究 [J]. 经济研究导刊, 2013 (28): 285-286.

[2] 毕凌岚. 城市生态系统空间形态与规划 [M]. 北京: 中国建筑工业出版社, 2007.

[3] 蔡博峰, 刘春兰, 陈操操, 等. 城市温室气体清单研究 [M]. 北京: 化学工业出版社, 2009.

[4] 曹伟. 建筑中的生态智慧与生态美 [J]. 华中建筑, 2006 (8): 4-7.

[5] 曾菊新. 评《农户空间行为变迁与乡村人居环境优化研究》[J]. 经济地理, 2015, 35 (9): 208.

[6] 常征. 基于能源利用的碳脉分析 [D]. 上海: 复旦大学, 2012.

[7] 陈飞, 诸大建. 低碳城市研究的内涵、模型与目标策略 [J]. 城市规划学刊, 2009 (4): 7-13.

[8] 陈洪波, 储诚山, 王新春, 等. 北方采暖地区居住建筑低碳标准研究 [J]. 中国人口·资源与环境, 2013, 23 (2): 58-65.

[9] 陈建国. 低碳城市建设: 国际经验借鉴和中国的政策选择 [J]. 现代物业 (上旬刊), 2011 (2): 86-94.

[10] 陈玮. 现代城市空间建构的适应性理论研究 [M]. 北京: 中国建筑工业出版社, 2010.

[11] 陈潇玮. 浙北地区城郊乡村产业与空间一体化模式研究 [D]. 杭州: 浙江大学, 2017.

[12] 陈彦光, 周一星. 细胞自动机与城市系统的空间复杂性模拟: 历史, 现状与前景 [J]. 经济地理, 2000 (3): 35-39.

[13] 陈艳, 朱雅丽. 中国农村居民可再生能源生活消费的碳排放评估 [J]. 中国人口·资源与环境, 2011 (9): 88-92.

[14] 陈振库. 杭州市建设低碳农村的思考与构想 [J]. 农业环境与发展, 2010 (6):

48-67.

［15］陈宗炎. 浙北地区乡村住居空间形态研究［D］. 杭州：浙江大学. 2011.

［16］储伶丽，郭江，王征兵. 行政村最佳规模研究［J］. 湖南农业大学学报：社会版，2008（4）：56-60.

［17］丁中文，李伟伟，杨军，等. 台湾富丽农村建设及其对洛江区新农村建设的启示［J］. 台湾农业探索，2006（4）：11-14.

［18］董魏魏，刘鹏发，马永俊. 基于低碳视角的乡村规划探索：以磐安县安文镇石头村村庄规划为例［J］. 浙江师范大学学报：自然科学版，2012，35（4）：459-465.

［19］段德罡，刘慧敏，高元. 低碳视角下我国乡村能源碳排放空间格局研究［J］. 中国能源，2015，37（7）：28-34.

［20］范理扬. 基于长三角地区的低碳乡村空间设计策略与评价方法研究［D］. 杭州：浙江大学，2017.

［21］方精云，唐艳鸿，林俊达，等. 全球生态学气候变化与生态响应［M］. 北京：高等教育出版社，2000.

［22］冯真. 浙江山区型乡村用地低碳规划模拟分析研究［D］. 杭州：浙江大学，2015.

［23］顾朝林. 气候变化与低碳城市规划［M］. 南京：东南大学出版社，2013.

［24］郭丽，章家恩. 关于乡村旅游概念及其内涵的再思考［J］. 科技和产业，2010（5）：58-61.

［25］韩笋生，秦波. 低碳空间规划与可持续发展——基于北京居民碳排放调查的研究［M］. 北京：中国人民大学出版社，2014.

［26］贺勇. 适宜性人居环境研究——"基本人居生态单元"的概念与方法［D］. 杭州：浙江大学，2004.

［27］胡鹏娟. 新型城镇化背景下的低碳社区设计要素研究［D］. 郑州：郑州大学，2017.

［28］淮涛，杜军. 基于低碳城市的城市子系统具体分析［J］. 时代金融，2012（36）：113-115.

［29］黄光宇，陈勇，生态城市理论与规划设计方法［M］. 北京：中国科学技术出版社，2002.

［30］黄杉. 城市生态社区规划理论与方法研究［M］. 北京：中国建筑工业出版社，2012.

［31］黄胜兰. 浙江地区农村住宅能耗调查与优化方案探讨［D］. 杭州：浙江农林大学，2016.

［32］黄欣，颜文涛. 山地住区规划要素与碳排放量相关性分析：以重庆主城区为例［J］. 西部人居环境学刊，2015，30（1）：100-105.

［33］黄欣. 南方山地住区低碳规划要素研究［D］. 重庆：重庆大学. 2015.

［34］霍燚，郑思齐，杨赞. 低碳生活的特征探索：基于2009年北京市"家庭能源消耗与居住环境"调查数据的分析［J］. 城市与区域规划研究，2010，3（2）：55-72.

［35］金兆森，陆伟刚. 村镇规划［M］. 第3版. 南京：东南大学出版社，2010.

［36］鞠雪. 中国西部电影中乡土题材影片的发展历程［D］. 西安：陕西科技大学，2014.

［37］李道增. 环境行为学概论［M］. 北京：清华大学出版社，1999.

［38］李梅，苗润莲. 韩国低碳绿色乡村建设现状及对我国的启示［J］. 环境保护与循环经济，2011（11）：24-27.

［39］李宁. 建筑聚落介入基地环境的适宜性研究［M］. 南京：东南大学出版社，2009.

［40］李强. 低碳经济与农村土地利用方式转变的思考［C］//中国自然资源学会土地资源研究专业委员会，中国地理学会农业地理与乡村发展专业委员会. 中国山区土地资源开发利用与人地协调发展研究. 2010.

［41］李涛. 浙江安吉农村集中居住区住宅的节能设计研究［D］. 南京：东南大学，2006.

［42］李晓峰. 多维视野下的中国乡土建筑研究——当代乡土建筑跨学科研究理论与方法［D］. 南京：东南大学，2004.

［43］李旋旗，花利忠. 基于系统动力学的城市住区形态变迁对城市代谢效率的影响［J］. 生态学报，2012（10）：2965-2974.

［44］李永乐，吴群，舒帮荣. 城市化与城市土地利用结构的相关研究［J］. 中国人口·资源与环境，2013（4）：104-110.

［45］林涛. 浙北乡村集聚化及其聚落空间演进模式研究［D］. 杭州：浙江大学，2012.

［46］林姚宇，陈国生. FRP论结合生态的城市设计：概念、价值、方法和成果［J］. 东南大学学报：自然科学版，2005（S1）：205-213.

［47］刘大炜，许珩. 日本气候变化政策的过程论分析［J］. 日本研究，2013（4）：1-8.

［48］刘耕源，杨志峰，陈彬. 基于能值分析方法的城市代谢过程研究：理论与方法

［J］. 生态学报，2013（15）：4539-4551.

［49］刘惠萍. 上海临港产业区低碳实践探索与思考［J］. 上海节能，2011（9）：7-9.

［50］刘慧敏. 西北欠发达地区低碳乡村社区规划研究［D］. 西安：西安建筑科技大学，2016.

［51］刘亮，刘伟，陈超凡，等. 区域能流视角的低碳城市评价指标体系研究［J］. 生态经济（学术版），2013（1）：6-9，15.

［52］刘梦森，李铁柱. 新型农村社区背景下城乡公交规划研究［J］. 现代城市研究，2016（3）：34-39.

［53］刘鹏发，马永俊，董魏魏. 低碳乡村规划建设初探：基于多个村庄规划的思考［J］. 广西城镇建设，2012（4）：67-70.

［54］刘启波. 绿色住区综合评价的研究［D］. 西安：西安建筑科技大学，2004.

［55］刘彤，王美燕，黄胜兰. 处于乡村旅游发育阶段的农村建筑能耗调查：以浙江安吉里庚村为例［J］. 浙江建筑，2016（7）：55-59.

［56］龙惟定，白玮，梁浩，等. 低碳城市的城市形态和能源愿景［J］. 建筑科学，2010（2）：13-18，23.

［57］龙惟定，白玮，梁浩，等. 低碳城市的能源系统［J］. 暖通空调，2009（8）：79-84，127.

［58］卢娜. 土地利用变化碳排放效应研究［D］. 南京：南京农业大学，2011.

［59］骆美. 村镇社区宜居性评价研究［D］. 合肥：安徽农业大学，2015.

［60］毛刚. 生态视野·西南高海拔山区聚落与建筑［M］. 南京：东南大学出版社，2003.

［61］倪书雯. 基于社会关系体系的农村社区公共空间研究［D］. 杭州：浙江大学，2013.

［62］潘海啸，汤諹，吴锦瑜，等. 中国"低碳城市"的空间规划策略［J］. 城市规划学刊，2008（6）：57-64.

［63］浦欣成，王竹，高林，等. 乡村聚落平面形态的方向性序量研究［J］. 建筑学报，2013（5）：111-115.

［64］浦欣成. 传统乡村聚落二维平面整体形态的量化方法研究［D］. 杭州：浙江大学，2012.

［65］浦欣成. 传统乡村聚落平面形态的量化方法研究［M］. 南京：东南大学出版社，

2013.

[66] 钱杰. 大都市碳源碳汇研究——以上海市为例 [D]. 上海：华东师范大学，2004.

[67] 钱振澜. "基本生活单元" 概念下的浙北农村社区空间设计研究 [D]. 杭州：浙江大学，2010.

[68] 秦波，邵然. 低碳城市与空间结构优化：理念、实证和实践 [J]. 国际城市规划，2011，26（3）：72-77.

[69] 清华大学建筑节能研究中心. 中国建筑节能年度发展研究报告2008 [M]. 北京：中国建筑工业出版社，2008.

[70] 清华大学建筑节能研究中心. 中国建筑节能年度发展研究报告2012 [M]. 北京：中国建筑工业出版社，2012.

[71] 清华大学建筑节能研究中心. 中国建筑节能年度发展研究报告2016 [M]. 北京：中国建筑工业出版社，2016.

[72] 仇保兴. 我国城市发展模式转型趋势——低碳生态城市 [J]. 城市发展研究，2009，16（8）：1-6.

[73] 邱红. 以低碳为导向的城市设计策略研究 [D]. 哈尔滨：哈尔滨工业大学，2011.

[74] 单德启. 从传统民居到地区建筑 [M]. 北京：中国建材工业出版社，2004.

[75] 单军. 建筑与城市的地区性：一种人居环境理念的地区建筑学研究 [M]. 北京：中国建筑工业出版社，2010.

[76] 沈清基，安超，刘昌寿. 低碳生态城市的内涵、特征及规划建设的基本原理探讨 [J]. 城市规划学刊，2010（5）：48-57.

[77] 沈清基，安超，刘昌寿. 低碳生态城市理论与实践 [M]. 北京：中国城市出版社，2012.

[78] 沈燕. 杨凌地区农村住宅建筑能耗与节能布局研究 [D]. 西安：西北农林科技大学，2012.

[79] 盛文明. 浅谈我国农村人口年龄结构问题及对策 [J]. 赤子：中旬，2013（7）：174.

[80] 施骏，上海郊区新农村小康住宅建设及节能技术探讨 [D]. 上海：同济大学，2008.

[81] 宋代风，王竹. 可持续更新背景下的瑞士城市设计程序——以苏黎世西区为例 [J]. 建筑与文化，2012（12）：103-105.

［82］宋光兴，杨德礼. 模糊判断矩阵的一致性检验及一致性改进方法［J］. 系统工程，2003，21（1）：110-116.

［83］孙粤文. 建设低碳城市路径研究：基于常州建设低碳城市的分析［J］. 常州大学学报：社会科学版，2011（2）：59-62.

［84］唐泉，宣蔚. 可再生能源在新农村住宅中的技术运用［J］. 安徽农业科学，2012（5）：2862-2863，2976.

［85］唐燕. 理性规划思潮影响下的城市设计运作程序［C］//中国城市规划学会. 规划50年——2006中国城市规划年会论文集（下册）. 2006.

［86］田浩. 基于复杂适应性系统的建筑生成设计方法研究［D］. 大连：大连理工大学，2011.

［87］田银城. 传统民居庭院类型的气候适应性初探［D］. 西安：西安建筑科技大学，2013.

［88］田莹莹. 基于低碳经济的制造业绿色创新系统演化研究［D］. 哈尔滨：哈尔滨理工大学，2012.

［89］汪晓茜. 生态建筑设计理论与应用理论［D］. 南京：东南大学，2002.

［90］王承慧. 城市化进程中的新型农村社区规划研究初探［C］//中国城市规划学会. 城市规划面对面——2005城市规划年会论文集（上）. 2005.

［91］王贵祥. 中国古代人居理念与建筑原则［M］. 北京：中国建筑工业出版社，2015.

［92］王建华. 基于气候条件的江南传统民居应变研究［D］. 杭州：浙江大学. 2008.

［93］王婧，村镇低成本能源系统生命周期评价及指标体系研究［D］. 上海：同济大学，2008.

［94］王静. 低碳导向下的浙北地区乡村住宅空间形态研究与实践［D］. 杭州：浙江大学，2015.

［95］王韬. 村民主体认知视角下乡村聚落营建的策略与方法研究［D］. 杭州：浙江大学，2014.

［96］王小斌. 演变与传承：皖浙地区传统聚落空间营建策略及当代发展［M］. 北京：中国电力出版社，2009.

［97］王长波，张力小，栗广省. 中国农村能源消费的碳排放核算［J］. 农业工程报，2011，27（S1）：6-11.

［98］王竹，范理杨，陈宗炎. 新乡村"生态人居"模式研究：以中国江南地区乡村为

例 [J]. 建筑学报，2011（4）：22-26.

[99] 王竹，钱振澜. 乡村人居环境有机更新理念与策略 [J]. 西部人居环境学刊，2015，30（2）：15-19.

[100] 王竹，项越，吴盈颖. 共识、困境与策略：长三角地区低碳乡村营建探索 [J]. 新建筑，2016（4）：33-39.

[101] 王竹. 乡村规划、建筑与大地景观 [J]. 西部人居环境学刊，2015（2）：4.

[102] 韦惠兰，杨彬如. 中国农村碳排放核算及分析：1999—2010 [J]. 西北农林科技大学学报：社会科学版，2014，14（3）：10-15.

[103] 韦选肇. 乡村规划与农村低碳问题研究 [J]. 中华民居：下旬刊，2014（2）：102.

[104] 魏秦. 地区人居环境营建体系的理论与实践研究 [D]. 杭州：浙江大学，2008.

[105] 邬建国. 景观生态学：格局、过程、尺度与等级 [M]. 北京：高等教育出版社，2007.

[106] 吴超，谢巍. 传统聚落可持续发展问题初探 [J]. 福建建筑，2001（S1）：19-21.

[107] 吴丽娟，李晓晖，刘玉亭. 欧洲规划建设低碳社区的差异化模式及其对我国的启示 [J]. 国际城市规划，2016（1）：87-92，99.

[108] 吴良镛. 城镇密集地区空间发展模式：以长江三角洲为例 [J]. 城市发展研究，1995（2）：8-14，62.

[109] 吴良镛. 滇西北人居环境可持续发展规划研究 [M]. 昆明：云南大学出版社，2000.

[110] 吴良镛. 人居环境科学导论 [M]. 北京：中国建筑工业出版社，2002.

[111] 吴宁，李王鸣，冯真，等. 乡村用地规划碳源参数化评估模型 [J]. 经济地理，2015，35（3）：9-15.

[112] 吴盈颖，王竹，朱晓青. 低碳乡村社区研究进展、内涵及营建路径探讨 [J]. 华中建筑，2016，34（6）：26-30.

[113] 吴盈颖. 乡村社区空间形态低碳适应性营建方法与实践研究 [D]. 杭州：浙江大学，2016.

[114] 吴永常. 低碳村镇：低碳经济的一个新概念 [J]. 中国人口·资源与环境，2010（12）：52-55.

［115］吴玉琴，严茂超，许力峰. 城市生态系统代谢的能值研究进展［J］. 生态环境学报，2009（3）：1139-1145.

［116］项继权. 论我国农村社区的范围与边界［J］. 中共福建省委党校学报，2009（7）：4-10.

［117］晓予. 基于碳排放核算的乡村低碳生态评价体系研究［D］. 杭州：浙江大学，2017.

［118］辛章平，张银太. 低碳社区及其实践［J］. 城市问题，2008（10）：91-95.

［119］徐佳. 东亚共同体建设的逻辑谱系［D］. 长春：吉林大学，2010.

［120］徐宁宁. 低碳背景下小城镇规划适应性方法研究［D］. 天津：河北工业大学，2012.

［121］徐雯. 基于灰色关联分析的农宅节能潜力评价：以夏热冬冷地区为例［J］. 建筑节能，2016（6）：39-42.

［122］徐小东，王建国. 绿色城市设计：基于生物气候条件的生态策略［M］. 北京：中国建筑工业出版社，2009.

［123］徐怡丽，董卫. 低碳视角下的新农村规划探索［J］. 小城镇建设，2011（5）：35-38.

［124］许凯，杨寒. 小微制造业村镇"产、村融合"空间模式研究：基于STING法的实证分析［J］. 城市规划，2016，40（7）：57-64，73.

［125］许亚川. L市撤村并居新农村社区治理问题研究［D］. 济南：山东大学，2017.

［126］宣蔚，郑炘. 低碳能源系统与城市规划一体化的理论构建［J］. 规划师，2014（11）：82-86.

［127］杨彬如，韦惠兰. 关于低碳乡村内涵与外延的研究［J］. 甘肃金融，2013（9）：12-15.

［128］杨彬如. 多维度的中国低碳乡村发展研究［D］. 兰州：兰州大学，2014.

［129］杨磊，李贵才，林姚宇，等. 城市空间形态与碳排放关系研究进展与展望［J］. 城市发展研究，2011（2）：12-17.

［130］杨磊. 城市空间形态与居民碳排放关系研究：以珠江三角洲为例［D］. 北京：北京大学，2011.

［131］杨庆媛. 土地利用变化与碳循环［J］. 中国土地科学，2010，24（10）：7-12.

［132］叶齐茂. 国外村镇规划设计的理念［J］. 城乡建设，2005（4）：66-69.

[133] 叶祖达，王静懿. 中国绿色生态城区规划建设：碳排放评估方法、数据、评价指南 [M]. 北京：中国建筑工业出版社，2015.

[134] 于威. 辽宁省农村低碳住宅设计研究 [D]. 沈阳：沈阳建筑大学，2013.

[135] 袁泽敏，施维克. 浅谈AHP层次分析法在城市公共空间综合评价中的运用 [J]. 价值工程，2016（4）：53-55.

[136] 张洪波. 低碳城市的空间结构组织与协同规划研究 [D]. 哈尔滨：哈尔滨工业大学，2012.

[137] 张慧. 农业土地利用方式变化的固碳减排潜力分析 [D]. 重庆：西南大学，2011.

[138] 张俊伟. 浙江省"千村示范万村整治"的成效和经验 [J]. 科学决策，2006（8）：42-44.

[139] 张力小，胡秋红. 城市物质能量代谢相关研究述评：兼论资源代谢的内涵与研究方法 [J]. 自然资源学报，2011（10）：1801-1810.

[140] 张泉. 低碳生态与城乡规划 [M]. 北京：中国建筑工业出版社，2011.

[141] 张涛. 韩城县域人居环境营造的本土模式研究 [J]. 建筑与文化，2017（10）：235-236.

[142] 张旺，潘雪华. 城市低碳发展的研究框架和理论体系 [J]. 湖南工业大学学报：社会科学版，2012，17（1）：8-14.

[143] 张新文，张国磊. 社会主要矛盾转化、乡村治理转型与乡村振兴 [J]. 西北农林科技大学学报：社会科学版，2018，18（3）：63-71.

[144] 张宇星. 城镇生态空间理论 [M]. 北京：中国建筑工业出版社，1998.

[145] 赵鹏军. 城市形态对交通能源消耗及温室气体排放的影响：以北京为例 [D]. 北京：北京大学，2010.

[146] 赵荣钦，黄贤金，徐慧，等. 城市系统碳循环与碳管理研究进展 [J]. 自然资源学报，2009（10）：1847-1859.

[147] 赵荣钦，黄贤金. 城市系统碳循环：特征、机理与理论框架 [J]. 生态学报，2013，33（2）：358-366.

[148] 赵荣钦. 城市系统碳循环及土地调控研究 [M]. 南京：南京大学出版社，2012.

[149] 赵思琪. 我国低碳社区评估指标体系研究 [D]. 北京：北京建筑大学，2015.

[150] 浙江区域特色经济发展研究课题组. 浙江区域特色经济发展情况调查与建议

[J]. 浙江经济，1998（5）：24-27.

[151] 郑伯红，刘路云. 基于碳排放情景模拟的低碳新城空间规划策略：以乌鲁木齐西山新城低碳示范区为例［J］. 城市发展研究，2013，20（9）：106-111.

[152] 郑少红，王诗俊，林恩惠. 借鉴台湾"富丽农村"建设经验加速福建新农村建设［J］. 台湾农业探索，2011（6）：17-22.

[153] 郑晓贺，当代建筑中生态缓冲空间解析［D］. 南京：东南大学，2010.

[154] 郑星，杨真静，刘葆华，等. 红外热像法研究屋顶绿化对热环境的影响［J］. 光谱学与光谱分析，2013（6）：1491-1495.

[155] 周潮，刘科伟，陈宗兴. 低碳城市空间结构发展模式研究［J］. 科技进步与对策，2010（22）：56-59.

[156] 周珂，吴斐琼. 优势视角下的农村社区跨地域再组织［J］. 国际城市规划，2015（1）：22-29.

[157] 周若祁，绿色建筑体系与黄土高原基本聚居模式［M］. 北京：中国建筑工业出版社，2007.

[158] 周晓慧，周孝清，马俊丽. 广东省农村居住建筑能耗现状调查及节能潜力分析［J］. 建筑科学，2011（2）：43-47.

[159] 周鑫发，施建苗. 浙江农居节能潜力与措施的分析［J］. 能源工程，2006（3）：61-64.

[160] 周彝馨. 移民聚落空间形态适应性研究：以西江流域高要地区八卦形态聚落为例［M］. 北京：中国建筑工业出版社，2014.

[161] 朱成章. 客观认识我国节能减排的严峻形势［J］. 中外能源，2007（5）：1-6.

[162] 朱晓青. 程嘉敬，俞超. 基于城乡融合区的发达村镇住宅类型及空间使用模式探究：以浙江为例［J］. 建筑与文化，2017（7）：198-200.

[163] 诸大建，王翀，陈汉云. 从低碳建筑到零碳建筑：概念辨析［J］. 城市建筑，2014（2）：222-224.

[164] Salat S. 城市与形态：关于可持续城市化的研究［M］. 北京：中国建筑工业出版社，2012.

[165] 阿尔温德·克里尚，尼克·贝克，西莫斯·扬纳斯. 建筑节能设计手册：建筑与气候［M］. 刘加平，等译. 北京：中国建筑工业出版社，2005.

[166] 阿摩斯·拉普卜特. 宅形与文化［M］. 常青，徐菁，李颖春，等译. 北京：中

国建筑工业出版社, 2007.

［167］埃弗里特·M. 罗吉斯, 拉伯尔·J. 伯德格. 乡村社会变迁［M］. 杭州: 浙江人民出版社, 1988.

［168］伯纳德·鲁道夫斯基. 没有建筑师的建筑: 简明非正统建筑导论［M］. 高军, 译. 天津: 天津大学出版社, 2011.

［169］道格拉斯·法尔. 可持续城市化——城市设计结合自然［M］. 黄靖, 徐桑, 译. 北京: 中国建筑工业出版社, 2013.

［170］赫尔曼·舍尔. 阳光经济: 生态的现代战略［M］. 黄凤祝, 译. 北京: 生活·读书·新知三联书店, 2000.

［171］吉沃尼. 人·气候·建筑［M］. 王建瑚, 译. 北京: 中国建筑工业出版社, 1982.

［172］克里斯托弗·亚历山大. 建筑的永恒之道［M］. 赵冰, 译. 北京: 知识产权出版社, 2002.

［173］沙里宁. 城市: 它的发展、衰败与未来［M］. 顾启源, 译. 北京: 中国建筑工业出版社, 1986.

［174］藤井明. 聚落探访［M］. 宁晶, 译. 北京: 中国建筑工业出版社, 2003.

［175］亚历山大, 伊希卡娃, 西尔佛斯坦, 等. 建筑模式语言［M］. 王听度, 周序鸣, 译. 北京: 知识产权出版社, 2002.

［176］伊藤真次. 适应的机理: 寒冷生理学［M］. 北京: 中国环境科学出版社, 1990.

［177］约翰·H. 霍兰. 隐秩序: 适应性造就复杂性［M］. 周晓, 译. 上海: 上海世纪出版集团, 2011.

［178］BOYDEN S. Ecological approaches to urban planning［R］//Ecology in Practice. Part Ⅱ: The Social Response, 1984: 9-18.

［179］BRISTOWA A L, TIGHT M, PRIDMORE A, et al. Developing pathways to low carbon land-based passenger transport in Great Britain by 2050［J］. Energy Policy, 2008, 36（9）: 3427-3435.

［180］BRUSE M. The influences of local environmental design on microclimate-development of a prognostic numerical model ENVI-met for the simulation of Wind, temperature and humidity distribution in urban structures［D］. Bochum: University of Bochum, 1999.

[181] CHANCE T. Towards sustainable residential communities: The Beddington Zero Energy Development (BedZED) and beyond [J]. Environment & Urbanization, 2009, 21 (2): 527-544, 611.

[182] CHEN X L, ZHAO H M, LI P X, et al. Remote sensing image-based analysis of the relationship between urban heat island and land use/cover changes [J]. Remote Sensing of Environment, 2006, 104: 133-146.

[183] CHRISTOPHER A. Notes on the synthesis of form [M]. Cambridge: Harvard Press, 1964.

[184] DAIGO I, MATSUNO Y, ADACHI Y. Substance flow analysis of chromium and nickel in the material flow of stainless steel in Japan [J]. Resources, Conservation and Recycling, 2010, 54 (11): 851-863.

[185] DAVIS H. The culture of building [M]. New York: Oxford University Press, 2006.

[186] DOXIADIS C A. Ekistics: An introduction to the science of human settlements [M]. Hutchinson, 1968: 330.

[187] EUROPEAN COMMISSION. Stockholm: European Green Capital 2010[M/OL]. Luxembourg: Publications Office of the European Union, 2010[2016-01-20]. http://ec.europa.eu/environment/europeangreencapital/wp-content/uploads/2013/02/brochure_stockholm_greencapital_2010.pdf.

[188] EWING R, BARTHOLOMEW K, WINKELMAN S, et al. Growing cooler: The evidence on urban development and climate change [M]. Washington, DC.: Urban Land Institute, 2008: 1-17.

[189] EWING R, PENDALL R, CHEN D. Measuring sprawl and its impact [M]. Washington, DC.: The Smart Growth America, 2002.

[190] FAN L, GAO W, WANG Z. Integrated assessment of CHP system under different management options for cooperative housing block in low-carbon demonstration community [J]. Lowland Technology International, 2014, 16 (2): 103-116.

[191] FORMAN R T T. Land mosaics: The ecology of landscapes and regions [M]. Cambridge: Cambridge University Press, 1995.

[192] GLAESER E L, KAHN M E. The greenness of cities: Carbon dioxide emissions and

urban development [J]. Journal of Urban Economics, 2010, 67 (3): 404−418.

[193] GOLDEWIJK K, RAMANKUTTY N. Land cover change over the last three centuries due to human activities: The availability of new global data sets [J]. GeoJournal, 2004, 61: 335−344.

[194] HEISKANEN E, JOHNSON M, RBINSON S, et al. Low−carbon communities as a context for individual behavioural change [J]. Energy policy, 2009 (7): 1−10.

[195] HOUGHTON R A. The annual net flux of carbon to the atmosphere from changes in land−use 1850−1990 [J]. Telus, 1999, 51: 298−313.

[196] HU Y, PENG Z, DEQUN Z. What is Low−Carbon Development? A Conceptual Analysis [J]. Energy Procedia, 2011, 5: 1706−1712.

[197] LOW N, GLEESON B, GREEN R, et al. The green city, sustainable homes, sustainable suburbs [M]. London: Routledge, 2005.

[198] MACLAREN V W. Urban sustainability reporting [J]. Journal of the American Planning Association, 1996, 2: 185−202.

[199] MICHAELIS P, JACKSON T. Material and energy flow through the UK iron and steel sector−Part 2: 1994−2019 [J]. Resources Conservation & Recycling, 2000, 29 (1): 131−156.

[200] MICHAELIS P, JACKSON T. Material and energy flow through the UK iron and steel sector, Part 2: 1994−2019 [J]. Resources, Conservation and Recycling, 2000, 29 (3): 209−230

[201] Nakazawa T, Morimoto S, Aoki S, et al. Temporal and spatial variations of the carbon isotopic ratio of atmospheric carbon dioxide in the western Pacific region [J]. Journal of Geophysical Research Atmospheres, 1997, 102 (D1): 1271−1286.

[202] NORDLING V, SAGER M, SÖDERMAN E. From citizenship to mobile commons: Reflections on the local struggles of undocumented migrants in the city of Malmö, Sweden [J]. Citizenship Studies, 2017, 21 (6): 710−726.

[203] Samet H. The design and analysis of spatial data structures [M]. Addison−Wesley Publication, 1986.

[204] SHARIFI A, MURAYAMA A. A critical review of seven selected neighborhood sustainability assessment tools [J]. Environmental Impact Assessment Review, 2013

（38）：73-87.

［205］UN-HABITAT. Cities and climate change：Policy directions in global report on human settlements ［M］. Earth scan Publications，2011.

［206］VENTEREA R T. Climate change 2007：Mitigation of climate change ［J］. Journal of Environmental Quality，2009，38（2）：837.

［207］WANG M. Research on energy saving and indoor thermal environmental improvement of rural residential buildings in Zhejiang，China ［D］. Kitakyushu：The University of Kitakyushu，2016.

［208］Wang W，Yang J，Muntz R. STING：A statistical information grid approach to spatial data mining ［C］//VLDB'97, Proceedings of 23rd International Conference on Very Large Data Bases, Athens, Greece. DBLP, 1997.

［209］倉田和四生. 近隣住区論　新しいコミュニティ計画のために ［M］. 日本：鹿島出版会，1900.

［210］日本建築学会. 建築・都市計画のための空間学事典 ［M］. 日本：井上書院，2005.

［211］日本株式会社住環境計画研究所. 家庭用エネルギー消費の動向 ［R］. 東京：2010.

后 记

2021年是国家"十四五"经济和社会建设的开局之年，也是我国全面建成小康社会实现第一个百年奋斗目标之后，乘势而上开启全面建设社会主义现代化国家新征程的第一个五年。随着经济水平的提高，人居和环境矛盾日益突出，特别是在发达村镇原有粗放式的建设机制在新的国土空间管制与建设标准要求下亟待转型。与此同时，长期积累的高碳化增长方式，并非一朝一夕能够改变，需要经历一个渐进式的变革过程。本书撰写过程中也遇到较多难于解决的问题，诸如许多后发村镇民生发展对碳消耗的真实需求，如何避免有失公正、平等的一刀切的碳评价和管控，又如如何实现应对地区微气候的低碳技术本土化方法与策略，这些都对本书的论题提出挑战与质问，这也促使本书课题团队进一步深化低碳人居环境的研究。

当前，低碳发展与人居环境提升直接关联，并成为体现社会主义建设优越性的重要窗口，同时也是城乡命运共同体下的系统工程，它对量大面广、类型众多的村镇低碳社区营建具有地区覆盖性和普适意义。本书的撰写得到了国家自然科学基金项目、教育部人文社科项目、浙江省自然科学基金项目联合资助。浙江工业大学建筑系与工程设计集团、浙江东南建筑设计有限公司、浙江省住房和城乡建设厅等为本书实证研究提供了平台支撑，本书第三、四、六章由朱晓青、李爽、邱佳月、裘骏军整理撰写，结合多学科工具，对村镇社区碳要素进行空间量化和图示模拟，为相关人居环境评价、建设决策、工程导控提供系统性应用场景。第一、二、五章中有关村镇低碳社区的概念解读、构成机制、导控机制与目标等内容主要基于范理扬博士论文成果整理修订。浙江大学王竹教授、日本北九州大学高伟俊教授等学者也为本书研究的技术方案提供思路并提出大量宝贵意见，浙江省临安、安吉、义乌、缙云、仙居、青田等地的地方政府与职能部门也为本书的写作提供了大量第一手素材和数据，在此一并表示诚挚的感谢。

本书从自下而上的视角研究低碳社区的复杂性与综合性，希望能引发更多的规划设计理论与实践工作者投身于国家低碳发展建设中，并营造新时期可持续的人居环境。

2021年6月